大气颗粒物来源解析及预警模拟

——以南宁市为例

赵银军　韦进进　卢远　著

中国环境出版集团·北京

图书在版编目（CIP）数据

大气颗粒物来源解析及预警模拟：以南宁市为例 / 赵银军，韦进进，卢远著 . —北京：中国环境出版集团，2023.11

ISBN 978-7-5111-5687-7

Ⅰ.①大… Ⅱ.①赵…②韦…③卢… Ⅲ.①城市空气污染—粒状污染物—污染源—预警系统—南宁 Ⅳ.① X513

中国国家版本馆 CIP 数据核字（2023）第 224061 号

审图号：京审字（2023）G 第 2288 号

出 版 人 武德凯
责任编辑 孙　莉
封面设计 岳　帅

出版发行 中国环境出版集团
　　　　　（100062 北京市东城区广渠门内大街 16 号）
　　　　　网　　　址：http://www.cesp.com.cn
　　　　　电子邮箱：bjgl@cesp.com.cn
　　　　　联系电话：010-67112765（编辑管理部）
　　　　　　　　　　010-67112736（第五分社）
　　　　　发行热线：010-67125803，010-67113405（传真）
印　　刷 北京盛通印刷股份有限公司
经　　销 各地新华书店
版　　次 2023 年 11 月第 1 版
印　　次 2023 年 11 月第 1 次印刷
开　　本 787×1092　1/16
印　　张 23.75
字　　数 462 千字
定　　价 115.00 元

中国环境出版集团郑重承诺：
中国环境出版集团合作的印刷单位、材料单位均具有中国环境标志产品认证。

　　清洁空气是人类赖以生存的必要条件之一。随着现代城市工业和经济的快速发展，大气污染问题日益严重，已成为影响城市可持续发展的主要制约因素之一。大气颗粒物是城市大气污染物的主要因子之一，不仅自身属于污染物，而且还是其他污染物的吸附载体。国内外学者在大气颗粒物的理化特征、时空分布、转送机制、模拟预报和源解析等方面做了大量的工作。大气颗粒物来源解析以及模拟预警是科学、有效开展大气污染防治工作的基础和前提，是制定环境空气质量达标规划和重污染天气应急预案的重要依据。

　　南宁市作为广西北部湾经济区的重要组成部分，近年来经济的飞速发展、城镇化水平、机动车保有量（2013 年 159 万余辆）和人口快速增长，使得大气环境质量问题凸显。随着南宁市城市地位提升以及第 45 届世界体操锦标赛等大型国际赛事的举办，这对南宁市空气质量提出了更高的要求，亟须相关科学研究作为支撑。

　　本书共分为 10 章。第 1 章为绪论，第 2 章为南宁市大气颗粒物污染特征，第 3 章为南宁市大气颗粒物来源解析方法及特征，第 4 章为大气遥感影像的处理和信息提取方法，第 5 章为大气颗粒物遥感模型构建与分析，第 6 章为南宁市污染物后向轨迹分析，第 7 章为南宁市环境空气中颗粒物来源解析结果，第 8 章为大气颗粒物污染数值模拟研究，第 9 章为大气颗粒物模拟预报平台系统开发，第 10 章为大气颗粒物污染成因及防治对策。

　　本书是集体智慧的结晶，同时也得到了诸多单位、专家和朋友的鼎立相助。南宁师范大学赵银军、胡波、苗亚琼撰写了第 1 和第 2 章；韦进进、黄艳姿撰写了第 3 章；黄秋燕、卢远、金健、王丹媛、李成、刘剑洪、黄萍、韦高杨、覃纹撰写了第 4 和第 5 章；司月君、周幸、陈泽娟撰写了第 5.10 节；卢远、吴海燕撰写了第 6 章；范辉、施泰宁撰写了第 7 章；赵银军撰写了第 8 章；黄信望撰写了第 9 章；韦进进、韦超葳撰写了第 10 章；

南宁市环境保护监测站黎凤霞、范辉分别参与了第 1 章和第 2 章编写；本书由赵银军、卢远、刘叶一完成统稿工作。由此外，感谢中国环境监测总站吕怡兵主任、张霖琳博士、王超、薛荔栋、朱红霞团队对本书监测分析技术和总体质量控制内容的指导；感谢南开大学冯银厂教授、田瑛泽教授、史国良教授、毕晓辉教授对颗粒物来源解析研究路径以及颗粒物再悬浮的技术内容指导；感谢南宁市环境保护监测站曾鸣、陈家宝、黄素华为课题实施提供了坚实的组织保障，同时还要感谢以下人员在项目研究中的辛勤付出：采样组：韦杰、秦小猛、罗明、黄可尊、吕沛峰、浦智、杨平；分析组：曾绍、麻娟、李柳毅、范磊、何洋、周华俏；自动监测组：庞晓明、郭昆兴；综合组：唐利利；机动车组：马文红、廖东岚。在本书出版之际，谨向他们表示诚挚的感谢！

　　本书的研究成果得到了以下项目的资助，特此感谢：广西科学研究与技术开发计划项目"基于 3S 技术和数值模型耦合的南宁市大气质量（$PM_{2.5}$、PM_{10}）模拟与预报关键技术"（桂科攻 1598017-13）、"南宁市环境空气中颗粒物组分和来源分析及其防治对策研究"、自然资源数字产业学院建设项目和博士科研启动基金"多源数据耦合大气动力模式的南宁市近地面大气颗粒物浓度遥感反演研究（0819-2015L01）"。本书在撰写过程中，参考和引用了大量文献，谨向原作者表示衷心的感谢。

　　由于作者水平有限，书中难免存在不足之处，敬请同仁批评指正。

赵银军
2023 年 11 月

目 录

第1章
绪 论

DI-YI ZHANG

XULUN

1.1 研究背景

大气是人类赖以生存最基本的环境要素之一。随着工业和城市的快速发展，大气污染已成为全球性的环境问题。近几十年大气污染持续加重和极端污染事件频发，使大气能见度和人体健康均受到严重影响（Song et al., 2017），大气污染问题引起了社会的普遍关注，并成为国内外环境卫生研究的热点（李沛，2012）。颗粒物根据粒径大小划分等级，环境空气中空气动力学当量直径小于等于 10 μm 的颗粒物称为可吸入颗粒物，简称 PM_{10}。PM_{10} 可以被人体吸入并沉积在呼吸道、肺泡等部位，从而引发人体疾病。$PM_{2.5}$ 是指环境空气中空气动力学当量直径小于等于 2.5 μm 的颗粒物，简称细颗粒物。其粒径小、面积大、活性强，易附带有毒、有害物质，且可以长时间悬浮于大气中进行长距离传输，因而对大气环境质量和人体健康的影响极大（Xing et al., 2016）。研究表明，长期暴露于 $PM_{2.5}$ 污染的空气中，可能导致全球人类平均寿命缩短 1 年，其中在亚洲和非洲污染严重的国家，人类平均寿命缩短 1.2~1.9 年（Apte et al., 2018）。因空气中 $PM_{2.5}$ 浓度长期超标导致的疾病会使总死亡率上升 4%，其中引起心脑血管疾病导致的死亡率上升 6%，引起肺癌导致的死亡率上升 8%；此外，$PM_{2.5}$ 极易吸附多环芳烃等有机污染物和重金属，使致癌、致畸、致突变的概率明显升高（李静，2014）。由图 1-1 可知，我国处于 $PM_{2.5}$ 高污染区，其中以京津冀地区最为严重。

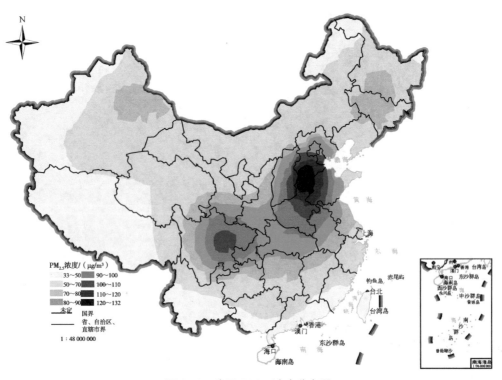

图 1-1　我国 $PM_{2.5}$ 浓度分布图

综观我国大气环境质量现状，可以发现我国大气颗粒物污染非常严重，其中细颗粒的污染贡献很大，$PM_{2.5}$ 已成为很多地区 PM_{10} 的主要组成部分。据绿色和平组织 $PM_{2.5}$ 监测数据显示，2013 年我国约有 92% 的城市空气 $PM_{2.5}$ 浓度超过国家标准，其中 32 座城市的 $PM_{2.5}$ 年平均浓度是国家标准的 2 倍（程念亮，2014）。大气颗粒物污染是我国 20 余年经济快速增长的产物，问题非常复杂，其对城市能见度及人体健康等的负面影响日益凸显。

我国大气颗粒物来源非常广泛，主要包括地表岩石和土壤的风化、建筑扬尘、海浪飞沫、工业活动、动植物排放（微生物、孢子、花粉等）、交通运输及排放、火山爆发、森林火灾及燃烧过程、飞沫和蒸发的残留物与空气发生光化学效应的二次转化等。其具有以下污染特征：

（1）燃烧过程、机动车尾气排放和二次转化是细颗粒物的三大主要来源。

（2）我国大气细颗粒物污染比较严重，许多城市研究结果表明大气细颗粒物在 PM_{10} 中所占的比例很高，达 40%～60%。

（3）大气细颗粒物中二次组分含量较高，说明一次前体物的化学转化对我国大气细颗粒物的贡献很大。同时细颗粒物中有机碳（OC）/ 元素碳（EC）的含量也很高，表明有机物是大气细颗粒物 $PM_{2.5}$ 的主要组分。

（4）大气细颗粒物污染已成为我国复合型大气污染的核心问题，高浓度的大气细颗粒物污染可能导致严重的区域性大气环境污染事件。

（5）大气细颗粒物污染会导致区域出现灰霾现象，直接影响空气质量，危害人体健康。

近年来，广西北部湾经济区上升为国家战略，这一战略为该地区经济社会发展注入新动力的同时也意味着该地区即将面临因经济发展带来的空气污染和质量控制的严峻形势。目前，广西北部湾经济区是服务"三南"（我国西南、华南和中南）地区、沟通东中西、面向东南亚并连接多区域的重要通道。南宁市作为广西北部湾经济区的重要组成部分，近 10 年社会经济飞速发展，城镇化水平、机动车保有量（2013 年 159 万余辆）和人口数量均快速增长，使得城市大气环境质量问题日益凸显。据南宁市环境保护监测站统计，2013 年南宁市全市空气质量指数（AQI）达标天数为 273 天（其中优为 105 天，良为 168 天），轻度污染天数为 56 天，中度污染天数为 23 天，重度污染天数为 13 天，总体空气质量优良率为 75%，刚刚达到政府目标考核要求。此外，南宁市作为"联合国人居奖"城市（2007 年）和"全国文明城市"（2009 年）以及中国—东盟博览会、第 45 届世界体操锦标赛等大型国际活动的举办地，城市地位得到了大幅提升。随着社会公众环保意识的不断增强，人们对空气质量提出了更高的要求，因此南宁市应加快构建空气质量预报预警防控体系，为管理部门决策提供科学依据。

1.2 国内外研究现状

与 $PM_{2.5}$ 和 PM_{10} 相关的研究包括颗粒物的监测方法、成分和物理化学特征、颗粒物的来源解析、传播和扩散途径、与气象条件的关系及其对人体健康的影响等多个方面（黄辉军等，2006；Tai et al.，2010；刘岩磊等，2011；张延君等，2015；高健等，2016；冯银厂，2017；金嘉恒等，2017；邵龙义等，2018）。20 世纪 50 年代以来，美国、日本和欧洲等国家和地区对可吸入颗粒物展开了广泛而深入的研究，在颗粒物粒径、来源、扩散条件、对人体的危害等多个环节的研究中取得丰硕成果，制定相关防控措施和法规并取得显著成效（柴发合等，2013；Pui et al.，2014；Miranda et al.，2015；Gulia et al.，2015）。由于能源消耗和机动车数量的增加，美国在 20 世纪 50 年代开始遭受严重的空气污染，如 20 世纪 50 年代至 60 年代洛杉矶和纽约的烟雾事件。为改善空气质量，美国政府相继制定了《空气污染控制法》（*the Air Pollution Control Act*）和《清洁空气法》（*the Clean Air Act*）（Pui et al.，2014）。除气态污染物外，美国国家环境保护局（EPA）还专门制定了国家空气质量标准，标准分为一级标准和二级标准。一级标准规定了保护公共健康的限值，包括对哮喘患者、儿童和老年人等敏感人群健康的损害限值。二级标准规定了保护公共福利的限值，包括可见度损害以及对动物、农作物、植被和建筑物的损害。经过多年的空气质量管理，美国的大气空气质量明显改善（Pui et al.，2014）。日本则重点关注了机动车产生的颗粒物（DEP）及影响，并建立了严格的法规政策限制颗粒物的排放。

我国在大气质量防控方面的研究工作起步较晚。国内学者从 21 世纪相继在 $PM_{2.5}$ 的理化特征、源解析、时空分布、转送机制、模拟预报预估等方面做了大量工作（He et al.，2001；Wang et al.，2006b；Cao et al.，2012；Tai et al.，2012；孙兆彬，2012；Pui et al.，2014；Wang et al.，2017）。胡敏等（2009）对北京大气细粒子和超细粒子理化特征、来源和形成机制进行了研究；2013 年环境保护部发布了《大气颗粒物来源解析技术指南（试行）》，并提供了源清单法、源模型法和受体模型法 3 种解析大气颗粒物来源的方法。研究表明，我国大气 $PM_{2.5}$ 的主要来源是煤燃烧、汽车尾气和工业排放。$PM_{2.5}$ 所携带的硫酸盐、铵和硝酸盐通常存在于燃煤和汽车尾气中，是我国产生区域雾霾的主要原因（Pui et al.，2014）。

近年来，国内外先后研究出多种大气污染物扩散模拟分析模式，并以此对污染物扩散过程进行了模拟分析。例如，Rebolj 等在 VB 语言环境下开发出了一个图形用户界面，该界面成为现有排放量的计算软件，实现了道路交通大气污染模式与 GIS 系统的集成。目前，该界面正被用于道路交通空气污染的模拟、预测和评价。同时 Rebolj 等研究出了基本的道路交通排放模拟分析模式，结合 GIS 集成系统后实现了大气颗粒物污染模拟预测的计算机应用。此外，Kostas 等把 GIS 与大气扩散模式相结合，开发了城市适用的空气质量管理系统（UAQMS）。他们将环境信息作为城市空气质量管理系统开发的框架，提出了相关方案和评价应用的综合方法。在国内，王雪松等（2003）利用 CAMx 模型对北京地区夏季 PM_{10} 污染时空分布规律进行了数值模拟；董雪玲（2009）研究了北京市大气 $PM_{2.5}$ 中有机物的时空变化；北京、重庆（王繁强和张丹，2009）、上海（王茜，2014）等地也先后建立区域大气质量数值模拟与预测评级业务平台，实现了 $PM_{2.5}$ 的模拟与预报。目前，国内外比较先进的空气质量预报系统是由美国国家海洋和大气管理局（NOAA）与美国国家环境保护局（EPA）联合构建的全国空气质量预报（Air Quality Forecast，AQF）系统（Kang et al.，2010）。其中，EPA 主要负责传输空气质量检测信息和收集污染源排放清单，NOAA 负责将气象数据和污染排放源数据综合导入系统，从而进行空气污染物浓度预测。目前，AQF 系统已实现臭氧、颗粒物、雾霾、气溶胶等污染情况预报，预报精确度较高。国内的空气质量数值预报系统为 CAPPS，该系统由中国气象科学研究院研制，目前已在多个城市预报业务中被投入使用。CAPPS 由多尺度箱格预报模式与中尺度数值模式 MM4 或 MMS 嵌套形成，不需要输入污染源数据，但是它的缺点是对临近日污染浓度依赖性大，并且会出现预报结果滞后的现象。另外，北京市基于中尺度气象预报模式建立了重污染时期集成预报系统，该系统实现了污染趋势预报、统计预报、数值预报、重污染日预警等功能（孙峰，2004）。广东省采用自主研发的烟团模式和动态统计方法并结合平流扩散箱格模式，研究出了空气质量预报系统（刘漩，2007）。

我国主要城市 $PM_{2.5}$ 浓度数据表明，我国北方地区的 $PM_{2.5}$ 浓度要普遍高于南方地区，这不仅与北方地区的工业城市较为密集相关，还与北方地区冬季燃煤供暖相关（He et al.，2001）。然而严重空气污染事件不仅出现在北方地区，我国长江三角洲、珠江三角洲等经济发达地区同样也会发生严重的空气污染情况（Wang et al.，2006a；Hu et al.，2014）。城市面积、城市人口和密度以及第二产业份额均与 $PM_{2.5}$ 排放呈正相关（Wang et al.，2017）。上海环境科学研究院的研究表明，上海、南京、杭州等大城市的 SO_x、NO_x 和 PM_{10} 的本地贡献分别可达61%、80%和76%以上（张吉洋和耿世彬，2014）。就本地 PM 排放量而言，以上海为中心的长江三角洲地区和以北京为中心的京津冀地区的排放量相差无几。然而，长江三角洲地区的污染程度始终低于京津冀地区，尤其上海作为全国机动车最密集的超大城市（Wang et al., 2006b），其空气质量却远优于首都北京，这得益于上海具有临海且年降水量充沛的地理和气候优势（Xu et al., 2016）。由此可见，地理环境和气候条件对大气污染程度也有着显著的影响（Feng et al., 2006）。我国沿海地区由于存在地理条件的优势，青岛、深圳、上海、珠海、厦门等城市 $PM_{2.5}$ 的大气污染水平都相对较低；南京、太原、柳州和南宁等内陆城市的污染则相对严重，最严重时可达到美国 $PM_{2.5}$ 日均浓度的 4.6 倍（张吉洋和耿世彬，2014）。根据卫星测量和数值模拟的数据显示，我国人口相对密集和经济较为发达的地区都处于 PM 浓度最高的地区，灰霾天气在北京、天津、上海、广州、深圳等城市尤为突出（Ma et al., 2016）。

2016 年，我国 71.5% 的人口暴露在 $PM_{2.5}$ 浓度高于 35 μg/m^3 的环境空气中；$PM_{2.5}$ 污染造成约 106.04 万人过早死亡，约占总死亡人数的 10.9%，其中冠心病和中风约占 80%；$PM_{2.5}$ 污染影响人体健康而产生的经济损失达 7 059.31 亿元，约占国内生产总值（GDP）的 0.95%（李勇等，2020）。$PM_{2.5}$ 污染造成的人体健康影响和经济损失存在显著空间差异，主要分布在 $PM_{2.5}$ 浓度和人口密度高的中东部地区（Maji et al., 2018）。

综上所述，我国城市空气污染严重的原因主要在于人口密集、经济发展所致的高排放或气候条件对污染物扩散的限制（Wang et al., 2017）。但在这些城市中值得关注的是，南宁市作为工业和城市欠发达地区，其空气质量状况也堪忧，污染程度与我国中部地区工业城市太原和经济发达地区的南京等城市相近（张吉洋和耿世彬，2014）。南宁市大气 PM 浓度高的原因是什么？其主要污染物的来源和成分是什么？排放及扩散途径如何？关于南宁市大气 PM_{10}、$PM_{2.5}$ 的研究尚且稀少，以往研究仅针对空气污染事件进行了定性描述，缺乏对大气颗粒物扩散、转移和时空变化的深入探讨。鉴于前文污染模拟和扩散模式的发展，本书将对南宁市大气污染进行系统研究，模拟污染物的来源、分布特征及其随时空转移和变化的规律，分析造成空气污染严重的原因，为南宁市污染防御和预报预警提供理论依据。

1.3 研究技术路线

研究技术路线见图 1-2。

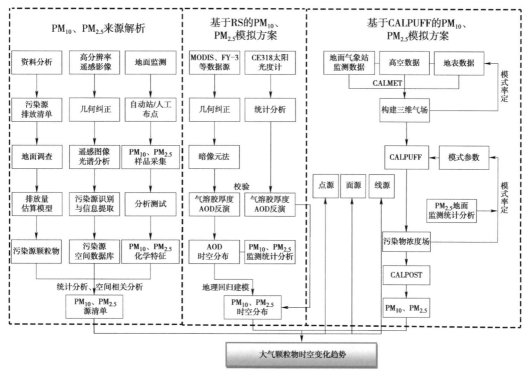

图 1-2　研究技术路线

1.4　研究目的和意义

　　本书吸收国内外相关研究成果，综合运用遥感科学技术、气象学、环境科学与工程、3S、计算机科学、数值模拟等理论与技术，从数理统计、实验分析、遥感建模、模拟分析多个视角，建立了南宁市大气颗粒物分析模式。从年际、季度、日 3 个时间尺度研究污染物时空分布特征与演化过程并讨论影响因素，探索大气颗粒物遥感定量反演合适的时间尺度。通过日和小时 2 个时间尺度耦合地面监测数据，结合 GIS 系统、CALPUFF 预报和统计分析结果进行 $PM_{2.5}$、PM_{10} 扩散和演化的时空模拟与预报。通过实验分析，揭示南宁市大气颗粒物来源，为后续开发南宁市大气质量预警预报防控技术体系与业务运行平台做好前期准备，以期协助管理者掌握大气颗粒污染物主要来源、扩散及时空分布情况等问题，并预报未来演化趋势。

第 2 章
南宁市大气颗粒物污染特征

DI-ER ZHANG

NANNING SHI DAQI KELIWU WURAN TEZHENG

2.1　地理位置和气象条件

2.1.1　地理位置

南宁市是广西壮族自治区的首府，位于广西南部，地处亚热带地区，北回归线以南，位于东经107°45′~108°51′、北纬22°13′~23°32′。土地面积为22 112 km²，市区面积为6 479 km²。南宁市面向东南亚地区、背靠大西南，东邻粤港澳琼，西接印度半岛，具有得天独厚的位置和地缘优势，是华南沿海和西南腹地两大经济区的接合部以及东南亚经济圈的连接点，是新崛起的大西南出海通道枢纽城市。

2.1.2　气象条件

（1）气温和降水。

南宁市位于北回归线南侧，在四面环山的小盆地内，且受海洋气候调节，气候属于湿润的南亚热带季风气候。南宁市一年四季气温较高，降水较多，日照适中，雨热同季。根据气象部门多年数据统计，南宁市年平均气温为20~23℃，年平均降水量为1 130~1 630 mm，年平均相对湿度为75%~83%。全年最热月份为7月，该月多年平均气温为28.3℃，最冷月份为1月，该月多年月平均气温为12.9℃，月平均气温的年际差为15.4℃；2—10月南宁市均有极端最高气温达到或超过35℃的记录。

南宁市降水量受季节变化影响较大，全年降水量主要集中在4—9月，这段时间称为汛期，其中4—6月为前汛期，7—9月为后汛期。汛期降水量约占全年降水量的80%。每年10月至次年3月是干旱少雨季节，降水量约占全年降水量的20%。降水对污染物具有冲刷作用，因此南宁市在多雨季节空气清新干净，在干旱少雨季节时容易出现污染。

2015年，南宁市全年日照时数为1 431 h，夏季日照时数明显高于其他季节；年降水量达1 222 mm，夏季降水量最大，降水量存在较明显的月际变化：7—9月是降水高峰，2月为降水低谷。相比往年冬季降水量，2015年南宁市冬季降水偏多。2015年南宁市月平均气温、降水量和逐月日照时数的数据如图2-1~图2-3所示。

（2）风向与风速。

如图2-4所示，2015年南宁市全年主导风向为北风，次主导风向为东南风，年平均风速为1.6 m/s。其中，春季、夏季均以东南风为主导风向，平均风速均为1.8 m/s，秋季则以北风和西北风为主导，平均风速为1.4 m/s，冬季以东北风为主导，平均风速为1.5 m/s。2015年南宁市主导风向与历年平均情况差异较大，全市历年平均主导风向为东北偏东方向（ENE），次主导风向为东南方向（SE），总体为偏东风，而2015年主导风向总体为偏北方向。

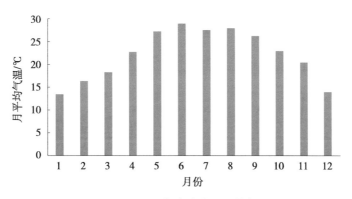

图 2-1　2015 年南宁市月平均气温

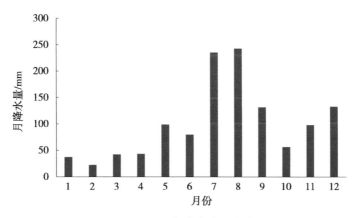

图 2-2　2015 年南宁市月降水量

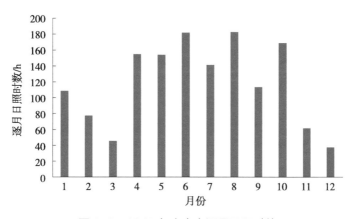

图 2-3　2015 年南宁市逐月日照时数

　　2015 年南宁市月平均风速如图 2-5 所示，各月风力水平比较平均，其中 6 月风速最大，为 2.1 m/s。全市年平均风速处于较低水平，风力条件较差不利于污染物的扩散。

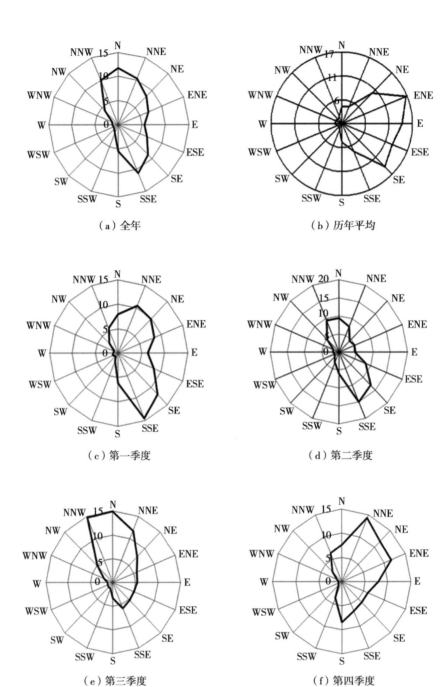

（a）全年　　　　　　　　　　（b）历年平均

（c）第一季度　　　　　　　　　（d）第二季度

（e）第三季度　　　　　　　　　（f）第四季度

图 2-4　2015 年南宁市全年和各季度平均风向玫瑰图

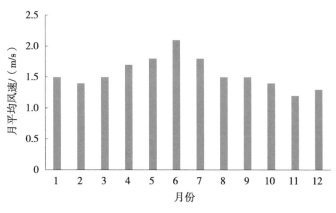

图 2-5　2015 年南宁市月平均风速

（3）湿度、大气稳定度和能见度。

南宁市全年降水充沛，2015 年总降水量达 1 222 mm，因此年平均相对湿度较高。如图 2-6 所示，南宁市月平均相对湿度为 83%，但存在较为明显的季节性变化。总体而言，夏半年相对湿度低于冬半年，这可能与冬季气温降低导致的空气易饱和有关。

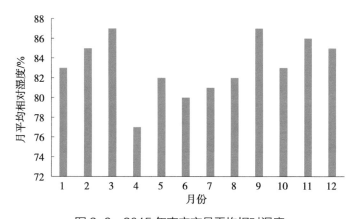

图 2-6　2015 年南宁市月平均相对湿度

大气稳定度是表征污染物扩散条件的重要参数。2014 年南宁市各月和全年出现不同类型大气稳定度的频率如图 2-7 所示。由图 2-7 可知，南宁市全年大气稳定度以 D 类（中性层结）大气为主，D 类大气在全年出现的频率为 64.5%。E 类（较稳定层结）和 F 类（稳定层结）大气在全年出现的频次位居第二，均为 9.9%。不稳定层结（A 类和 B 类）大气在夏季和秋季出现的频率大于在春季和冬季出现的频率，D 类大气在夏季出现的频率最低，在冬季出现的频率最高。E 类和 F 类大气在 1 月和 10 月的出现频率加和达 30% 以上，即南宁市在深秋和深冬季节大气层较为稳定，气象条件不利于污染物的扩散。

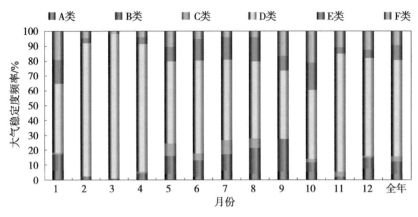

图 2-7　2014 年南宁市大气稳定度频率

2013—2015 年，南宁市月平均能见度如图 2-8 所示，月平均能见度变化范围为 9.3～12.1 km。与前两年相比，2015 年总体能见度相对较好。整体而言，夏季能见度最好，春季、秋季次之，冬季能见度最差，这与各季节大气层结稳定程度相吻合。

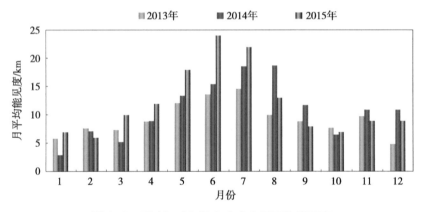

图 2-8　2013—2015 年南宁市月平均能见度

2.2 能源消耗及年际变化趋势

2.2.1 工业企业综合能源消耗情况

2005 年，南宁市市规模以上工业企业综合能源消耗量为 242.9 万 t 标准煤，其中制糖、造纸、建材、化工等行业的能源消耗量占比超过市规模以上工业能源消耗量的 80%；2006 年市规模以上工业企业共消耗原煤 293.26 万 t，消耗电力 377 315.96 万 kW·h，市规模以上工业企业综合能源消耗量达 273.45 万 t 标准煤；2007 年市规模以上工业企业完成工业增加值为 214.91 亿元，综合能源消耗量为 330.79 万 t 标准煤；2012 年，市规模以上工业企业综合能源消耗量为 527.65 万 t 标准煤，同比增长 32.1%，市规模以上工业企业完成工业增加值 623.85 亿元，同比增长 22.0%。

2016 年，南宁市部分高耗能、低附加值企业逐步恢复生产，全市工业企业综合能源消耗量降幅逐步收窄。南宁市 954 家市规模以上工业企业综合能源消耗量为 470.61 万 t 标准煤，同比下降 0.39%；单位工业增加值能耗同比下降 5.76%，降幅比上年收窄 11.39%（图 2-9）。

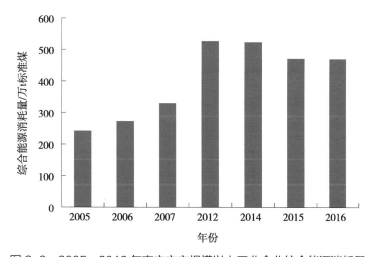

图 2-9　2005—2016 年南宁市市规模以上工业企业综合能源消耗量

2.2.2　南宁市能源消耗的年际变化趋势

2001—2016 年，南宁市能源消耗结构较为单一，一直以原煤为主，原煤占比为 96.94% 左右（表 2-1）。其中，2001—2013 年全市能源消耗量一直处于稳步上升趋势（图 2-10），原煤、汽油、煤油和柴油消耗量占比分别为 96.50%、0.16%、0.02% 和 0.97%，而焦炭和燃料油年均消耗量占比分别减少了 10.16% 和 10%。汽油消耗的增长主要与近几年南宁市机动车保有量增加有密切关系。液化石油气消耗量年均增长 36.73%，增长迅猛。2006 年南宁市出台了防止液化石油气增长过快的措施，截至 2016 年，南宁市液化石油气消耗量变化幅度不大，比较稳定。

自 2014 年开始，南宁市加大对工业企业节能降耗的工作力度，严格控制高耗能企业，严控高耗能、高污染产品产量，全市规模以上工业能耗呈大幅下降态势。到 2016 年，南宁市原煤、柴油和燃料油年均消耗量大幅削减，相比 2014 年分别减少了 25.41%、0.32% 和 61.02%。

表 2-1　南宁市各类能源消耗量年际统计　　　　　单位：万 t

年份	原煤	焦炭	汽油	煤油	柴油	燃料油	液化石油气
2001	131.52	2.96	0.35	0.01	1.47	3.81	—
2002	141.02	2.95	0.55	0.01	1.59	4.41	0.01
2003	232.66	1.94	0.44	0.09	1.42	7.90	0.26
2004	272.32	4.59	0.68	0.35	2.81	7.83	0.32
2005	277.15	2.72	0.52	0.01	3.32	9.16	0.37
2006	293.26	4.76	0.43	0.02	3.66	5.94	0.41
2007	377.96	6.35	0.52	0.01	3.72	6.80	0.39
2008	364.20	6.68	0.74	0.01	4.53	5.39	0.41
2009	365.19	4.36	0.71	0.01	4.45	2.51	0.41
2010	377.52	3.60	0.56	0.02	5.00	2.21	0.53
2011	428.62	4.36	0.78	0.21	4.88	2.15	0.36
2012	651.38	2.01	0.69	0.02	4.64	1.38	0.41
2013	726.16	0.82	0.67	0.01	5.21	1.08	0.43
2014	604.53	0.75	0.66	0.02	6.22	0.59	0.43
2015	455.23	0.50	0.69	0.02	7.31	0.26	0.46
2016	450.91	0.69	0.67	0.08	6.20	0.23	0.43

注：2001—2016 年统计数据来自《南宁统计年鉴》，2001 年液化石油气消耗量未统计。

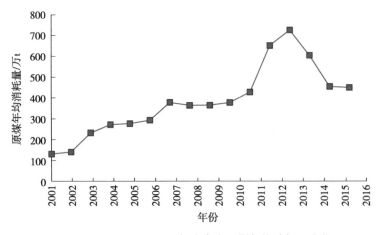

图 2-10　2001—2016 年南宁市原煤年均消耗量变化

2.3　大气污染物排放状况及年际变化趋势

2015 年，南宁市工业废气污染物排放总量为 1 596 亿 m³（标态）。二氧化硫排放量为

3.94 万 t，其中工业源排放量为 3.07 万 t；氮氧化物排放量为 6.26 万 t，其中工业源排放量为 2.61 万 t，机动车排放量为 3.57 万 t；烟（粉）尘排放量为 3.38 万 t，其中工业源排放量为 2.60 万 t，机动车排放量为 0.31 万 t（见表 2-2）。

表 2-2　2015 年南宁市工业废气污染物排放总量　　　　　　单位：t

指标名称	区域总量	较上年增、减率	工业源	城镇生活源	机动车	集中式污染治理设施
二氧化硫	39 400	↓ 3.13%	30 700	8 700	—	5.100 0
氮氧化物	62 600	↓ 29.73%	26 100	36 800	35 700	6.370 0
烟（粉）尘	33 800	↓ 7.14%	26 000	7 800	3 100	0.870 0

2.3.1　各行业工业污染物的排放情况

工业污染物的排放情况因不同行业而有较大差别。其中，工业废气、二氧化硫、氮氧化物的排放主要来自非金属矿物制品业和电力、热力生产与供应业，烟粉尘的排放主要来自非金属矿物制品业。南宁市具体行业排放情况如下：

（1）二氧化硫排放量居前 5 位的行业分别是造纸和纸制品业，酒、饮料和精制茶制造业，非金属矿物制品业，电力、热力生产与供应业，农副食品加工业。这 5 个行业的二氧化硫排放量约占南宁市工业污染物排放总量的 94%。

（2）氮氧化物排放量位居前列的行业分别是非金属矿物制品业，电力、热力生产与供应业，造纸和纸制品业，农副食品加工业。这 4 个行业氮氧化物的排放量约占南宁市工业污染物排放总量的 98%。

（3）烟（粉）尘排放量位居前列的行业分别是非金属矿物制品业，农副食品加工业，造纸和纸制品业。这 3 个行业烟（粉）尘排放量约占南宁市工业污染物排放总量的 88%。

2.3.2　机动车污染物排放情况

随着社会经济的发展，南宁市机动车保有量逐年增加，而机动车在运输过程中排放的污染物对空气质量的影响也逐年加重，已成为影响南宁市空气质量的主要因素之一。车辆运输过程中排放的污染物主要包括总颗粒物、氮氧化物、一氧化碳和碳氢化合物，2014 年其排放量分别约为 0.33 万 t、3.78 万 t、19.44 万 t 和 2.23 万 t，具体情况如表 2-3 所示。

表2-3 2014年南宁市机动车污染物排放情况

序号	类型		机动车保有量/辆	总颗粒物/万t	氮氧化物/万t	一氧化碳/万t	碳氢化合物/万t
1	载客汽车		753 767	0.194 6	1.859 4	12.483 5	1.297 8
	其中	微型载客	20 375	0	0.028 5	0.611 9	0.054
		小型载客	712 421	0.058 4	0.624 8	8.502 8	0.730 4
		中型载客	7 248	0.003 3	0.111 4	0.683	0.089 3
		大型载客	13 723	0.132 9	1.094 7	2.685 8	0.424 1
2	载货汽车		118 780	0.137 1	1.778 1	1.770 3	0.308 3
	其中	微型载货	444	0	0.001 2	0.023 2	0.002 1
		轻型载货	73 539	0.026 1	0.152 6	0.568 3	0.075 2
		中型载货	16 175	0.017 4	0.357 6	0.209	0.051 4
		重型载货	28 622	0.093 6	1.266 7	0.969 8	0.179 6
3	三轮汽车及低速载货汽车		1 220	0.002 2	0.034 9	0.011 9	0.013 3
	其中	三轮汽车	98	0.000 2	0.003 2	0.001 1	0.001 2
		低速载货汽车	1 122	0.002	0.031 7	0.010 8	0.012 1
4	摩托车		757 464	0	0.078 1	5.175 4	0.607 6
	其中	普通摩托车	754 239	0	0.077 8	5.153 4	0.605
		轻便摩托车	3 225	0	0.000 3	0.022	0.002 6
	合计		1 631 231	0.333 9	3.750 5	19.441 1	2.227

2014年，南宁市重型载货汽车仅约占机动车保有量的1.74%，但其总颗粒物、氮氧化物、一氧化碳和碳氢化合物的排放量分别约占机动车排放总量的28.04%、33.51%、4.99%和8.07%；大型载客汽车仅约占机动车保有量的0.83%，但其总颗粒物、氮氧化物、一氧化碳和碳氢化合物的排放量分别约占机动车排放总量的39.81%、28%、13.82%和19.04%（图2-11）。由此可知，虽然重型载货汽车和大型载客汽车在机动车保有量中占比较小，但其燃烧重油排放的废气对环境造成的污染不容小觑。因此，对重型载货汽车和大型载客汽车进行管制和引导将是机动车污染防治工作的重点。不同类型汽车燃油种类情况见图2-12。

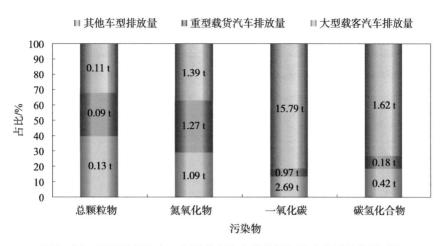

图 2-11　重型载货汽车、大型载客汽车排放量与机动车排放总量对比

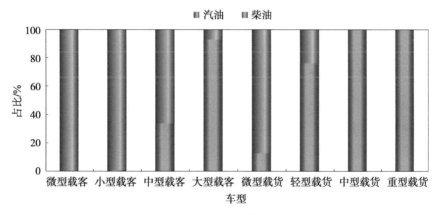

图 2-12　不同类型汽车燃油种类情况

2.3.3　污染物排放量的年际变化趋势

2001—2015 年，南宁市主要污染物（工业废气、二氧化硫和烟尘）排放量呈总体上升趋势，其中 2005 年 3 种污染物的排放量达到较高水平（表 2-4）。

表 2-4　2001—2015 年南宁市主要大气污染物年际排放量

年份	工业废气排放总量 / 亿 m³（标态）	二氧化硫排放量 / 万 t	烟尘排放量 / 万 t
2001	282	1.62	0.99
2002	386.04	2.54	1.32
2003	893.80	4.85	5.05
2004	1 125	6.64	5.19
2005	1 242.513 2	7.19	5.32
2006	1 003.75	7.14	5.16

续表

年份	工业废气排放总量 / 亿 m³（标态）	二氧化硫排放量 / 万 t	烟尘排放量 / 万 t
2007	1 198.72	6.60	3.73
2008	787.27	6.4	3.12
2009	885.29	6.47	2.88
2010	843.61	7.58	2.62
2011	1 248.30	4.11	3.54
2012	1 408.55	3.94	3.37
2013	1 422	3.3	2.1
2014	1 831	3.2	2.8
2015	1 596	3.1	2.6

注：2001—2005 年统计数据来自《中国环境年鉴》；2006—2015 年统计数据来自《广西环境年鉴》。

从排放总量变化来看，南宁市工业废气排放总量由 2001 年的 282 亿 m³（标态）上升到 2015 年的 1 596 亿 m³（标态），升幅高达 465.96%。从图 2-13 可以看出，2001—2006 年南宁市工业废气年际排放总量呈现显著上升的趋势，2007—2010 年工业废气年际排放总量有所下降，说明南宁市在工业污染治理方面取得了一定成效。从图 2-14 可以看出，二氧化硫年际排放总量由 2001 年的 1.62 万 t 上升到 2015 年的 3.1 万 t，总体呈先上升后下降趋势，其中 2010 年二氧化硫的排放量达到最大值（7.58 万 t），同比增加 17.16%。烟（粉）尘的年际排放总量由 2001 年的 0.99 万 t 上升到 2015 年的 2.6 万 t，排放量在 2001—2005 年呈现显著上升的趋势，在 2006—2010 年呈现显著下降趋势，2011 年出现小幅上升，2012 年以后重新下降但降幅不大。综上分析，南宁市 3 种主要污染物排放量年际变化在 2001—2008 年呈现出共同的先上升后下降趋势，此后三者变化出现不同，二氧化硫和烟（粉）尘排放量得到相对控制并呈总体下降趋势，而工业废气排放量快速并大幅上升。

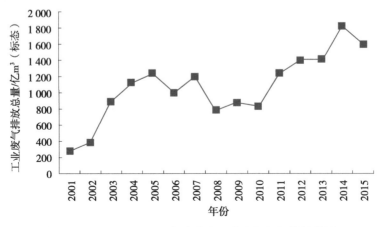

图 2-13　2001—2015 年南宁市工业废气年际排放总量

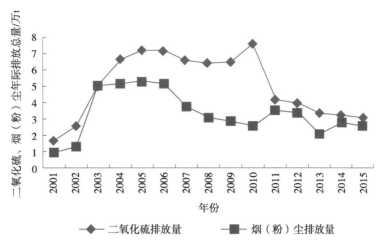

图 2-14　2001—2015 年南宁市二氧化硫、烟（粉）尘年际排放总量

2.4　大气质量状况及年际变化趋势

按照《环境空气质量标准》（GB 3095—2012）对南宁市空气质量进行评估。2016 年南宁市城区空气质量优良（空气污染指数 API≤100）天数达到 348 天，占全年天数的 96%，出现轻度污染天气（100＜API≤200）17 天、重度污染天气（200＜API≤300）1 天；未出现中度污染（100＜API≤150）和超重度污染（API＞300）天气。空气质量超标日（轻度污染以上天气）分别分布在 1 月（1 天）、2 月（6 天）、3 月（2 天）、4 月（1 天）、9 月（1 天）和 12 月（7 天）；其中，重度污染日出现在 2 月（1 天）。2016 年南宁市空气污染物指数分布见图 2-15。

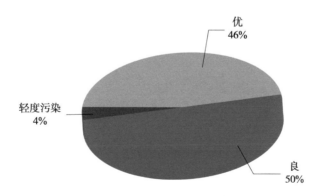

图 2-15　2016 年南宁市空气污染物指数分布

2016 年南宁市环境空气中二氧化硫、二氧化氮、可吸入颗粒物和细颗粒物年平均浓度分别为 0.012 mg/m³、0.032 mg/m³、0.062 mg/m³ 和 0.036 mg/m³。其中，二氧化硫和二

氧化氮年平均浓度均达到《环境空气质量标准》（GB 3095—2012）一级标准要求；可吸入颗粒物浓度达到二级标准要求；细颗粒物浓度超过二级标准要求，超标倍数为 0.03。

二氧化硫（SO_2）、氮氧化物（主要是 NO_2）和可吸入颗粒物（PM_{10}）是我国城市空气污染的主要污染物，因此将空气中的二氧化硫、二氧化氮和可吸入颗粒物浓度的年日均值以及 API 作为表征空气质量的特性值，对南宁市 2001—2012 年空气质量状况进行综合分析。

2001—2012 年空气质量的监测结果显示，近十几年南宁市空气质量一直处于较高水平。2012 年南宁市二氧化硫、二氧化氮和可吸入颗粒物 3 种主要空气污染物的年日均浓度分别为 0.019 mg/m³、0.033 mg/m³ 和 0.069 mg/m³，其中可吸入颗粒物年均浓度达到《环境空气质量标准》（GB 3095—2012）二级标准要求，二氧化硫与二氧化氮年均浓度均达到《环境空气质量标准》（GB 3095—2012）一级标准要求（表 2-5）。与 2011 年相比，2012 年南宁市二氧化硫浓度下降 26.92%，二氧化氮浓度持平，可吸入颗粒物浓度下降 5.48%（图 2-16）。南宁市的空气质量在全国重点城市中处于中上游水平。

表 2-5 　2001—2016 年南宁市主要空气污染物年日均浓度及空气质量评价 　　单位：mg/m³

年份	二氧化硫年日均值	二氧化氮年日均值	可吸入颗粒物年日均值	质量评价（级别）
2001	0.052	0.027	0.064	二
2002	0.053	0.032	0.065	二
2003	0.047	0.032	0.072	二
2004	0.061	0.034	0.078	二
2005	0.058	0.038	0.067	二
2006	0.060	0.035	0.066	二
2007	0.059	0.048	0.064	二
2008	0.040	0.044	0.056	二
2009	0.032	0.035	0.045	二
2010	0.028	0.030	0.069	二
2011	0.026	0.033	0.073	二
2012	0.019	0.033	0.069	二
2013	0.019	0.038	0.090	二
2014	0.015	0.037	0.084	二
2015	0.013	0.033	0.072	二
2016	0.012	0.032	0.062	二

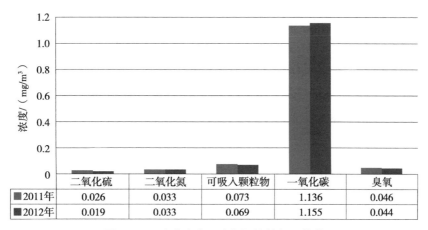

	二氧化硫	二氧化氮	可吸入颗粒物	一氧化碳	臭氧
2011年	0.026	0.033	0.073	1.136	0.046
2012年	0.019	0.033	0.069	1.155	0.044

图 2-16　南宁市主要空气污染物年日均值

2007—2016 年，二氧化硫和二氧化氮的年日均值均呈现总体下降趋势，多年来二氧化氮的年日均值变化幅度较小，各年年平均首要污染物均为可吸入颗粒物（图 2-17）。

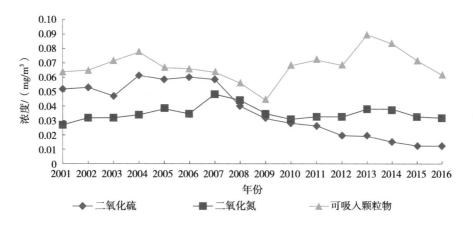

图 2-17　2001—2016 年南宁市二氧化硫、二氧化氮和可吸入颗粒物浓度的年日均值变化

由于扩散条件和污染源密度分布存在差异，南宁市各区域的环境空气质量也不尽相同。位于上风向城区和市郊的空气质量较优，而交通、工业、高楼密集的市中心空气质量则较差，但总体水平优于《环境空气质量标准》（GB 3095—2012）二级标准。

空气的浑浊度（污染程度）通常可使用空气污染指数（Air Pollution Index，API）进行表征，API 是大气环境质量的一个评价指标。与其他指标不同，该指数以简单化处理后的单个概念性指数值代替地面站点监测获得的污染物（二氧化硫、二氧化氮、可吸入颗粒物等）浓度数据进行空气质量评价。某个城市空气质量在较短时间内的变化趋势可以用该指数表示。2012 年上半年，气象部门规定将逐步使用空气质量指数（Air Quality

Index，AQI）替代原来的空气污染指数对大气环境质量进行评价。与 API 相比，AQI 的优点，一是可以通过量纲一的形式对目标区域的空气质量进行表达和描述，使不同区域的空气质量具有可比性，二是增加了参与评价的污染物（臭氧、一氧化碳、可吸入颗粒物和细颗粒物），使有关城市空气环境的评价体系得到进一步完善，评价范围更广，结果精度更高。API 和 AQI 分级标准见表 2-6 和表 2-7。

表 2-6　API 分级标准

API	0～50	51～100	101～150	151～200	201～300	＞300
空气质量级别	Ⅰ	Ⅱ	Ⅲ₁	Ⅲ₂	Ⅳ	Ⅴ
空气质量状况	优	良	轻微污染	轻度污染	中度重污染	重度污染

表 2-7　AQI 分级标准

AQI	0～50	51～100	101～150	151～200	201～300	＞300
空气质量级别	Ⅰ	Ⅱ	Ⅲ	Ⅳ	Ⅴ	Ⅵ
空气质量状况	优	良	轻度污染	中度污染	重度污染	严重污染

从表 2-6 和表 2-7 中可以看出，API 与 AQI 的分级均为 6 个级别，但表述空气质量状况的结果有所不同。从客观方面来说，AQI 更能贴切地反映出我国各个城市当前空气质量的优劣情况。

2.4.1　2001—2012 年南宁市空气质量（API）情况

2001—2012 年南宁市 API 均值在 60 左右，空气质量优良天数占比为 95% 以上，污染天数总体呈下降趋势（图 2-18 和表 2-8）。2009 年 API 均值最低，优和良天数占比为 99.17%。2003 年和 2004 年 API 均值分别为 61 和 65，轻微污染天数均为 18 天，为2001—2012 年最高数值。2011 年南宁市出现 12 年来第一次轻度污染，天数为 1 天，主要原因是受汽车尾气的排放和扬尘的影响。

从年际变化来看，2001—2004 年南宁市的年平均 API 呈上升的趋势，空气质量变差。2005—2009 年南宁市的年平均 API 逐年下降，尤其 2008 年和 2009 年南宁市的空气质量有较大提升。2010—2012 年南宁市的年平均 API 再次出现上升的趋势。

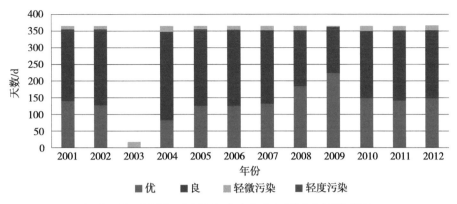

图 2-18　2001—2012 年南宁市空气质量（API）统计

表 2-8　2001—2012 年南宁市 API 年际变化

年份	API 均值	优		良		轻微污染		轻度污染	
		天数 /d	比例 /%	天数 /d	比例 /%	天数 /d	比例 /%	天数 /d	比例 /%
2001	57	140	38.36	214	58.63	11	3.01	0	0
2002	58	128	35.07	227	62.19	10	2.74	0	0
2003	61	—	—	—	—	18	4.93	0	0
2004	65	82	22.47	265	72.60	18	4.93	0	0
2005	59	126	34.52	228	62.47	11	3.01	0	0
2006	59	125	34.25	228	62.46	12	3.29	0	0
2007	58	132	36.17	220	60.27	13	3.56	0	0
2008	49	183	50.00	169	46.17	14	3.83	0	0
2009	<49	224	61.37	138	37.81	3	0.82	0	0
2010	58	148	40.55	201	55.1	16	4.4	0	0
2011	59	141	38.63	210	57.54	13	3.56	1	0.27
2012	—	148	40.44	204	55.74	14	3.82	0	0

2.4.2　AQI 小时数据分析

（1）小时 AQI 变化。

将南宁市空气质量小时数据进行整理，得到每个月的小时平均 AQI，结果见图 2-19。

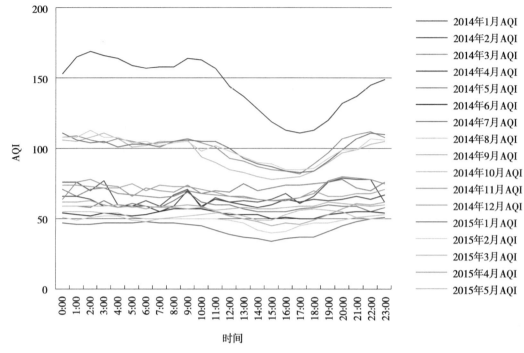

图 2-19　2014—2015 年小时平均 AQI 变化分析

由图 2-19 可知，2014 年 1 月南宁市的小时平均 AQI 较大，空气污染属于轻度、中度范围。在 0 时至 12 时，污染比较严重，AQI 大于 150，在 12 时之后，污染有所减缓，但仍然有轻度污染。2014 年 10 月和 12 月以及 2015 年 1 月和 2 月的污染程度和变化趋势相似，均有轻度污染现象且 AQI 变化趋势基本一致，0 时至 12 时前后，AQI 比较高，且数值波动不大，12 时至 20 时，AQI 较前段时间有所下降，空气质量变为良，但在 17 时之后，AQI 上升，出现污染现象。其他月份 AQI 都小于 100，空气质量较好，属于优良等级。其中 2014 年 7 月和 8 月的小时平均 AQI 均属于优等级，空气质量非常好，适合人们进行户外运动，这可能与这个季节气象条件利于污染物的快速扩散与沉降有关。

（2）首要污染物分析。

空气中的污染物通常由 1 种或几种物质组成。分析和计算空气中的首要污染物对了解空气质量状况及生态环境主管部门采取相应措施具有重要意义。生态环境主管部门可以依据统计的首要污染物，从源头上控制污染物的排放，使环境得到较快地缓解和恢复，从而减少对人类健康的危害。将南宁市空气质量小时数据的污染物进行统计，分析 2014 年 1 月—2015 年 5 月 24 小时的首要污染物占比，研究首要污染物的变化趋势，结果见图 2-20。

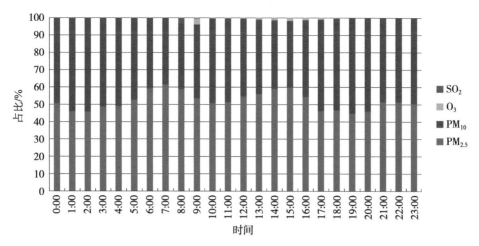

图 2-20　2014 年 1 月—2015 年 5 月南宁市空气中首要污染物占比情况

由图 2-20 可知，0 时至 4 时空气中的首要污染物主要为 PM_{10}，5 时至 7 时 PM_{10} 占比减少，$PM_{2.5}$ 占比增加。到 8 时，空气中首要污染物为 $PM_{2.5}$，但同时出现了 SO_2 污染，这可能与人类活动有关，因为 8 时是上班高峰期，交通工具排放的污染物会给空气质量造成一定的压力。9 时至 17 时，污染物 $PM_{2.5}$ 占比较 PM_{10} 高，说明该时间段空气中的首要污染物为 $PM_{2.5}$，其间空气中还出现了 O_3 污染。O_3 一般集中在大气平流层，对紫外线具有吸收作用，能够保护地面上的生物免受强紫外线的伤害，同时 O_3 在垂直方向上的分布还会影响平流层的温度分布和大气活动。对流层中也存在少量 O_3，当 O_3 浓度超过一定范围时就会对地面上生物的健康造成威胁。O_3 污染还与光化学烟雾密切相关，前者是后者形成中最重要的次生污染物和指示剂。O_3 污染的产生与 NO_x、挥发性有机物和 CO 的存在有关，因此 O_3 污染与工业废气、汽车尾气的排放密切相关。此外，适当的气象和地理条件会促使 O_3 浓度得到积累从而使其容易形成光化学污染。18 时至 23 时，PM_{10} 占比不断增加，20 时后与 $PM_{2.5}$ 占比基本一致，两者基本并列成为影响空气质量的首要污染物。总体而言，南宁市空气质量首要污染物夜间主要为 PM_{10} 和 $PM_{2.5}$，白天 $PM_{2.5}$ 占比大于 PM_{10} 占比，同时会出现 SO_2 污染和 O_3 污染，这与人类的生产生活紧密相关。

2.4.3　空气质量日报数据分析

（1）月均 AQI 变化。

将南宁市空气质量日报数据进行整理和计算，分析 2014 年 1 月—2015 年 5 月的月均 AQI 变化，结果见图 2-21。

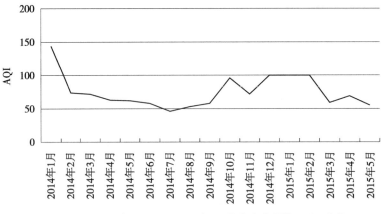

图 2-21　2014 年 1 月—2015 年 5 月南宁市月均 AQI 变化

图 2-21 表明，2014 年 1 月—2015 年 5 月，AQI 总体呈下降趋势，2014 年 1 月的 AQI 最高，在 2014 年 9 月—2015 年 2 月有阶段性上升。2014 年 1—8 月，只有 1 月的 AQI 值大于 100，出现轻度污染，其中 7 月的 AQI 比其他月份的 AQI 低，表明该月的空气质量最好。2014 年 9 月—2015 年 2 月，AQI 呈现阶段性升高趋势，11 月略有下降，AQI 都不大于 100，但与春、夏季的值相比较高。2015 年 3—5 月，AQI 不高，且比秋、冬季的值小，空气质量良好。整体而言，秋、冬季的 AQI 比春、夏季 AQI 高，其中夏季的 AQI 最小，表明南宁市夏季空气质量最好。

（2）空气质量状况分析。

统计 2014 年 1 月—2015 年 5 月南宁市空气质量状况，研究该期间每个月空气质量的变化趋势，结果见图 2-22。

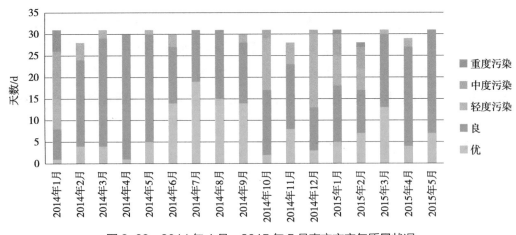

图 2-22　2014 年 1 月—2015 年 5 月南宁市空气质量状况

由图 2-22 可以看出，2014 年 1 月—2015 年 5 月南宁市空气质量整体良好，少数月份出现重度污染。2014 年 1 月的空气污染比其他月份严重，并且 1 个月中出现了多次不同程度的空气污染，甚至出现了重度污染天气，优良等级的空气质量天数占比较低，浑浊度比较大，整体的空气质量较差。2014 年 2—8 月空气质量优良等级出现天数比 1 月有所增加，表明空气质量不断提高，尤其在夏季，空气质量等级多为优。2014 年 9 月—2015 年 2 月空气污染出现的天数增加，污染程度以轻度和中度污染为主，空气质量优良等级天数与污染天数基本持平，相较于春、夏季，秋、冬季空气质量较差且在深冬容易出现重度污染天气，这与冬季存在不利的大气扩散条件（静风、逆温层等）有关。2015 年 3—5 月南宁市天气转暖，地面对流活动增强，空气质量状况较秋、冬季好，出现污染的天数减少，空气质量向洁净方向好转。

2.4.4　AQI 与气象要素关联性分析

气象要素对污染物在大气中的变化（稀释、扩散、转化等）具有重要作用，因此气象要素与污染物浓度关系密切。一般而言，影响污染物扩散和稀释的气象要素主要包括风速、气温等。风速对污染物浓度的影响主要体现在其大小能够决定污染物在水平方向上的扩散条件。当地表的风速较大时，有利于空气污染物的扩散和稀释，反之当风速较小或为静风时，空气中的污染物难以扩散，污染物浓度达到一定程度后会造成区域性污染。在垂直方向上，污染物的扩散极大地受气温分布的影响。当地表气温较高而高空气温较低时，大气热力作用增强从而形成活跃的上下对流活动，污染物在该作用下发生扩散和稀释，从而使目标区域空气污染物浓度有所下降，空气浑浊现象得以缓解。大气污染物浓度反过来也会影响气象条件，许多学者研究表明，太阳光会被飘浮在大气中的细颗粒物吸收和散射，因此颗粒物的增加会降低大气透明度，使大气能见度变小。

研究团队获取南宁市吴圩气象站的小时数据和日均数据，该站点位于东经 108.172°、北纬 22.608°，高度为 128.3 m。使用 AQI 和上述数据分析空气污染与气象要素之间的关系。

（1）小时 AQI 与气象要素。

根据空气质量小时 AQI 与 2014 年 1 月—2015 年 5 月气象要素数据，计算并分析两者之间的相关性，结果见表 2-9。

表 2-9　2014 年 1 月—2015 年 5 月南宁市小时 AQI 与气象要素之间的相关系数

时间	项目	气温	海平面气压	风速
2014 年 1 月	相关性系数	−0.218**	0.13*	−0.041
	显著性水平（双尾）	0.000	0.042	0.270
	N	733	244	733
2014 年 2 月	相关性系数	−0.158*	0.046	−0.278**
	显著性水平（双尾）	0.014	0.685	0.000
	N	238	81	238
2014 年 3 月	相关性系数	−0.167**	0.009	−0.034
	显著性水平（双尾）	0.000	0.898	0.407
	N	598	200	598
2014 年 4 月	相关性系数	−0.244**	0.050	−0.199**
	显著性水平（双尾）	0.000	0.500	0.000
	N	588	187	588
2014 年 5 月	相关性系数	−0.107**	0.097	0.101*
	显著性水平（双尾）	0.006	0.168	0.011
	N	642	202	642
2014 年 6 月	相关性系数	−0.069	0.139*	−0.093
	显著性水平（双尾）	0.073	0.036	0.014
	N	686	229	686
2014 年 7 月	相关性系数	−0.341**	0.139*	0.094*
	显著性水平（双尾）	0.000	0.041	0.016
	N	665	216	665
2014 年 8 月	相关性系数	−0.425**	0.227**	0.002
	显著性水平（双尾）	0.000	0.000	0.953
	N	703	233	703
2014 年 9 月	相关性系数	−0.058	0.230**	−0.125*
	显著性水平（双尾）	0.127	0.000	0.001
	N	688	231	688
2014 年 10 月	相关性系数	−0.108**	0.324**	−0.077*
	显著性水平（双尾）	0.006	0.000	0.047
	N	659	217	659

续表

时间	项目	气温	海平面气压	风速
2014 年 11 月	相关性系数	-0.122**	0.090	0.021
	显著性水平（双尾）	0.002	0.196	0.600
	N	650	207	650
2014 年 12 月	相关性系数	-0.119**	0.087	-0.148**
	显著性水平（双尾）	0.001	0.186	0.000
	N	709	235	709
2015 年 1 月	相关性系数	-0.122**	0.101	-0.274**
	显著性水平（双尾）	0.001	0.120	0.000
	N	720	239	720
2015 年 2 月	相关性系数	-0.418**	0.353**	-0.175**
	显著性水平（双尾）	0.000	0.000	0.000
	N	654	218	654
2015 年 3 月	相关性系数	-0.402**	0.152*	-0.046
	显著性水平（双尾）	0.000	0.017	0.216
	N	730	245	730
2015 年 4 月	相关性系数	-0.218**	0.104	-0.039
	显著性水平（双尾）	0.000	0.116	0.301
	N	691	230	691
2015 年 5 月	相关性系数	-0.108**	0.039	0.011
	显著性水平（双尾）	0.003	0.546	0.761
	N	733	243	733

注：* 和 ** 分别表示置信度水平为 0.05 和 0.01 检验；*N* 表示样本数。

从表 2-9 可以看出，2014 年 1 月—2015 年 5 月多数月份南宁市 AQI 与气温之间存在显著负相关关系，说明气温越高，污染物的扩散和稀释作用越容易发生，AQI 越低；此外两者相关的显著性通过 0.01 水平检验，具有统计学意义。2014 年 6 月和 9 月的 AQI 与气温之间的相关性不显著。海平面气压与 AQI 之间的相关性不显著。风速与 AQI 之间存在关联，但相关性有正有负，这可能与风向有关。AQI 与各气象要素之间的相关系数大小不同，说明南宁市每月的空气质量受各气象要素的影响程度不同，相关系数越高，影响越大。

（2）日报 AQI 与气象要素。

气象日报数据主要包括地表气温、气压、平均风速和能见度，按季节计算 2014 年 1 月—2015 年 5 月南宁市日报 AQI 与气象要素两者之间的相关系数，结果见表 2-10。

表 2-10　2014 年 1 月—2015 年 5 月南宁日报 AQI 与气象要素间的相关系数

时间	项目	地表气温	气压	平均风速	能见度
2014 年 1—2 月	相关系数	-0.009	0.238	-0.497**	-0.671**
	显著性水平	0.945	0.070	0.000	0.000
	N	59	59	59	59
2014 年 3—5 月	相关系数	-0.231*	0.231*	-0.275**	-0.362**
	显著性水平	0.026	0.027	0.008	0.000
	N	92	92	92	92
2014 年 6—8 月	相关系数	-0.378**	0.097	-0.207*	-0.281**
	显著性水平	0.000	0.356	0.047	0.007
	N	92	92	92	92
2014 年 9—11 月	相关系数	-0.146	0.010	-0.300**	-0.773**
	显著性水平	0.173	0.929	0.004	0.000
	N	89	89	89	89
2014 年 12 月—2015 年 2 月	相关系数	-0.223*	0.214*	-0.511**	-0.600**
	显著性水平	0.034	0.043	0.000	0.000
	N	90	90	90	90
2015 年 3—5 月	相关系数	-0.175	0.129	-0.273**	-0.237*
	显著性水平	0.096	0.223	0.009	0.014
	N	91	91	91	91

注：* 和 ** 分别表示置信度水平为 0.05 和 0.01；N 表示样本数。

表 2-10 表明，2014 年 3—8 月和 2014 年 12 月—2015 年 2 月南宁市的空气质量与地表气温呈显著负相关，显著性通过 0.05 水平检验。其中，夏季的显著性通过 0.01 水平检验，相关性比其他季节更为显著。气压与 AQI 在春、冬季某些月份呈显著的正相关但总体相关性较弱或不相关。平均风速与空气质量之间总体呈显著的负相关，风速越大，空气质量越好。空气质量的好坏能直接反映在大气的能见度上，当大气颗粒物浓度越低，空气质量越好（AQI 越低），大气的能见度就越高。

2.5　城区大气颗粒物变化特征与环境影响因素

2.5.1　空气污染物的时序变化特征

（1）$PM_{2.5}$、PM_{10} 日平均浓度变化分析。

根据 $PM_{2.5}$ 和 PM_{10} 逐日监测浓度绘制 2014—2016 年南宁市 $PM_{2.5}$ 和 PM_{10} 日平均浓度时序变化图（图 2-23），分析结果如下：$PM_{2.5}$ 和 PM_{10} 的浓度波峰与波谷基本同步出现，两者变化趋势一致，浓度散点图（图 2-24）也印证了该结论。总体而言，不同季节的 $PM_{2.5}$ 和 PM_{10} 日平均浓度变化特征有较大不同，1 月 1 日—3 月 1 日，颗粒物浓度较高且有明显波峰和波谷交替出现，3 月 1 日—9 月 1 日颗粒物浓度大部分时间相对平缓且呈下降趋势，从 9 月 1 日开始颗粒物浓度重新上升并在 10 月 15 日前后达到高值后下降，秋、冬两季的 $PM_{2.5}$ 和 PM_{10} 日平均浓度远高于春、夏两季日平均浓度且变化相对剧烈。$PM_{2.5}$ 和 PM_{10} 日平均浓度最高值分别为 129 μg/m³（1 月 22 日）和 190 μg/m³（1 月 20 日）。根据《环境空气质量标准》（GB 3095—2012），南宁市辖区 2014—2016 年 $PM_{2.5}$ 日平均浓度值超过一级标准的天数为 208 天，占比为 56.99%；超过二级标准的天数为 27 天，占比 7.40%；PM_{10} 日平均浓度值超过一级标准的天数为 278 天，占比为 76.16%，超过二级标准的天数为 6 天，占比为 1.64%。南宁市 1 年中有超过半年时间的 $PM_{2.5}$ 日平均浓度值超过一级标准，有近 80% 的 PM_{10} 日平均浓度值超过一级标准，空气质量堪忧。

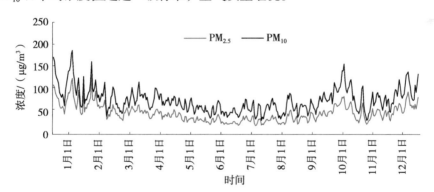

图 2-23　2014—2016 年南宁市 $PM_{2.5}$、PM_{10} 日平均浓度时序变化

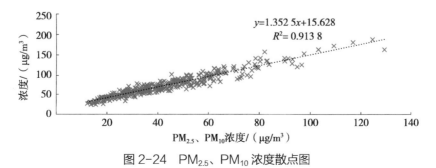

图 2-24　$PM_{2.5}$、PM_{10} 浓度散点图

（2）$PM_{2.5}$、PM_{10}月平均浓度变化分析。

2014—2016年南宁市$PM_{2.5}$、PM_{10}月平均浓度如图2-25所示。1月$PM_{2.5}$浓度最高，达到74 μg/m³，6月$PM_{2.5}$浓度最低，为21 μg/m³，1月的$PM_{2.5}$浓度约为6月$PM_{2.5}$浓度的3.52倍。PM_{10}浓度在1月也同样最高，约为113 μg/m³，6月PM_{10}浓度为全年最低，约为46 μg/m³，1月PM_{10}的浓度约为6月PM_{10}浓度的2.46倍。年内$PM_{2.5}$和PM_{10}月平均浓度高值和低值变化明显，浓度高值可为低值的数倍。

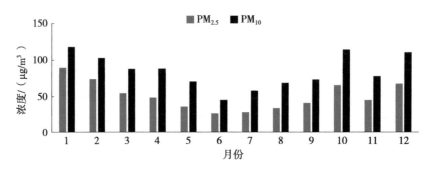

图2-25　2014—2016年南宁市$PM_{2.5}$、PM_{10}月平均浓度变化

（3）$PM_{2.5}$、PM_{10}季节浓度变化分析。

图2-26为2014—2016年南宁市$PM_{2.5}$和PM_{10}季节浓度变化情况。秋季（9月、10月、11月）和冬季（12月、1月、2月）的$PM_{2.5}$和PM_{10}浓度明显高于春季（3月、4月、5月）、夏季（6月、7月、8月）。夏季浓度最低，$PM_{2.5}$和PM_{10}浓度分别为24.3 μg/m³和50.4 μg/m³，冬季浓度最高，$PM_{2.5}$和PM_{10}浓度分别为64 μg/m³和97.4 μg/m³，冬季$PM_{2.5}$和PM_{10}的浓度约为夏季浓度的两倍。这是由于冬季地表气温低而高层气温较高，空气出现逆温层，大气上下对流活动较弱，气候条件不利于空气污染物的扩散，导致冬季$PM_{2.5}$和PM_{10}的浓度偏高。而夏季地面加热较快，地表气温高而上层气温低，大气对流活动较强，气候条件有利于污染物的扩散，因此夏季$PM_{2.5}$和PM_{10}的浓度较冬季低。

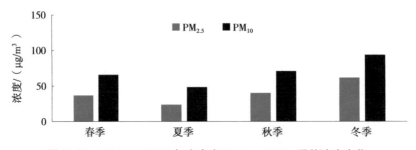

图2-26　2014—2016年南宁市$PM_{2.5}$、PM_{10}季节浓度变化

2.5.2　PM$_{2.5}$ 和 PM$_{10}$ 的空间变化规律

　　根据 2015 年南宁市 6 个城区 8 个监测站点逐日观测的数据计算 PM$_{2.5}$ 和 PM$_{10}$ 浓度的季节平均值，运用不同插值方法对 6 个城区内 PM$_{2.5}$、PM$_{10}$ 浓度进行空间插值，其中反距离加权法（Inverse Distance Weighted，IDW）的效果最好，并以此绘制 2015 年南宁市 PM$_{2.5}$、PM$_{10}$ 四季浓度空间分布图（图 2-27）。分析 PM$_{2.5}$ 和 PM$_{10}$ 浓度空间分布格局后可以发现：颗粒物在空间分布上呈明显的季节性变化，全年颗粒物浓度最高的区域集中在 6 城区几何中心偏西北部。此区域居民居住密集且交通繁忙，生活油烟、机动车尾气排放和扬尘的影响十分明显，因此 PM$_{2.5}$ 和 PM$_{10}$ 浓度较高。从季节上看，从春季开始，PM$_{2.5}$ 浓度最高值分别出现在西乡塘区东南、江南区东北、良庆区北部 3 个区域；夏季开始，PM$_{2.5}$ 浓度最高值区域聚拢在江南区顶部；从秋季开始，高污染区域开始东移，冬季 PM$_{2.5}$

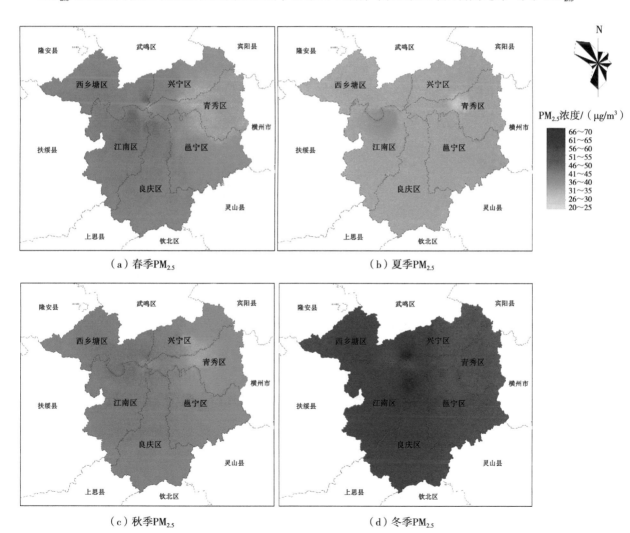

（a）春季 PM$_{2.5}$　　　　　　　　　　　　　　　　（b）夏季 PM$_{2.5}$

（c）秋季 PM$_{2.5}$　　　　　　　　　　　　　　　　（d）冬季 PM$_{2.5}$

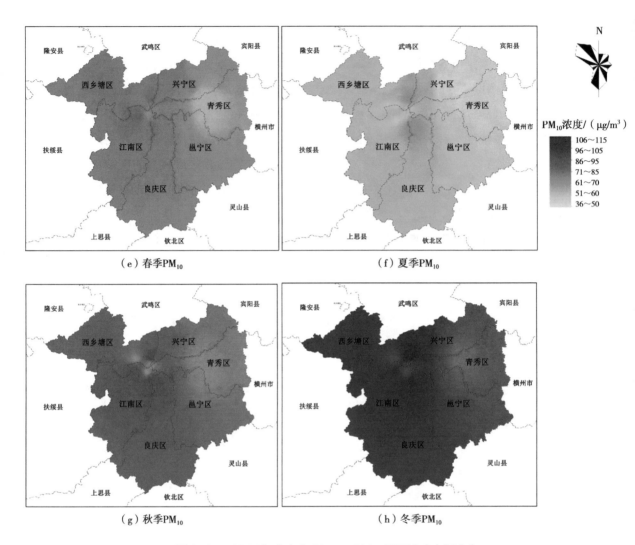

图 2-27 2015 年南宁市 $PM_{2.5}$、PM_{10} 四季浓度空间分布

浓度达到全年最高且高值中心移动到西乡塘区与兴宁区的交界处以及良庆区北部的区域。PM_{10} 浓度最高值分布趋势与 $PM_{2.5}$ 大体一致，区别在于夏季没有出现明显聚拢现象，春、夏、秋、冬四季均存在分散的浓度高值区域。总体而言，南宁市城区 $PM_{2.5}$ 和 PM_{10} 浓度呈西高东低的分布趋势，最高值区域并非全年不变，其规律按照春、夏、秋、冬四个季节的顺序逐渐往东移动。

2.5.3　气象因素对 $PM_{2.5}$ 和 PM_{10} 分布规律的影响

大气颗粒污染物浓度变化除了与污染程度和污染源分布有直接关系以外，还与气象要素密切相关，气象要素对颗粒物的扩散、稀释和积累起到重要作用。为探究这个关系，选择降水、相对湿度、温度、气压、风速 5 个气象要素，分析 $PM_{2.5}$ 和 PM_{10} 浓度变化与气象要素之间的关系。

（1）浓度与降水量的关系。

选择月平均降水量与 $PM_{2.5}$ 和 PM_{10} 浓度的月平均值进行相关性分析，结果如图 2-28 所示。经 Pearson 相关分析，$PM_{2.5}$ 月平均浓度与月平均降水量的相关系数为 -0.736，显著性概率为 0.006，在 0.01（双侧）水平上表现出显著相关；经 Kendall 秩相关分析，相关系数为 -0.667，显著性概率为 0.003，通过 0.01 显著性水平检验。两种相关分析结果都表明 $PM_{2.5}$ 月平均浓度与月平均降水量呈显著负相关：月平均降水量越大，$PM_{2.5}$ 月平均浓度越小。用同样的方法对 PM_{10} 月平均浓度与月平均降水量做 Pearson 相关分析，相关系数为 -0.586，显著性概率为 0.045，在 0.05（双侧）水平上表现出显著相关；经 Kendall 秩相关分析，相关系数为 -0.485，显著性概率为 0.028，通过 0.05 显著性水平检验，PM_{10} 月平均浓度与月平均降水量呈负相关。

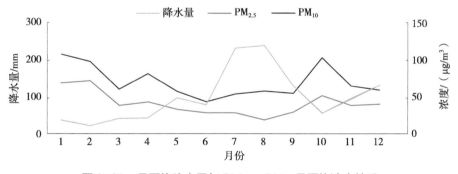

图 2-28　月平均降水量与 $PM_{2.5}$、PM_{10} 月平均浓度关系

（2）浓度与相对湿度的关系。

经 Pearson 相关分析，$PM_{2.5}$ 浓度与相对湿度的相关系数为 -0.232，在 0.01（双侧）水平上为显著相关；此外，两者的 Kendall 秩相关系数为 -0.181，显著性概率为 0.000，通过 0.01 显著性水平检验，$PM_{2.5}$ 浓度与相对湿度呈显著负相关。PM_{10} 浓度与相对湿度相关系数为 -0.340，在 0.01 水平上呈显著相关；两者的 Kendall 秩相关系数为 -0.297，显著性概率为 0.000，通过 0.01 显著性水平检验，PM_{10} 浓度与相对湿度呈显著负相关。PM_{10}、$PM_{2.5}$ 均与相对湿度呈显著负相关（图 2-29）。

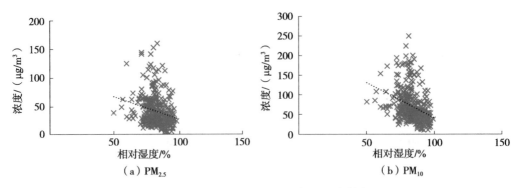

图 2-29　PM$_{2.5}$、PM$_{10}$ 浓度与相对湿度散点图

（3）浓度与温度的关系。

经 Pearson 相关分析，PM$_{2.5}$ 浓度与温度相关系数为 -0.437，在 0.01（双侧）水平上为显著相关；两者的 Kendall 秩相关系数为 -0.275，显著性概率为 0.000，若给定显著性水平 0.01，则 PM$_{2.5}$ 浓度与温度呈显著负相关。PM$_{10}$ 浓度与温度相关系数为 -0.283，在 0.01 水平上为显著相关；两者 Kendall 秩相关系数为 -0.134，显著性概率为 0.000，若给定显著性水平 0.01，则 PM$_{10}$ 浓度与温度呈显著负相关（图 2-30）。

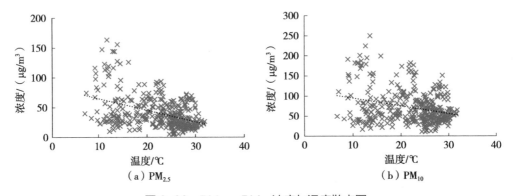

图 2-30　PM$_{2.5}$、PM$_{10}$ 浓度与温度散点图

（4）浓度与气压的关系。

经 Pearson 相关分析，PM$_{2.5}$ 浓度与气压相关系数为 0.424，在 0.01（双侧）水平上呈显著相关；两者的 Kendall 秩相关系数为 0.271，显著性概率为 0.000，若给定显著性水平 0.01，则 PM$_{2.5}$ 浓度与气压呈正相关。PM$_{10}$ 浓度与气压的相关系数为 0.313，显著性概率为 0.000，在 0.01 水平上呈显著相关；两者的 Kendall 秩相关系数为 0.157，若给定显著性水平 0.01，则 PM$_{10}$ 浓度与气压呈正相关。PM$_{2.5}$ 和 PM$_{10}$ 浓度均与气压呈显著正相关（图 2-31）。

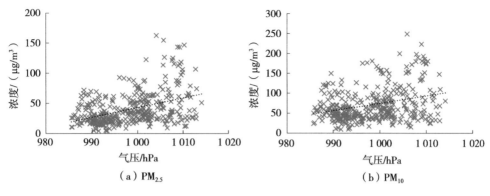

图 2-31 PM$_{2.5}$、PM$_{10}$ 浓度与气压散点图

（5）浓度与风速的关系。

风速的大小决定了气象因素对污染物浓度稀释作用的大小。将 PM$_{2.5}$ 和 PM$_{10}$ 月平均浓度与风速大小做相关分析，PM$_{2.5}$ 浓度与风速的相关系数为 -0.386，显著性概率为 0.000，在 0.01（双侧）水平上显著相关；Kendall 秩相关系数为 -0.296，若给定显著性水平 0.01，则 PM$_{2.5}$ 浓度与风速呈显著负相关。PM$_{10}$ 浓度与风速的相关系数为 -0.360，显著性概率为 0.000，在 0.01（双侧）水平上显著相关；Kendall 秩相关系数为 -0.244，显著性概率为 0.000，若给定显著性水平 0.01，则 PM$_{10}$ 浓度与风速呈负相关（图 2-32）。

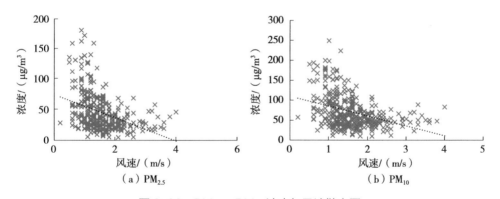

图 2-32 PM$_{2.5}$、PM$_{10}$ 浓度与风速散点图

2.5.4 颗粒物浓度与土地利用类型的关系

不同时间尺度下土地利用类型与各空气污染物浓度相关系数的大小能反映相关关系的紧密程度。2015 年 Landsat 卫星 ETM 对南宁市遥感影像进行解译，将地表划分为林地、草地、水体、建设用地和裸地 5 类（图 2-33）。6 个市辖区从几何中心点分别按照 5 km、10 km、15 km、20 km、25 km 的半径画圆得到缓冲区，统计各缓冲区内 5 种地表类型面

积的比重，提取缓冲区范围内相应的 $PM_{2.5}$、PM_{10} 浓度值，得出不同季节不同土地利用类型下的 $PM_{2.5}$ 和 PM_{10} 浓度，结果见表 2-11。颗粒物浓度与土地利用类型做 Spearman 相关分析，得到不同土地利用类型与 $PM_{2.5}$、PM_{10} 浓度相关系数，结果见表 2-12。

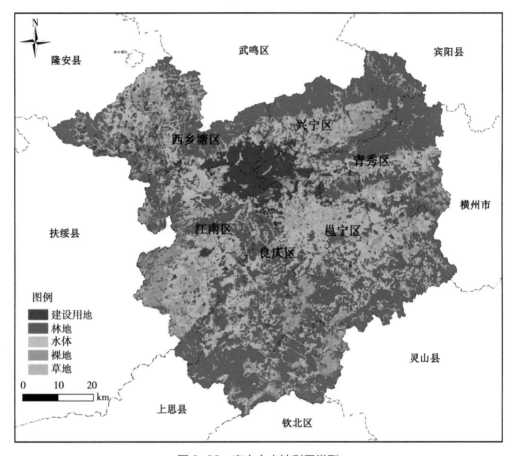

图 2-33 南宁市土地利用类型

表 2-11 南宁市辖区不同季节不同范围土地利用类型下 $PM_{2.5}$、PM_{10} 浓度统计

城区	范围/km	土地利用面积比重/%					$PM_{2.5}$ 浓度均值/（μg/m³）				PM_{10} 浓度均值/（μg/m³）			
		林地	草地	裸地	水体	建设用地	春季	夏季	秋季	冬季	春季	夏季	秋季	冬季
西乡塘区	5	43	17	31	5	4	38.13	30.44	39.97	61.83	70.67	53.82	73.47	93.52
	10	47	18	24	5	4	38.12	30.42	39.96	61.82	70.63	53.81	73.47	93.51
	15	41	21	22	4	6	38.12	30.43	39.96	61.81	70.61	53.81	73.44	93.47
	20	33	16	20	4	6	38.12	30.44	39.94	61.82	70.61	53.76	73.57	93.51
	25	28	12	15	3	8	38.15	30.55	39.90	61.92	70.65	53.76	73.96	93.88

续表

城区	范围 / km	土地利用面积比重 /%					PM$_{2.5}$ 浓度均值 / (μg/m³)				PM$_{10}$ 浓度均值 / (μg/m³)			
		林地	草地	裸地	水体	建设用地	春季	夏季	秋季	冬季	春季	夏季	秋季	冬季
邕宁区	5	30	6	62	0	2	36.43	27.44	37.45	60.07	63.08	50.57	70.62	87.27
	10	40	7	51	1	1	36.41	27.42	37.43	58.71	63.00	50.55	70.57	87.20
	15	43	9	46	1	1	36.46	27.48	37.48	58.86	63.13	50.69	70.69	87.36
	20	42	12	40	1	2	36.48	27.51	37.51	59.17	63.20	50.79	70.78	87.45
	25	39	13	33	1	3	36.55	27.58	37.56	59.51	63.45	50.91	71.04	87.70
兴宁区	5	40	24	29	2	5	35.89	26.63	36.72	58.68	61.95	47.36	69.26	85.22
	10	43	23	23	1	3	35.91	26.66	36.75	58.71	62.05	47.42	69.31	85.35
	15	49	14	17	1	2	35.99	26.76	36.86	58.86	62.33	47.74	69.48	85.75
	20	45	12	16	2	3	36.11	26.93	37.05	59.17	62.72	48.46	69.70	86.42
	25	39	10	13	2	6	36.25	27.10	37.25	59.51	63.11	49.28	69.94	87.18
青秀区	5	45	16	31	5	3	34.49	24.85	35.13	56.86	56.41	43.80	65.61	78.87
	10	53	16	24	4	3	34.60	24.98	35.24	56.96	56.86	43.97	65.93	79.32
	15	51	17	26	3	3	34.90	25.39	35.61	57.45	57.97	44.99	66.70	80.70
	20	43	19	28	2	4	35.30	25.90	36.07	58.08	59.37	46.31	67.68	82.47
	25	40	16	27	2	4	35.67	26.38	36.52	58.69	60.70	47.61	68.62	84.17
良庆区	5	55	10	31	0	3	37.79	29.44	38.97	61.86	68.01	53.91	74.52	92.53
	10	55	12	29	2	2	37.80	29.45	38.98	61.86	68.02	53.92	74.54	92.54
	15	58	13	23	5	2	37.78	29.43	38.96	61.84	67.98	53.88	74.50	92.49
	20	59	11	24	4	2	37.78	29.43	38.96	61.84	67.97	53.87	74.51	92.47
	25	52	11	25	4	2	37.77	29.40	38.94	61.82	67.91	53.84	74.49	92.41
江南区	5	14	23	50	3	10	38.40	30.99	39.73	62.40	70.61	54.13	76.24	94.43
	10	25	21	41	2	6	38.40	31.01	39.73	62.40	70.62	54.13	76.28	94.44
	15	35	18	32	3	4	38.41	31.02	39.73	62.41	70.65	54.13	76.35	94.45
	20	35	18	29	4	4	38.41	31.01	39.73	62.39	70.63	54.15	76.40	94.43
	25	32	15	25	4	7	38.37	30.83	39.70	62.37	70.42	54.25	76.17	94.25

表 2-12　土地利用类型与 $PM_{2.5}$、PM_{10} 浓度相关系数

土地利用类型	$PM_{2.5}$ 浓度				PM_{10} 浓度			
	春季	夏季	秋季	冬季	春季	夏季	秋季	冬季
林地	-0.416*	-0.432*	-0.307	-0.317	-0.345	-0.224	-0.255	-0.426*
草地	0.113	0.111	0.087	0.016	0.079	-0.1	-0.009	0.112
水体	-0.054	-0.055	-0.063	-0.044	-0.072	-0.038	-0.033	-0.73
建设用地	0.356	0.366*	0.362*	0.287	0.368*	0.166	0.168	0.364*
裸地	0.113	0.103	-0.009	0.077	0.015	0.169	0.163	0.115

注：* 表示在 0.05 水平上显著相关。

由表 2-12 可以看出，林地面积比重与 $PM_{2.5}$ 和 PM_{10} 浓度的相关系数均为负值，春季和夏季林地与 $PM_{2.5}$ 浓度呈显著负相关，相关系数分别为 -0.416 和 -0.432，即林地越多 $PM_{2.5}$ 浓度越低；秋季和冬季林地与 $PM_{2.5}$ 浓度虽然相关系数分别为 -0.307 和 -0.317，但相关关系不显著。林地与 PM_{10} 浓度相关系数在春、夏、秋三季都处于 -0.4～-0.2，在冬季达到 -0.426 并呈显著负相关，可见林地对春、夏、秋三季的 PM_{10} 浓度存在一定负影响，但影响不显著，在冬季有强烈的影响。草地在春、夏、秋、冬四季与 $PM_{2.5}$ 浓度相关系数分别为 0.113、0.111、0.087、0.016，绝对值偏小，且并不显著，其数值和裸地与 $PM_{2.5}$ 浓度相关系数值相近，可能原因是草地植物高度过低，对高空污染物无法表现出明显影响，因此与裸地相关系数十分接近。水体与 $PM_{2.5}$、PM_{10} 浓度相关系数均为负值，但绝对值偏小，相关性不显著。建设用地与 $PM_{2.5}$ 浓度在夏季和秋季相关系数分别为 0.366 和 0.362，表现出显著正相关，在春季和冬季没有表现出显著性但数值均在 0.3 左右。建设用地与 PM_{10} 浓度在春、冬两季相关系数为 0.368 和 0.364 并表现出显著性，在夏、秋两季相关系数均为 0.16 左右，结果不显著。综上所述，城市建设用地面积比例越高则 $PM_{2.5}$、PM_{10} 浓度越大，因为高密度的建设用地会加大空气污染程度，而林地则相反。因此，控制建设用地面积比例，控制城市建设用地无序扩张，倡导林地绿化对 $PM_{2.5}$、PM_{10} 浓度的抑制有重要作用。另外，裸地和水体与 $PM_{2.5}$ 和 PM_{10} 浓度均无明显正负相关性，可能存在其他未知因素影响，如土壤成分、水体成分、光谱辐射等，其有待进一步研究和验证。

2.5.5　结论

（1）2014—2016 年南宁市 6 个城区 $PM_{2.5}$ 和 PM_{10} 浓度存在明显时序波动。总体而言，颗粒物浓度在春、夏季较低，在秋、冬季较高。1 月 $PM_{2.5}$ 浓度达到全年最高值（74 μg/m³），6 月为最低（21 μg/m³）；同样，1 月 PM_{10} 浓度也达到最高值（113 μg/m³），

6 月浓度为全年最低值（46 μg/m³）；就季节而言，$PM_{2.5}$ 和 PM_{10} 浓度变化有一致性。

（2）南宁市 $PM_{2.5}$ 和 PM_{10} 浓度在空间分布上呈由西北向东南逐渐递减的趋势，分布形态与功能区分布及地势起伏特征基本吻合。不同区域内季节性平均颗粒物浓度呈现出西北部＞西南部＞东南部＞东北部的分布形态，高浓度区域出现在人口和建筑密集的地区，并且从春季开始颗粒物浓度高值中心逐渐向东移动。

（3）$PM_{2.5}$ 和 PM_{10} 浓度与降水量、相对湿度、温度、气压和风速 5 个气象要素均表现出显著的相关性，其中，与降水量、相对湿度、温度和风速大小呈显著负相关，与气压呈显著正相关，说明气象要素能够对 $PM_{2.5}$ 和 PM_{10} 浓度产生显著影响。

（4）城市建设用地面积比例越高，颗粒物浓度会在一定程度上增大，高密度的建设用地会导致空气污染程度的增加。林地面积比重越高，颗粒物浓度越低。由此可见，控制建设用地面积比例并倡导绿化种植对减少 $PM_{2.5}$、PM_{10} 有一定作用。裸地和水体与颗粒物浓度变化均没有呈现出显著的相关性，其中可能存在其他未知因素的影响。

2.6　南宁市西乡塘区春季叶面降尘粒径与重金属元素含量特征浅析

2.6.1　大气降尘颗粒

在自身重力作用下沉降于地面的颗粒物被称为大气降尘，其粒径一般大于 10 μm，小于 100 μm，可作为重要指标来衡量空气质量。大气降尘来源可分为自然源和人为源两类。自然源主要包括土壤颗粒物和地表沉积物，火山粉尘，火灾的烟尘颗粒，波浪破碎和气泡爆炸产生的大气气溶胶，陨石进入大气层分解形成的宇宙粉尘，花粉，孢子，森林释放的碳氢化合物经光化反应后产生的微小颗粒，自然界硫、氮、碳循环中的转化物等。人为源主要包括工业过程中产生的工业粉尘（肯尼斯·派伊，1991；张宁，1998）。大气粉尘的自然源和人为源的产生量在各统计结果中有所不同。赵德山等（1991）认为人为活动产生的粉尘量占比为 9%～11%，且人为产生的粉尘量还会随着工业的发展不断增加。由于土壤颗粒物和地表沉积物粉尘产生量巨大，因此自然源的大气粉尘量目前尚无准确报道（Hidy G M，1971）。

大气降尘中的不同成分可对陆地生态系统产生不同影响，被认为是地表生态系统中营养元素的重要输入来源。据分析，沙尘暴降尘中至少有 38 种化学元素，沙尘暴的发生大大增加了大气固态污染物的浓度，给策源地、周边地区以及下风地区的大气环境、土壤、水质、农业生产等造成了长期的、潜在的危害（赵树利，2004；董小林，2006）。研究表明，大气降尘可吸附大气中的部分 SO_4^{2-}、NO_3^-、Na^+、K^+、Ca^{2+}、Mg^{2+} 离子，及 Pb、Cd、Zn 等重金属，将其带入土壤或水体中（Walter R，1995），引起土壤酸化及其他反应，影响土壤水盐运移（李生宇，2009），导致地表生态系统发生变化（张金良，1999）。有研究认为，欧洲南部高山湖泊没有发生酸化可能要归功于大气降尘的影响（Psenner R，1999）。另外，大气降尘颗粒物可以使植物叶面被遮盖，堵塞叶片气孔，进而影响植物的光合作用和呼吸作用，改变土壤的酸碱度和养分供给，间接影响农作物产量和质量（顾世成，2006），同时使植物群落结构也逐渐简单（莫治新，2012）。大气降尘还会成为污染物的反应床和运载体（胡恭任，2011），附着在建筑物上腐蚀建筑材料（马红，2007）。大气降尘对陆地生态系统也有正面影响，比如大气降尘可以使气携氮化物进入土壤（Yaalon D H，1973），可以在干旱地区形成黏结性结壳从而固定沙丘和其他活动地表，形成肥沃的黄土高原等（刘东生，1985）。

大气降尘作为大气、水圈、陆地物质循环的"连接桥梁"，对地表土壤、水生态系统有着深远、复杂的影响，因而成为地球化学循环的重要研究领域。如今对大气降尘进行观测已经成为生态环境部门大气污染例行监测指标之一，已有学者对监测方法进行了详细的分析（王赞红，2003；钱广强，2004）。采集大气降尘样品后，常规分析包括沉积速率、粒径组成、矿物和元素组成等，通过对其理化特性的分析，可以推断大气降尘物质源区、传输机制及环境效应等。

大气降尘与环境因子之间存在一种相互影响、相互作用的复杂反馈关系，因此大气降尘的时空变异与环境因子的时空关系也是一个复杂的多尺度过程。局地尺度上尤其是城市及周边的大气降尘研究已经取得积极的进展（乔庆庆，2011；张伟，2018；Guo L L，2018；Sun Y J，2018；Wang J H，2018；栾文楼，2011；陈昌国，2002；端木合顺，2005；张学磊，2011；罗莹华，2006；曹聪秒，2019），但尚未形成网络化；区域尺度上的大气降尘监测尚不够全面，进展甚微。

2.6.2 研究内容

西乡塘区位于南宁市的西北部，属于老城区，面积大、人口多，也是众多高校所在地，其产业发展较为均衡，功能区完整：商业区有西大商圈以及华强路、华西路为代表的小商品产业；工业区有高新技术开发区和壮宁工业园；交通运输区有安吉大道、北大路等联系市区内外的主要交通要道；居民区包括各大高校的住宅区；清洁对照区有许多以花卉公园、心圩江公园等为代表的环境优美的公园。因此，样本分析结果有较高的代表性。本书对该区不同的功能区叶面降尘物质中的粒径与 Cr、Cu、Zn、Pb 等几个比较典型的人为源重金属含量进行分析，初步探讨相关污染物在不同功能区的差别以及来源，以期能够为南宁市环境监测与治理研究工作提供参考。

2.6.3 材料与方法

2.6.3.1 样品的采集与处理

南宁市位于缓慢沉降的南宁盆地，总面积为 10 029 km²，市区面积为 1 834 km²，气候属于南亚热带季风气候，特点是夏季炎热多雨，冬季寒冷干燥，降水季节分配不均匀。南宁市 4—9 月盛行夏季风，多为偏南风，高温多雨，10 月至次年 3 月盛行冬季风，多为偏北风，干燥少雨。本书在西乡塘区的 5 个区域（图 2-34）共选取了 15 个采样点，商业区 3 个（大学东路、华西路、人民西路）、工业区 3 个（衡阳东路、新苑路、邕武路）、交通运输区 3 个（秀厢大道东段、安吉大道中段、北大路）、居民区 3 个（南铁街区、广西师范学院明秀校区住宿区、广西大学住宿区）、清洁对照区 3 个（新秀公园、花卉公园、心圩江公园）。

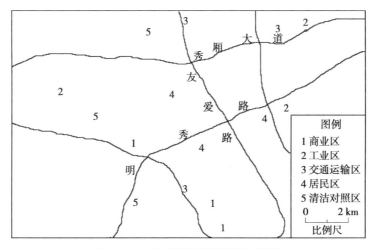

图 2-34　西乡塘区各采样点示意图

南宁市区内的街道、园林的绿化树种大多数为热带科属，如桂花、黄槐、羊蹄甲、小叶榕、高山榕、扁桃、杜英、大花紫薇、垂叶榕、夹竹桃、圆柏等（李秀娟，2009）。南宁市主要街道植被组合的乔木层中，物种丰富度排前 5 位的是：扁桃、大王椰、大花紫薇、榕树、桂花。再根据摘取难易程度、叶片面积大小、质地粗细与降尘刮取的实际情况，最终选取了叶面较光滑与高度合适的扁桃、大花紫薇和榕树作为西乡塘区大气降尘收集的主要树种。

一般认为，当降水量超过 15 mm 时，雨水会冲刷叶面上的大气降尘，而后叶面会重新滞尘。根据南宁市的降雨特点，在 2017 年 3—4 月雨后（降水量＞15 mm）分 3 次采样，每个树种约采集 3 m 高的成熟健康叶片，然后刮取叶片表面的降尘。5 个功能区共采集 15 个降尘样本。

2.6.3.2　样品测定

将样品中的昆虫、植物残体等异物剔除，洗至 500 mL 的烧杯内，在电热板上蒸干，称重后分为两个部分用作粒径与重金属测试。降尘粒径分析使用测量范围为 0.02～2 000 μm 的 Malvern Mastersizer 2000 激光粒度仪，重复测量误差不大于 2%。待测样品中加入 HCl 和 H_2O_2，加热去除碳酸盐类物质和有机质，反复加入蒸馏水去盐，最后上机进行粒度分析。粒度单位采用 Φ 值，转换公式为 $D = -\log_2 d$，其中 D 为粒度，单位 Φ；d 为粒径，单位为 mm（Krumbein W C，1934）。粒度参数值 Mz（平均粒径）、σ（分选系数）、SK（偏度）和 Kg（峰态）的计算采用图解法 Folk-Ward 公式（Folk & Ward，1957）。重金属测试实验步骤如下：样品在消解管加酸浸泡清洁，而后置于烘干机中在 110℃下烘干 150 min，每个样品称重取 0.1 g 放入消解管中，在已取样称重好的消解管中加入 4.5 mL HNO_3、1.5 mL HCl 以及 2 mL HF，放置在 MARS 消解仪中高温消解，赶酸，待其冷却后，加入 2 mL HCl，再将液体转移到离心管中，加 50 mL 纯净水定容，采用原子吸收光谱仪 ContrAA700 测定重金属（Cr、Cu、Zn、Pb、Ti）的含量。样品分析全程做空白实验和平行测定，采用国家标准土壤样 GBW07405 同步进行消解测定，以进行质量控制。粒径与重金属分析均在北部湾环境演变与资源利用教育部重点实验室完成。

2.6.4　结果与分析

2.6.4.1　粒度

从图 2-35 中可看出各个样品叶面降尘粒度的峰值范围以及粒度频率曲线的单双峰，15 个样品中只有 1 个样品是双峰的，单峰样品占比为 93.33%，说明西乡塘区的大气降尘颗粒的来源比较单一。单峰曲线的峰值都大于 10 μm，而且小于 50 μm，峰值范围浮动不是特别大，说明样品刚好处在粗粉砂的粒度范围。唯一的双峰曲线的两个峰值基本上是以 10 μm 为界限，呈对称分布，体积百分比也基本相同。一个粒度峰值为 5～10 μm，该样品属细粉砂。另一个粒度峰值为 10～20 μm，该样品属粗粉砂。

从西乡塘区不同功能区的叶面降尘粒径结果能够直观得到，叶面降尘粒径都小于 1 mm，67% 的粒径小于 100 μm，这就意味着属于总悬浮颗粒物（TSP）范围的有 67%，而且在不同功能区中只有居民区的粒径是完全小于 100 μm 的，其他功能区的粒径范围都大于 100 μm，也就是说，居民区（RA）降尘粒径范围小于清洁对照区（CA）、工业区（IA）、交通运输区（TA）和商业区（BA）的降尘粒径范围。

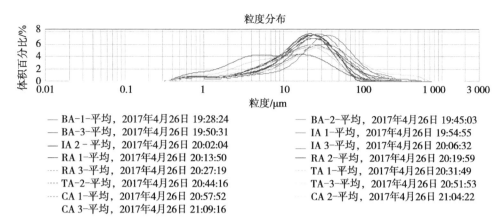

图 2-35　南宁市西乡塘区各功能区叶面降尘粒度峰值及频率曲线

从表 2-13 可以看出，所有功能区叶面降尘都缺失极粗砂，粗砂含量也很少，只有清洁对照区（CA）存在极少量的粗砂，清洁对照区的中砂含量相对于其他功能区也只多一点，也就是说，清洁对照区的粗粒组分相对较多，从这可以看出清洁对照区受人类活动影响比较大。所有功能区中占比最大的都是粗粉砂，大部分含量都在 50% 以上，其中含量最小的是 TA（37.66%）。在细粉砂中占比最大的是 TA（19.96%），最小的是 IA（6.84%）；从黏土含量占比来看，差别略大，数值最大的是 TA（37.58%）。即黏土含量最大的是交通运输区，交通运输区沉积物颗粒粒径整体上较细。

表 2-13　不同功能区叶面降尘粒径组成与粒度参数的范围和均值

功能区		粒径组成占比 /%							Mz	σ	SK	Kg
		粗砂	中砂	细砂	极细砂	粗粉砂	细粉砂	黏土				
商业区（BA）	最小值	0	0	1.73	12.17	52.47	11.44	10.95	5.51	1.53	0.17	1.14
	最大值	0	0.28	6.31	16.49	60.93	15.01	16.74	5.95	1.78	0.23	1.26
	平均值	0	0.11	3.84	13.52	55.91	13.05	13.57	5.70	1.63	0.19	1.21
工业区（IA）	最小值	0	0.11	0.85	8.34	56.48	6.84	8.35	5.08	1.46	0.22	1.32
	最大值	0	1.20	5.81	21.31	64.53	12.97	13.32	5.87	1.52	0.29	1.34
	平均值	0	0.44	2.99	14.24	61.84	9.87	10.19	5.32	1.51	0.23	1.33
居民区（RA）	最小值	0	0	0	5.18	63.63	16.02	12.69	5.97	1.33	0.22	1.06
	最大值	0	0.03	1.01	6.05	64.39	17.03	13.54	6.02	1.37	0.27	1.10
	平均值	0	0.01	0.54	5.64	64.08	17.03	13.25	6.00	1.34	0.23	1.07

续表

功能区		粒径组成占比 /%							Mz	σ	SK	Kg
		粗砂	中砂	细砂	极细砂	粗粉砂	细粉砂	黏土				
交通运输区（TA）	最小值	0	0.07	0.61	4.12	37.66	17.94	19.53	6.06	1.75	0.06	0.59
	最大值	0	0.38	2.85	10.93	51.47	19.96	37.58	7.02	1.86	0.23	1.10
	平均值	0	0.15	1.41	7.01	46.10	14.84	17.58	6.49	1.82	0.15	0.91
清洁对照区（CA）	最小值	0	0	0.76	13.70	48.63	8.87	9.53	5.07	1.45	0.05	1.13
	最大值	0.90	4.66	9.18	17.79	61.17	13.21	11.16	5.68	1.88	0.19	1.36
	平均值	0.51	2.80	5.10	16.30	54.69	10.56	10.08	5.20	1.64	0.09	1.21

4 个粒度参数中，平均粒径（Mz）表示颗粒粒度分布的集中程度，平均值的趋势代表沉积介质的平均动力能。分选系数（σ）用来反映颗粒物的分选性，代表颗粒大小的均匀程度。依据分选程度的不同，将 σ 划分成 7 个分选等级，小于 0.35 为分选性极好；0.35～0.5 为分选性好；0.5～0.7 为分选性较好；0.7～1 为分选性中等；1～2 为分选性较差；2～4 为分选性差；大于 4 的为分选性很差。偏度（SK）能够测量频率曲线的对称性，还可以得到中位数和平均值的相对位置。SK 值的含义是 -1.00～0.30 为极负偏；-0.30～0.10 为负偏；-0.10～0.10 为近对称；0.10～0.30 为正偏；0.30～1.00 为极正偏。峰态也被称为尖度，用来衡量分布曲线的峰凸程度，根据曲线形态可以分为 3 种类型，分别是扁平、正态、尖锐。峰态的等级界限为：小于 0.67 的峰态为很宽；0.67～0.9 的峰态为宽；0.9～1.11 的峰态为中等；1.11～1.56 的峰态为窄；1.56～3.0 的峰态为很窄；大于 3.0 的峰态为非常窄。峰态越高沉积物的分选性越好，越接近正态分布。

对于平均粒径，CA 的数值是最小的，为 5.07；最大的是 TA，为 7.02。综合得知，不同功能区的平均粒径从小到大为清洁对照区＜工业区＜商业区＜居民区＜交通运输区。不同功能区的样品分选性均较差。沉积物中粗组分占优势。

由图 2-36 可知，不同功能区之间粒度累积分布 D（0.1）差异较小，粒径最小的是 TA-2，为 1.39 μm，粒径最大的是 IA-1，为 6.27 μm。而与粒径 D（0.1）差异不大的情况相比，粒径 D（0.5）和粒径 D（0.9）的数值波动较大，粒径 D（0.5）中也是 TA-2 的粒径数值最小，为 7.94 μm，粒径最大的也是 IA-1，数值是 32.464 μm，IA-1 与 TA-2 数值相差了将近 4 倍。从总体情况和计算各功能区降尘粒径 D（0.5）平均值可知，不同功能区的叶面降尘粒径中值从大到小为清洁对照区＞工业区＞商业区＞居民区＞交通运输区；从粒径 D（0.9）的角度来看，粒径最小的依旧是 TA-2，为 36.43 μm，粒径最大的是 CA-2，为 145.45 μm。

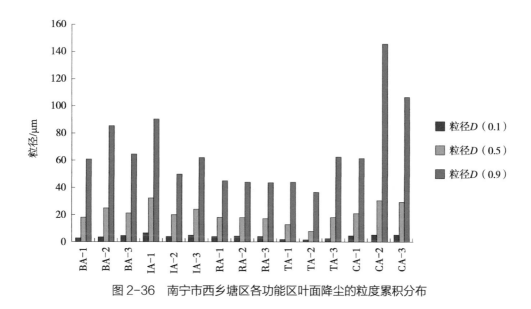

图 2-36 南宁市西乡塘区各功能区叶面降尘的粒度累积分布

2.6.4.2 重金属元素

实验数据采用 SPSS 11.0 统计软件进行 ANOVA 方差分析。以内梅罗综合污染指数 P_n 计算降尘的重金属污染强度（综合污染指数）（Nemerrow，1970，1974）：

$$P_n=\{[(P_{i均}^2)+(P_{i最大}^2)]/2\}^{1/2}$$

$$P_i=C_i/C_j$$

式中，n——测定元素的数目；

$P_{i均}$ 和 $P_{i最大}$——平均单项污染指数和最大单项污染指数；

C_i——降尘实测值；

C_j——广西土壤元素背景值（广西环境保护科学研究所，1991）。

ANOVA 方差分析（SPSS）显示，降尘中的重金属含量因所在功能区不同而存在显著性差异（$p = 0.000 \sim 0.011 < 0.05$），重金属 Zn 的含量在所测的 4 种重金属元素中最为显著，尤其在工业区含量最高，浓度达到 837.10 mg/kg，商业区、居民区、交通运输区、清洁对照区依次减少；含量较为显著的重金属元素是 Pb，其在交通运输区含量最高，浓度为 414.62 mg/kg，商业区、工业区、居民区、清洁对照区依次减少；Cu、Cr 两种重金属元素在各功能区的含量与 Zn、Pb 相比并不显著，见图 2-37。

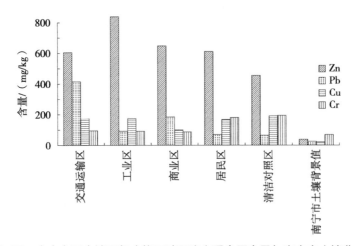

图 2-37　南宁市西乡塘区各功能区叶面降尘重金属含量与南宁市土壤背景值

如果仅从各重金属元素含量的数值来看，客观性不足，那么还需与南宁市的土壤背景值中各金属元素的含量做对比。居民区、清洁对照区降尘中 Pb 浓度相对较低，但是数值也是南宁市土壤背景值的 2～3 倍，这是因为居民区大多数位于交通便利处，附近也有许多小规模的商业活动，公园大多是临街而建，不可避免地会受到轻微污染。Zn 污染较为明显，5 个功能区采样中 Zn 的平均含量是广西壮族自治区土壤元素背景值的 10 倍以上。交通运输区 Zn 的含量是广西壮族自治区土壤背景值的 15 倍；居民区 Zn 的含量是广西壮族自治区土壤背景值的 16 倍；工业区 Zn 的含量是广西壮族自治区土壤背景值的 22 倍；商业区 Zn 的含量是广西壮族自治区土壤背景值的 29 倍以上。

根据叶面降尘各重金属元素的实测值以及南宁市土壤背景值，结合内梅罗综合污染指数计算公式，得出西乡塘区各功能区的综合污染指数为 9～17。各功能区综合污染指数递减排序为交通运输区、工业区、商业区、居民区、清洁对照区，见图 2-38。

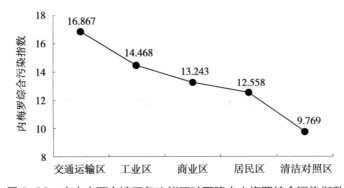

图 2-38　南宁市西乡塘区各功能区叶面降尘内梅罗综合污染指数

为了了解叶面降尘的来源，需要计算降尘中各重金属元素的富集程度。可使用富集因子计算公式（邱媛，2007）进行计算。

元素 i 的富集因子 EF 公式为

$$EF=(C_i/C_n)_{降尘}/(C_i/C_n)_{地壳}$$

式中，C_i——待测元素；

　　　C_n——参比元素。

在此选择惰性元素 T_i 作为参比元素。

如果某元素 EF＞10，说明颗粒物中该元素明显富集，其主要来自交通及工业排放等人为源；如果某元素 EF≤10，则说明该元素主要源于自然土壤（Veron et al.，1992）。根据叶面降尘样品重金属含量计算得出西乡塘区各功能区的各重金属元素富集因子，见图 2-39。

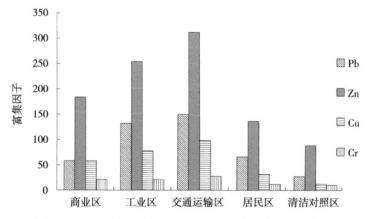

图 2-39　南宁市西乡塘区各功能区叶面降尘重金属元素富集因子

由图 2-39 可知，南宁市西乡塘区的叶面降尘重金属元素富集因子为 11～311，远超自然限度 10，Cr、Cu、Zn、Pb 在交通运输区富集量最大，在工业区次之，在居民区、清洁对照区富集量相对较小，与重金属含量趋势一致。各重金属元素富集因子由大到小顺序为 Zn＞Pb＞Cu＞Cr。其中 Zn 富集量最大，EF 为 89～311，并在交通运输区最高，为 311；Pb 富集也明显，EF 为 29～149。Cu、Cr 的 EF 在数值上比 Zn、Pb 小，但也超过了自然界限 10。以上 4 种元素明显富集，主要来自人为源，通过沉积、撞击、截留等沉积作用，滞留于植物表面。

2.6.5　讨论

2.6.5.1　沉积物粒度特征指示的环境意义

降尘颗粒物的粒度构成与大气搬运时的动力环境密切相关。一般来说，距源区越远的下风向，大气中悬浮粉尘的平均粒径一般就越小，地方性的粉尘的粒径比一般长距离搬运的粉尘粒径要粗得多。另外，在地方性粉尘中，人为源产生的颗粒物的粒径比自然源产生的颗粒物粒径要细（施泽明，2007；Wang XM，2005）。在源区附近，由于粉尘颗粒的搬运表现为悬浮、跳跃和变性跳跃相结合的方式，因此降尘粒度明显显示分布范围较宽的特点。肖洪浪（1997）报道的沙坡头降尘的中值粒径为 85 μm，上限为 250 μm，刘东生（2006）报道的降尘中值粒径为 20.1 μm，上限在 150 μm 左右。在大陆上采集的大气降尘常常含有地方性物质和远距离搬运物质的混合物，有时导致粒度分布呈明显的双峰态。许多研究表明，现代大气降尘的粒度分布特征与黄土的粒度分布特征非常相似，证明了现代大气降尘是地质时代风尘活动的延续，现代风积作用仍在进行，但二者的粒度参数存在差异，可能与黄土化过程有关（孙东怀，2001；王赟红，2003）。西乡塘区 15 个降尘样品中的大多数属于粉砂，粒度频率曲线中单峰形曲线占比为 93.33%，说明区域内降尘颗粒物来源都比较单一。

2.6.5.2 叶面降尘重金属含量与粒径的关系

众多研究表明（Samara et al.，2004；Weiss et al.，2006），叶面降尘颗粒物粒级减小，其比表面积与表面吸附力会增加，从而使颗粒物的重金属含量增加。许多有害的金属元素、有机致癌物在细颗粒（<2 μm）中大量富集，其含量明显大于相对较粗颗粒中的重金属元素含量（汪安璞，1994）。杨建军等（2003）研究表明，对人体危害较大的金属元素，如 Pb、Zn 等 70%～80% 富集在粒径≤2.0 μm 的气溶胶细颗粒上。不同粒径的颗粒物提取物对实验小鼠的细胞免疫功能均有一定的抑制作用。颗粒粒径越小，对小鼠的细胞免疫功能的抑制作用越明显，其中粒径<2 μm 颗粒的抑制作用较强。

在本研究中，另一个研究方向是西乡塘区的叶面降尘粒度特征。根据 15 个样品的粒度特征检测结果，不同功能区的叶面降尘粒径中值从大到小为清洁对照区＞工业区＞商业区＞居民区＞交通运输区，清洁对照区的颗粒最粗，交通运输区的细颗粒含量最大。这个结论与西乡塘区各功能区的重金属含量差异相对应，清洁对照区的颗粒是最粗的，重金属元素含量也最少，内梅罗综合污染指数最低，仅为 9.77。这与本研究选取的清洁对照区采样点的环境质量有关，新秀公园、花卉公园与心圩江公园的车辆出入管理十分严格，加之公园内植被丰富，空气质量好，细颗粒沉积少，空气中浮尘少于其他功能区，叶面降尘主要受人类活动和某些动物（如鸟类和居民宠物）的影响。交通运输区颗粒最细，细颗粒含量最大，有将近 20% 含量的颗粒粒径小于 10 μm；在叶面降尘的重金属含量实验中，交通运输区的内梅罗综合污染指数最大，达到了 22.06。从交通运输区、清洁对照区的降尘粒径与重金属元素含量的对比讨论中可以推断，叶面降尘颗粒物粒级减小，其比表面积与表面吸附力会增加，从而导致颗粒物的重金属含量增加。

2.6.5.3　西乡塘区叶面降尘与南宁市主风向的关系

在讨论西乡塘区叶面降尘重金属污染时，不可避免地要从讨论南宁市的全年盛行风向与西乡塘区的位置关系方面来考虑西乡塘区是否位于全市的下行风向，以及污染程度大的片区与西乡塘区的位置关系。南宁市长年主导风向为东风。受季风气候影响，南宁市 1 年内的风向也随着季节出现变化，1 月出现频率最高的是 NEE 向风，7 月出现频率最高的是 SSE 向风。

从南宁市过去的城市规划布局中可以看出，位于南宁市区内的 4 个城区（兴宁区、西乡塘区、青秀区、江南区）分工明显，位于 NNE、NE 方位的兴宁区是南宁市传统的商业区；位于 WNW、W、WSW、SW、SSW、S 方位的江南区是传统工业区；位于 ENE、E、ESE、SE、SSE 方位的青秀区自然条件得天独厚，是开发旅游休闲项目的主要城区；位于 NW、NNW、N 方位的西乡塘区则是众多高校与居民区聚集的城区。而从南宁市近 10 年来的发展轨迹可以看出，南宁市重点向东发展。随着位于南宁市东部的琅东、凤岭、五象等区域的开发，原来各城区的传统规划也逐步向东转移，这就减轻了西乡塘区以及其他传统城区的环境负担。

西乡塘区位于南宁市的西北部。根据南宁市全年盛行风向判断，西乡塘区避开了正下行风向。根据南宁市年风向频率和平均风速、污染系数表（表 2-14），通过比较西乡塘区与处于 SSW、SW、WSW、W 等下行风向且污染系数小的片区，得出叶面降尘的重金属污染来源与全市盛行风向关系不大的结论。

表 2-14　南宁市年风向频率和平均风速、污染系数表

方位	N	NNE	NE	ENE	E	ESE	SE	SSE	S	SSW	SW	WSW	W	WNW	NW	NNW	C
风向频率 /%	2.6	3.1	6.4	10.9	10.8	6.4	7.0	7.2	3.0	1.6	1.2	0.9	1.1	1.1	1.9	2.6	32.2
平均风速 /（m/s）	2.3	2.1	2.0	2.2	2.1	2.1	2.5	3.0	2.7	2.2	1.9	1.9	1.8	1.8	2.0	2.3	0
污染系数	1.1	1.5	3.2	5.0	5.1	3.0	2.8	2.4	1.1	0.7	0.6	0.5	0.6	0.6	1.0	1.1	—

2.6.5.4　西乡塘区不同功能区的重金属含量浅析

降尘颗粒中的某些特种化学组分具有相对唯一的来源，因此对颗粒化学物质组分的分析可以提供有效的大气降尘来源方面的信息。有人研究，Pb、Cu、Zn、Cr 等微量重金属元素等主要源于工业活动，如冶炼、电镀、电池、金属加工、油漆及化石燃料消耗等（Ahmed et al.，2006），具有明显的人为活动贡献特征。

实验数据中西乡塘区的交通运输区内梅罗综合污染指数最高，达到 22.06。在 15 个

叶面降尘样品中 Zn、Pb 的含量比较显著，其中交通运输区含量最高，且富集因子分别为 311 和 149，特别是安吉大道采样点采集的样品，Pb 含量为南宁市土壤背景值的 28 倍。机动车排放，建筑物的金属、涂料等腐蚀剥落，废弃物、包装物等也对 Zn、Pb 含量贡献显著（Al-khashman et al.，2004）。安吉大道既是西乡塘区和南宁市重要的交通干道，又是连接武鸣区的必要出口，平时途经的重型卡车非常多。重型卡车多为柴油车，排放的尾气中铅化物的含量相对较高，增加了空气污染的风险。同时在安吉万达一带，在建的房地产项目相对于西乡塘区等其他地区也明显较多，建筑垃圾的堆放与施工粉尘带来了更多的大气降尘。与安吉大道相比，秀厢大道、北大路也是西乡塘区连接南宁市内外的重要交通干道，叶面降尘中的 Pb 含量也远超其他 4 个功能区。

在粒度特征的实验中，从粒度频率曲线中可以看出，15 个样品中有 14 个样品的曲线是单峰的，占比为 93.33%，说明西乡塘区样品的颗粒物来源比较单一，由此推测西乡塘区的污染源大部分来自汽车尾气排放和建筑物废料扬尘。

与其他城市叶面降尘的重金属污染在工业区的表现不同，西乡塘区的工业区污染并不突出，内梅罗综合污染指数只有 16.9，与综合污染指数最高的交通运输区相比差距甚大。西乡塘区的传统工业不如江南区，原有的大型工厂如南宁机械厂、南宁棉纺厂都已相继转型或倒闭。反观江南区是南宁市工业历史最悠久的城区，以南宁糖厂为代表的加工企业聚集在江南区，而现今西乡塘区没有大型重型能源企业以及污染性明显的加工企业，两个主要的工业基地高新区工业园和壮宁工业园都以高新技术产业为主，所以工业污染较少。

剩余的居民区、商业区，重金属元素含量与清洁对照区的差别并不显著。结合这几个功能区的内梅罗综合污染指数，初步判断西乡塘区降尘中的重金属污染程度较轻。

2.6.5.5　与广东省惠州市惠城区的对比

为了解南宁市西乡塘区的重金属污染程度，可以将南宁市西乡塘区与广东省的惠州市相比较。广东省惠州市位于城市化程度较高的珠江三角洲地区，具有明显的产业集聚效应，工业用地面积较大，是整个珠江三角洲地区工业用地较多的区域之一。惠州市在珠江三角洲地区的产业转移中扮演着重要的角色，主要表现在惠州市惠城区内的工业主要是承接深圳、东莞的产业转移，形成了电子信息、纺织服装、灯饰照明等一批具有较强市场竞争力的支柱产业集群。虽然产业转移给惠城区带来了经济效益，但是惠城区各个功能区随着区域经济的发展导致的环境污染日趋严重。南宁市的城市化程度与惠州市相比较低，且惠州市惠城区 10 年前的人口、面积与现今的南宁市西乡塘区相差无几，所以用惠州市惠城区 10 年前的数据与现今西乡塘区的数据做对比具有一定的参考意义。

根据惠城区 2007 年的各功能区重金属含量相关数据（邱媛等，2007），见表 2-15，绘制西乡塘区与惠城区不同功能区的各重金属含量的差异图（图 2-40）。

表 2-15　2007 年惠城区各功能区重金属含量

采样区域	重金属含量 / （mg/kg）				P_n/ （mg/kg）
	Cr	Cu	Zn	Pb	
商业交通区	241.5 ± 33.2 [a]	324.8 ± 33.1 [a]	1 782.4 ± 42.5	512.0 ± 35.7 [a]	103.1
工业区	237.00 ± 24.6 [a]	1 313 ± 34.8 [a]	1 860.0 ± 44.8	462.0 ± 20.6	113.4
电厂	927.6 ± 27.9 [a]	914.6 ± 17.4 [a]	204.6 ± 20.6 [a]	184.0 ± 15.1 [a]	168.4
居民区	215.6 ± 25.5	235.2 ± 20.7	1 223.0 ± 30.2 [a]	460.0 ± 21.6	97.2
清洁对照区	202.00 ± 26.8	228.80 ± 32.9	1 127.0 ± 38.0	434.0 ± 33.9	89.4

注：a 为惠州市测定结果与清洁对照区比较，平均值差异显著（$p < 0.05$）。

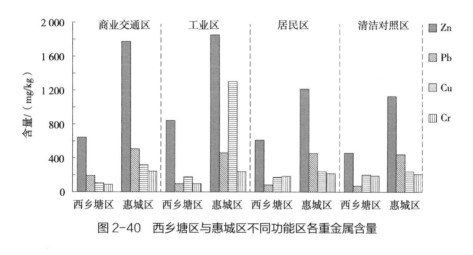

图 2-40　西乡塘区与惠城区不同功能区各重金属含量

由表 2-15 可以看出，综合污染指数由大到小顺序为电厂＞工业区＞商业交通区＞居民区＞清洁对照区。

两个城区功能区的差异主要表现在交通运输区和工业区上（图 2-40）。本研究中西乡塘区的交通运输区单独作为一个研究的功能区，这是因为西乡塘区的交通运输区与其他功能区有明显的界限，且西乡塘区中以安吉大道、秀厢大道以及北大路为主的交通运输干道的污染问题尤为严重。实验数据也表明了交通运输区是西乡塘区叶面降尘中重金属污染最严重的功能区。而在惠城区的研究中，因为惠城区的交通运输干道紧邻商业区，所以把交通运输区和商业区合并为一个功能区进行研究。惠城区重金属污染最严重的功能区是工业区，工业是惠州市最重要的支柱产业，尽管惠城区内的工业类型以轻工业为主，但是由于产业集中、产能大，因此耗能也大，特别是惠城区工业区内的惠州热电厂是惠城区工业区的主要污染源。同时，惠城区内的两大工业园——丰泉工业园和横沥工业园中的电子、电池工业，也使叶面降尘的重金属含量偏高。

从图2-40中可以看出，南宁市西乡塘区的重金属元素含量与惠州市惠城区的重金属含量相差较大，尤其以Zn和Cu这两种重金属元素的显著差异为代表，这个差异主要是由南宁市与惠州市的城市定位、发展程度所导致污染程度的高低不同造成的。

如果从总体上比较西乡塘区与惠城区的叶面降尘重金属污染程度，需要参考两个城区的内梅罗综合污染指数，见图2-41。由图可知，两个城区的内梅罗综合污染指数差异巨大，惠城区的清洁对照区内梅罗综合污染指数约是西乡塘区内梅罗综合污染指数的9.2倍，工业区内梅罗综合污染指数约为7.8倍，居民区内梅罗综合污染指数约为7.7倍，商业区内梅罗综合污染指数约为7.8倍。西乡塘区与惠城区相比，叶面降尘的重金属污染情况较轻，这与惠城区的产业聚集以及城市化水平密切相关。

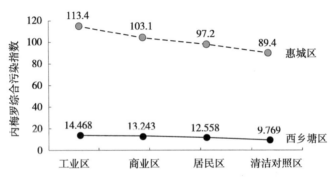

图2-41 西乡塘区与惠城区各功能区内梅罗综合污染指数差异

2.6.6 结论

（1）南宁市西乡塘区叶面降尘重金属含量与综合污染指数从大到小为交通运输区＞工业区＞商业区＞居民区＞清洁对照区，其中Zn、Pb含量远超南宁市土壤背景值，工业区的Zn含量是南宁市土壤背景值Zn含量的22倍，交通运输区Pb含量超过南宁市土壤背景值Pb含量的17倍，且叶面降尘的重金属含量与降尘的颗粒粒径成反比。

（2）在西乡塘区各功能区中，西乡塘区的叶面降尘重金属元素富集因子为11～311，远超自然限度10，说明这些元素已明显富集，主要来自人为源，大部分来自汽车尾气排放和建筑物废料扬尘，与全市盛行风向关系不大。

（3）南宁市西乡塘区与惠州市惠城区的内梅罗综合污染指数差异巨大，惠城区的清洁对照区内梅罗综合污染指数约是西乡塘区内梅罗综合污染指数的9.2倍，工业区约为7.8倍，居民区约为7.7倍，商业区约为7.7倍。相比之下西乡塘区叶面降尘的重金属污染情况较轻。

第 3 章
南宁市大气颗粒物来源解析方法及特征

DI-SAN ZHANG

NANNING SHI DAQI KELIWU LAIYUAN JIEXI

FANGFA JI TEZHENG

3.1 来源解析技术方法的选择

为了估算影响 PM$_{10}$ 和 PM$_{2.5}$ 浓度的主要源类的贡献值及分担率，需要对颗粒物的主要来源进行定量解析。源解析技术作为一种有效工具，在国内外已被广泛采用。目前，大气颗粒物来源解析主要有 3 种技术方法：排放源清单法、源模型（扩散模型）法和受体模型法。

（1）排放源清单法。

根据排放因子及活动水平估算区域内各种排放源的排放量，识别对受体有贡献的主要排放源。该方法用于颗粒物来源解析，主要存在两方面的缺点：一是颗粒物开放源众多，其排放量难以准确得到；二是排放源的排放量与其对受体的贡献通常不是线性关系。该方法一般作为大气颗粒物来源解析技术的一种辅助手段。

（2）源模型（扩散模型）法。

根据各种污染源源强和气象、地形等资料，模拟污染源对受体的贡献。对于量大面广的颗粒物开放源、无组织排放源来说，由于难以得到可靠的源强资料，扩散模型模拟这些污染源类对受体的贡献值的不确定性大。

（3）受体模型法。

从受体出发，根据环境空气颗粒物的化学、物理特征等信息估算各类污染源对受体的贡献。该模型主要分为两类：源未知类受体模型和源已知类受体模型。源未知类受体模型即不需要知道详细的源类信息，主要以主成分分析 / 多元线性回归模型（Principal Component Analysis/Multiple Linear Regression，PCA/MLR）、正定矩阵因子分解模型（Positive Matrix Factorization，PMF）以及 UNMIX 模型等为代表。源已知类受体模型以化学质量平衡法（CMB）为代表。受体模型是目前世界上应用最为广泛的源解析技术之一，但仅用受体模型难以将二次粒子解析到前体物所对应的源。

鉴于不同来源解析技术方法的特点与不足，本研究选择多种来源解析技术方法相结合的综合技术方法（图 3-1）。以化学质量平衡受体模型（CMB 模型）和 CMB-Iteration 模型为主解析一次排放源和二次有机气溶胶的贡献，通过将排放源清单法和 CMB 模型结果相结合解析二次粒子前体物排放源的贡献，以后轨迹模型识别污染源的主要来源，按照行业排放清单综合得到燃煤、机动车及其他源类的贡献。

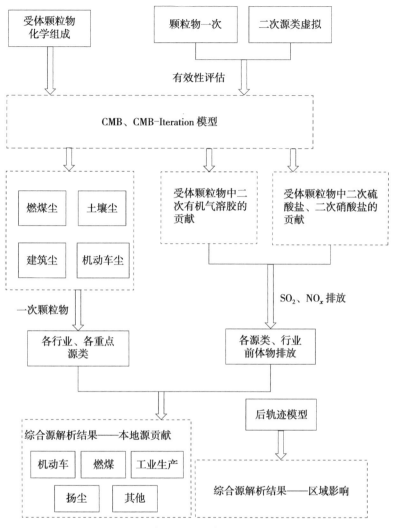

图 3-1 南宁市颗粒物来源解析技术方法

3.2 颗粒物样品采集与组分分析

大气颗粒物各排放源类的成分谱是 CMB 模型的主要输入参数,不同排放源类成分谱的特征是应用源解析模型的基础。因此,准确识别当地的源类并合理地分类,得到有效的源成分谱是来源解析的关键。本节主要结合南宁市产业结构,并根据当地实际情况进行颗粒物主要源类的识别分析。

3.2.1 环境受体颗粒物样品采集

大气受体颗粒物的采集和组分分析是开展大气颗粒物来源解析研究的基础性工作，是分析受体化学组成特征的前提。来源解析工作通常是以城市为研究区域，采集的样品必须能代表研究区域准确的、有代表性的颗粒污染物信息。合理的采样点位、时间、周期及采样方法的确定是采集具有代表性和真实性的受体样品的关键。本节将根据南宁市功能区划、季节性特征等信息，根据上述受体采样的原则，合理制定采集 PM_{10} 和 $PM_{2.5}$ 受体的点位与时段的方法。

3.2.1.1 采样点位的布设

（1）采样点位布设依据。

根据《环境空气质量监测点位布设技术规范（试行）》（HJ 664—2013），南宁市受体采样站点的布设主要考虑人群活动的区间范围、城市功能区、城市发展和城区周边污染源类对市区的影响等因素。环境受体采样点主要依托国家环境空气自动监测站点（以下简称国控站点）进行布设，一方面是因为国控站点代表性较好，能客观反映不同功能区的污染特征；另一方面是为了便于与环境空气自动监测结果进行比较。图 3-2 为南宁市国控站点空间分布情况。结合对南宁市主要污染物时空分布特征的分析（第 2 章），图 3-3 和图 3-4 给出了 2015 年南宁市各国控点位 PM_{10} 和 $PM_{2.5}$ 浓度的日变化情况。可以看出，各点位 PM_{10} 和 $PM_{2.5}$ 浓度随时间变化的情况基本一致。

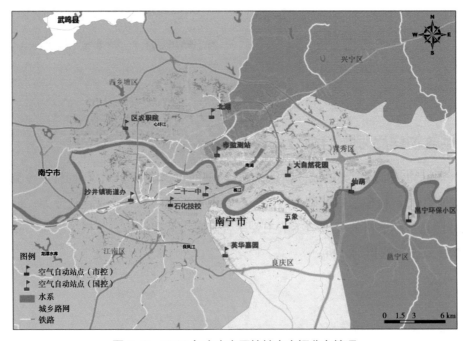

图 3-2　2015 年南宁市国控站点空间分布情况

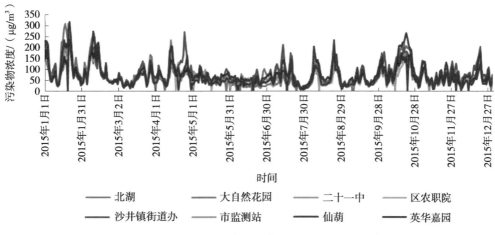

图 3-3　2015 年南宁市国控点位 PM$_{10}$ 日变化趋势

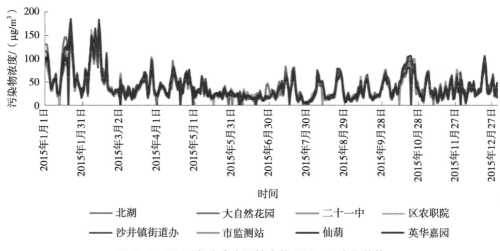

图 3-4　2015 年南宁市国控点位 PM$_{2.5}$ 日变化趋势

对各点位 PM$_{10}$ 和 PM$_{2.5}$ 的浓度进行相关性分析，其中各点位 PM$_{10}$ 浓度的相关系数均高于 0.819，各点位 PM$_{2.5}$ 浓度的相关系数均在 0.919 以上。这表明各点位之间的差异性不大（表 3-1 和表 3-2）。

表 3-1　2015 年南宁市各点位 PM$_{10}$ 浓度相关性分析

		北湖	大自然花园	二十一中	区农职院	沙井镇街道办	市监测站	仙葫	英华嘉园
北湖	Pearson 相关性	1	0.900**	0.931**	0.883**	0.872**	0.949**	0.868**	0.928**
	显著性（双侧）		0.000	0.000	0.000	0.000	0.000	0.000	0.000
	N	365	365	365	365	365	365	365	365

续表

		北湖	大自然花园	二十一中	区农职院	沙井镇街道办	市监测站	仙葫	英华嘉园
大自然花园	Pearson 相关性	0.900**	1	0.925**	0.886**	0.860**	0.948**	0.882**	0.918**
	显著性（双侧）	0.000		0.000	0.000	0.000	0.000	0.000	0.000
	N	365	365	365	365	365	365	365	365
二十一中	Pearson 相关性	0.931**	0.925**	1	0.884**	0.855**	0.960**	0.880**	0.941**
	显著性（双侧）	0.000	0.000		0.000	0.000	0.000	0.000	0.000
	N	365	365	365	365	365	365	365	365
区农职院	Pearson 相关性	0.883**	0.886**	0.884**	1	0.850**	0.917**	0.819**	0.872**
	显著性（双侧）	0.000	0.000	0.000		0.000	0.000	0.000	0.000
	N	365	365	365	365	365	365	365	365
沙井镇街道办	Pearson 相关性	0.872**	0.860**	0.855**	0.850**	1	0.876**	0.824**	0.882**
	显著性（双侧）	0.000	0.000	0.000	0.000		0.000	0.000	0.000
	N	365	365	365	365	365	365	365	365
市监测站	Pearson 相关性	0.949**	0.948**	0.960**	0.917**	0.876**	1	0.884**	0.931**
	显著性（双侧）	0.000	0.000	0.000	0.000	0.000		0.000	0.000
	N	365	365	365	365	365	365	365	365
仙葫	Pearson 相关性	0.868**	0.882**	0.880**	0.819**	0.824**	0.884**	1	0.880**
	显著性（双侧）	0.000	0.000	0.000	0.000	0.000	0.000		0.000
	N	365	365	365	365	365	365	365	365
英华嘉园	Pearson 相关性	0.928**	0.918**	0.941**	0.872**	0.882**	0.931**	0.880**	1
	显著性（双侧）	0.000	0.000	0.000	0.000	0.000	0.000	0.000	
	N	365	365	365	365	365	365	365	365

注：** 表示在 0.01 水平（双侧）上显著相关。

表 3-2　2015 年南宁市各点位 PM_{2.5} 浓度相关性分析

		北湖	大自然花园	二十一中	区农职院	沙井镇街道办	市监测站	仙葫	英华嘉园
北湖	Pearson 相关性	1	0.965**	0.970**	0.951**	0.965**	0.975**	0.919**	0.961**
	显著性（双侧）		0.000	0.000	0.000	0.000	0.000	0.000	0.000
	N	365	365	365	365	365	365	365	365
大自然花园	Pearson 相关性	0.965**	1	0.977**	0.962**	0.972**	0.988**	0.940**	0.969**
	显著性（双侧）	0.000		0.000	0.000	0.000	0.000	0.000	0.000
	N	365	365	365	365	365	365	365	365

		北湖	大自然花园	二十一中	区农职院	沙井镇街道办	市监测站	仙葫	英华嘉园
二十一中	Pearson 相关性	0.970**	0.977**	1	0.957**	0.969**	0.982**	0.927**	0.969**
	显著性（双侧）	0.000	0.000		0.000	0.000	0.000	0.000	0.000
	N	365	365	365	365	365	365	365	365
区农职院	Pearson 相关性	0.951**	0.962**	0.957**	1	0.965**	0.960**	0.920**	0.944**
	显著性（双侧）	0.000	0.000	0.000		0.000	0.000	0.000	0.000
	N	365	365	365	365	365	365	365	365
沙井镇街道办	Pearson 相关性	0.965**	0.972**	0.969**	0.965**	1	0.973**	0.921**	0.961**
	显著性（双侧）	0.000	0.000	0.000	0.000		0.000	0.000	0.000
	N	365	365	365	365	365	365	365	365
市监测站	Pearson 相关性	0.975**	0.988**	0.982**	0.960**	0.973**	1	0.934**	0.969**
	显著性（双侧）	0.000	0.000	0.000	0.000	0.000		0.000	0.000
	N	365	365	365	365	365	365	365	365
仙葫	Pearson 相关性	0.919**	0.940**	0.927**	0.920**	0.921**	0.934**	1	0.924**
	显著性（双侧）	0.000	0.000	0.000	0.000	0.000	0.000		0.000
	N	365	365	365	365	365	365	365	365
英华嘉园	Pearson 相关性	0.961**	0.969**	0.969**	0.944**	0.961**	0.969**	0.924**	1
	显著性（双侧）	0.000	0.000	0.000	0.000	0.000	0.000	0.000	
	N	365	365	365	365	365	365	365	365

注：** 表示在 0.01 水平（双侧）上显著相关。

（2）采样点位布设情况。

本研究共设 5 个采样点位，分别为北湖、仙葫、英华嘉园、市监测站和沙井镇街道办。英华嘉园和沙井镇街道办位于江南，北湖、仙葫和市监测站位于江北，这些点位均为国控点位，代表性好，能客观反映不同功能区的污染特征。市监测站位于南宁市中心位置，其余 4 个点位分布在东、南、西、北 4 个方向。仙葫为上风向清洁对照点；北湖位于城市北边风廊道上，也位于南宁市快速环道边上，车流量大，周围受建设工地施工影响；英华嘉园周边受物流园区和西面银海大道地铁围挡施工影响；市监测站位于城市中心，交通密集，处于典型的商业居住交通混合区；沙井镇街道办同样位于商业、居住、交通混合区，周围受公路及建设工地施工的影响，并且附近有货运的铁路。综上所述，本研究选择的采样点位能够代表南宁市的空气质量状况。这 5 个受体采样点位均采集 PM$_{10}$ 和 PM$_{2.5}$。各采样点位的地理位置见图 3-5。各监测点位基本情况具体见表 3-3。

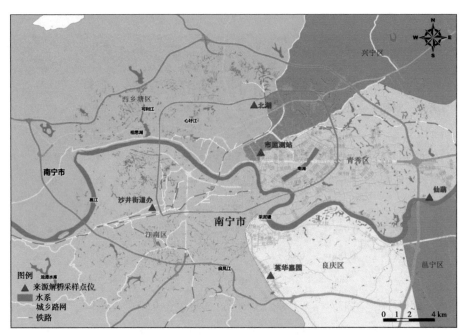

图 3-5　来源解析受体采样监测点位

表 3-3　各受体监测点位基本情况

点位名称	环境空气功能区分类	地理位置（坐标）	周边情况
仙葫	清洁对照点	位于城市东边，三岸园艺场五队内	因城市发展至该区域，从 2015 年 3 月起，周围村落陆续拆迁，周围无工业污染源；裸露地面，南面距邕江 150 m
英华嘉园	二类（商业、居住、交通混合区）	位于城市南边，银海大道 815 号英华嘉园小区顶层	周围受城市地铁围挡施工影响，周围无工业污染源；东南面 2.7 km 处为南宁保税物流中心；南面 1.2 km 处有小型工业园区——玉洞工业园，主要企业有南宁绿城环保设备公司、南宁冠华印务有限公司、东恒华道生物科技有限公司、大科牧动物营养品厂、南宁普来得工贸有限公司、南宁一棵树标示制作公司、南宁傲弄饲料有限公司、南宁科达建材化工公司等
北湖	二类（商业、居住、交通混合区）	位于城市北边风廊道上，北湖北路 33 号办公楼顶层	周围受建设工地施工影响，周围无工业污染源；北面距秀厢大道 450 m，车速快
市监测站	二类（商业、居住、交通混合区）	位于城市中心，民主路 45 号监测站实验大楼顶层	周围建筑、机动车、人群较密集，周围无明显工业污染源
沙井镇街道办	二类（商业、居住、交通混合区）	位于城市西边，五一西路 56 号沙井中学教学楼顶层	周围受公路建设工地施工影响，裸露地面，附近 40 m 处有货运的铁路，周围无工业污染源

3.2.1.2　采样周期和采样时段

（1）采样周期布设依据。

在假设颗粒物各源类的排放量在当季是稳定的前提下，受体采样除了与采样仪器有关外，主要还受采样期间气象条件的影响。因此，采样期间气象条件的代表性可以反映环境样品的代表性。气象条件代表性的主要含义是指采样期间的主要气象条件是否与当季的主要气象条件具有一致性。如果一致性较高，那么在这个短时段采到的样品的平均值应该能够代表当季的污染状况，否则，就不能够代表当季的污染状况。

南宁市秋季、冬季静风频率较高，风力条件较差，不利于污染物的扩散。历史监测数据显示，南宁市的主要大气污染物具有较明显的季节变化特征。从季节来看，轻度和中度污染容易发生在秋季和冬季，而重污染容易发生在冬季；春季、夏季空气质量普遍较好，秋季、冬季空气质量相对较差。表 3-4 总结了 2015 年南宁市气象因素及 PM_{10} 和 $PM_{2.5}$ 浓度月平均值变化特点，由此选出具有代表性的采样时间。此外，南宁市企业的一个突出特点是制糖和淀粉企业从冬季 11 月到次年 4 月开始进行季节性生产，制糖企业大部分以蔗渣作为燃料，可能会导致环境 OC、EC 等的情况发生变化，因此有必要在春季、秋季和冬季进行采样。南宁市夏季空气质量普遍较好，没有季节性工业活动，因此夏季只安排市监测站这一个点位进行持续采样。通过以上分析及表 3-4 可知，本研究选择 1—12 月进行 4 个季度的采样。

表 3-4　2015 年南宁市气象因素及 PM_{10} 和 $PM_{2.5}$ 浓度变化特点

因素	特点
气温	6—8 月温度最高，平均为 28℃；冬季气温最低，14℃左右；3—4 月和 10—11 月居中，约为 21℃
日照时数	4—10 月日照时数上下波动变化，3 月日照时数最低
降水量	6—9 月出现一个降水高峰，而 2—3 月出现一个降水低谷，夏季降水强于其他季节
风向	全年主导风向为北风，次主导风向是东南风
相对湿度	9 月最高，4 月最低，5—8 月居中
能见度	6 月能见度最高，12 月能见度最低
PM_{10} 浓度	1 月浓度最高，4 月和 10 月均出现峰值，5—7 月浓度较低
$PM_{2.5}$ 浓度	2 月浓度最高，4 月和 10 月均出现峰值，5—7 月浓度较低

（2）采样时段布设依据。

根据《环境空气质量标准》（GB 3095—2012）规定要求，$PM_{2.5}$ 及 PM_{10} 日平均浓度值必须满足至少 20 h 采样时间。除了满足标准日平均值要求，同时受体样品每天的采样时间还受分析使用的化学组分分析方法的检出限和仪器的采样效率的影响。为此，研究团队开展了前期试验。试验结果表明南宁市 PM_{10} 和 $PM_{2.5}$ 样品每天累计采样时间约为 22 h，即可满足组分分析的要求。因此，综合考虑标准要求、仪器检出限、更换滤膜及仪器检查用时等多种因素，本研究采样时间确定为当天上午 9：00 至次日 7：00，选择连续采集 22 h。

（3）采样周期和采样时段布设情况。

基于第 2 章对污染物的季节变化特征的分析，设置采样周期为 2015 年 1—12 月，共计 12 个月，在北湖、沙井镇街道办、英华嘉园、仙葫 4 个点位全年共采集约 60 天（沙井镇街道办点位约 50 天），中间遇典型或特殊情况则临时加采。市监测站点位进行长期采样。实际采样时间如下：

① 2015 年 1 月 10—21 日：连续 12 天；

② 2015 年 4 月 23 日—5 月 13 日：连续采样 21 天（新增沙井镇街道办点位）；

③ 2015 年 10 月 8—25 日：连续采样 18 天；

④ 2015 年 12 月 8—25 日：连续 18 天；

⑤ 2015 年市监测站点位每周二、周六进行长期采样，遇下雨则顺延至下周三、周日。与全市采样时间重合的则共用。

受体采样时间及样品数量信息见表 3-5。

表 3-5　受体采样时间及样品数量信息

点位	采样时间	PM_{10}		$PM_{2.5}$	
		石英膜 / 个	聚丙烯膜 / 个	石英膜 / 个	聚丙烯膜 / 个
北湖	1 月 10—19 日	10	10	10	10
	4 月 23—30 日	8	8	8	8
	5 月 1—13 日	13	13	13	13
	10 月 10—25 日	17	17	17	17
	12 月 8—25 日	19	19	19	19
仙葫	1 月 10—19 日	10	10	10	10
	4 月 23—30 日	8	8	8	8
	5 月 1—13 日	14	14	14	14
	10 月 10—25 日	17	17	17	17
	12 月 8—25 日	19	19	20	20

点位	采样时间	PM₁₀		PM_{2.5}	
		石英膜 / 个	聚丙烯膜 / 个	石英膜 / 个	聚丙烯膜 / 个
英华嘉园	1 月 10—19 日	10	10	10	10
	4 月 23—30 日	8	8	8	8
	5 月 1—13 日	14	14	14	14
	10 月 10—25 日	17	17	17	17
	12 月 8—25 日	19	19	19	19
市监测站	1 月 3—31 日	17	17	17	17
	2 月 3—28 日	10	10	10	10
	3 月 3—31 日	12	12	12	12
	4 月 4—30 日	15	15	15	15
	5 月 1—31 日	20	20	19	19
	6 月 2—30 日	9	9	9	9
	7 月 4—29 日	9	9	9	9
	8 月 1—29 日	10	10	10	3
	9 月 2—29 日	12	12	12	12
	10 月 10—25 日	21	21	21	21
	11 月 3—28 日	8	8	8	8
	12 月 8—25 日	26	26	26	26
沙井镇街道办	4 月 23—30 日	8	8	8	8
	5 月 1—13 日	13	13	13	13
	10 月 10—25 日	16	16	16	16
	12 月 8—25 日	22	22	22	22
	合计	431	431	431	424

3.2.1.3　采样仪器的选择

本研究环境样品采集方法选择国家标准规定的重量法。根据《环境空气质量手工监测技术规范》（HJ 194—2017）、《环境空气　PM₁₀ 和 PM_{2.5} 的测定　重量法》（HJ 618—2011）和《环境空气颗粒物（PM_{2.5}）手工监测方法（重量法）技术规范》（HJ 656—2013），手动测定 PM₁₀ 和 PM_{2.5} 的标准方法为重量法，重量法可以满足源解析研究对于颗粒物样品中详细成分信息的技术要求。重量法的基本原理：使一定体积的空气进入切割器，根据切割器切割粒径的不同，PM₁₀ 和 PM_{2.5} 的微粒随气流经分离器的出口被阻留在已称重的滤膜上，其余颗粒被分离。根据采样前后滤膜的重量差及采样体积，计算出颗粒物浓度。

为了同步采集 PM_{10} 和 $PM_{2.5}$（有机滤膜和无机滤膜），本研究在北湖、仙葫、英华嘉园、市监测站和沙井镇街道办受体采样站点各安放了采样器采集 PM_{10} 和 $PM_{2.5}$，用重量法测定 PM_{10} 和 $PM_{2.5}$ 的尘重。为了使所采集的样品具有可比性，各个站点所使用的仪器（含品牌及型号）基本保持一致（除英华嘉园采样点）。所用仪器见表3-6。

表3-6　采样仪器及基本情况

点位名称	采样仪器品牌、名称（型号）
仙葫	武汉天虹 智能中流量空气总悬浮颗粒采样器（TH-150C Ⅲ）
英华嘉园	广州林华 智能空气微尘/大气采样器（LH-1）
北湖	武汉天虹 智能中流量空气总悬浮颗粒采样器（TH-150C Ⅲ）
市监测站	武汉天虹 智能中流量空气总悬浮颗粒采样器（TH-150F）
沙井镇街道办	武汉天虹 大气颗粒物四通道智能采样仪（TH-16A）

3.2.2　颗粒物污染源样品的采集与处理

3.2.2.1　颗粒物污染源识别与分类

环境受体中大气颗粒物主要贡献污染源的识别是 CMB 模型解析出区域大气颗粒物来源并定量给出各类排放源的分担率的前提与基础。因此，本研究基于南宁市自然环境、经济社会、能源结构、城市建设及大气污染源排放情况，识别出南宁市大气颗粒物的排放源类如下。

（1）城市扬尘。

城市扬尘是指多种源类排放粉尘在空气中发生反应转化为颗粒物沉降后，又在风力或人为等动力作用下扬起后再混合沉降于城市各类载尘平台（如窗台、橱柜等）上而成的混合态颗粒物。

近年来，南宁市城市建设如地铁建设、道路施工、旧城改造、新区建设等施工量逐年增加。同时，机动车保有量、燃煤为主的能源消费结构等都给城市环境空气带来一定的污染。

（2）土壤源。

土壤源是指主要来源于农田、山体、未硬化或绿化的裸露地表等的颗粒物在一定动力作用下进入环境空气中而形成的扬尘。

（3）建筑扬尘。

建筑扬尘是指包括道路、建筑等施工场所或施工过程中所产生的扬尘。

（4）水泥行业排放。

水泥行业排放主要是水泥行业生产过程中产生的水泥和建筑施工过程中使用的水泥。

（5）燃煤源。

燃煤源主要来源于工业、电厂和民用等燃煤设施的排放。南宁市能源消费结构以煤炭为主，其次为电力。2014 年南宁市煤炭消耗量为 636 万 t 标准煤，占全市总能耗的 51.3%。燃煤所产生的飞灰是大气颗粒物污染的重要来源之一。

（6）生物质锅炉排放。

生物质锅炉是一种以生物质为燃料的锅炉，其排放的烟尘主要包括固态颗粒物、气态污染物和有害元素等，其中生物质燃料包括甘蔗渣、木材（包括木片、木皮、木屑）、生物质成型颗粒等。生物质是广西特有的工业燃料，主要应用于农副食品加工、淀粉酒精、造纸、木材加工等行业。2014 年南宁生物质约占全市能源消耗的 10%，并有逐年递增的趋势。因此，生物质锅炉排放对南宁市大气颗粒物污染的影响不容小觑。

（7）机动车排放。

机动车排放主要是指来源于各类机动车排放的尾气尘。2015 年南宁市机动车保有量增长至 175.6 万辆，其中汽车 102.1 万辆，摩托车 73.0 万辆。与 2009 年相比，2015 年机动车保有量增加了 57.9 万辆，增长了 49.2%。机动车排放的尾气尘对南宁市大气颗粒物污染的影响不容忽视。

3.2.2.2　源样品的采集

根据《大气颗粒物来源解析技术指南（试行）》和颗粒物污染源识别，结合南宁市颗粒物排放源的排放特征，选择城市扬尘、土壤源、建筑扬尘、水泥行业排放、燃煤源、生物质锅炉排放等源样品进行采集。

（1）城市扬尘。

由于南宁市产业布局的不断调整与优化，大部分工业企业已搬离市区，目前南宁市区绝大部分为交通、居住、商业混杂区。本次采样在南宁市区的东、南、西、北 4 个方位进行布点，覆盖南宁市 6 个城区，共采集了 11 个样品。用干净毛刷采集楼房、仓库、住宅等密闭区域内（如柜子、桌子等）载物台上的积灰。每个样品采集至少 20 个 30 cm × 30 cm 区域承载灰的混合样。采集完后装样于干净的封口袋中称重，贴好样品标签，同时做好采样记录带回实验室。采样时，确保点位周边无局部污染源（如餐饮业、建设工地和交通干线等）对样品的干扰，一般选取少人居住 / 无人居住的房间或废旧厂房 / 废旧仓库比较理想；同时还需避免采样人员自身对样品的干扰，应前进采样，不能倒退采样。采样时不要把大块物、木屑、毛发以及剥落墙灰等其他杂物刷扫进样品袋，同时避免在雨天、回南天采样。样品在运输过程中保持自然状态，避免碾压和受潮，放置于实验室内自然晾干。

采样设备及工具：毛刷、塑料平底铲、人字梯、封口袋、样品标签、采样记录表、相机、手持 GPS 接收机、手提秤等。

具体采集信息见表 3-7，采样点位分布见图 3-6。

表 3-7　南宁市城市扬尘采集信息

方位	经纬度	采样点
城东	E 108°29′24″　N 22°45′53″	邕宁分站
	E 108°21′48″　N 22°48′30″	市环保局 7 楼、9 楼杂物房
城南	E 108°19′39″　N 22°44′06″	英华嘉园
	E 108°16′37″　N 22°48′18″	南宁五一路新屋五里 22 号
	E 108°16′36″　N 22°48′17″	南宁五一路新屋五里 26 号
	E 108°15′24″　N 22°47′24″	江南区东南村罗屋坡祖屋
	E 108°15′35″　N 22°49′20″	江南区富德村乐富路 346 号
城西	E 108°14′20″　N 22°50′41″	广西农业科学院园艺所
	E 108°18′38″　N 22°49′60″	西乡塘区南铁北一巷水仙苑 90 栋
城北	E 108°18′57″　N 22°52′34″	北湖村二冬坡 7 号
	E 108°19′35″　N 22°51′47″	南宁桂花五菱车辆有限公司

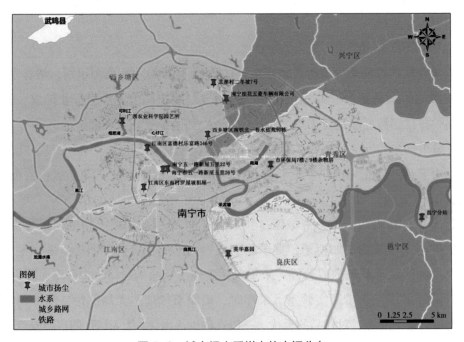

图 3-6　城市扬尘采样点位空间分布

（2）土壤源。

"九五"期间全国土壤污染普查结果显示，南宁市土壤类型以赤红壤为主，且南宁市周边土壤土地利用类型主要是林地和旱地。土壤源采样布点主要以土壤类型、土地利用类型和常年主导风向为原则，以南宁市城市快速环道为中心，分别在城市快速环道的东、南、西、北以及东南、东北（常年夏季主导风、常年冬季主导风）方向约 20 km 范围内各布设 4 个点位。每个点位按照《土壤环境监测技术规范》（HJ/T 166—2004），根据地形分别采用梅花形或蛇形布点法，采集 5～9 个 0～20 cm 的表层土等质量混合的混合样，样品量每个点位每袋约为 2.5 kg，共采集样品 24 个。

采样点位要确保周边无局部污染源（如烟粉尘、汽车、建筑工地等）或人为干扰，同时避开作物施肥洒药期，避免金属制品工具及其他制品接触到样品，给分析带来干扰。采样时避免雨天以及雨后马上采样，如遇雨天，则推迟至少 3 天，后视情况再安排采样。

采样设备及工具：铁锹、铁铲、木铲、簸箕、聚乙烯薄膜、封口袋、样品标签、采样记录表、相机、GPS 卫星定位仪、手提秤、卷尺等。

采集信息见表 3-8，采样点位空间分布、现场采样照片见图 3-7、图 3-8。

表 3-8　南宁市土壤源采集信息

方位	经纬度		采样点	类型
东向	E 108°32′24.2″	N 22°52′20.2″	兴宁区宝盖村	旱地
	E 108°31′58.0″	N 22°50′20.6″	青秀区坛岑村	林地
	E 108°31′41.8″	N 22°49′52.5″	青秀区长塘镇花陈村	旱地
	E 108°31′37.1″	N 22°49′02.4″	青秀区长塘镇五合村	旱地
南向	E 108°20′07.1″	N 22°38′18.8″	良庆区那马镇坛操村	旱地
	E 108°18′46.6″	N 22°38′11.7″	良庆区那马镇潭福村	旱地
	E 108°18′7.8″	N 22°39′3.4″	江南区树木园坛里站	林地
	E 108°14′50.4″	N 22°38′30.9″	江南区吴圩镇平洞村	旱地
西向	E 108°05′54.6″	N 22°51′47.5″	西乡塘区渌寺村	旱地
	E 108°05′23.9″	N 22°51′17.3″	西乡塘区那莫村	旱地
	E 108°05′38.7″	N 22°47′41.3″	江南区江西镇壇深村	旱地
	E 108°06′39.6″	N 22°47′22.9″	江南区江西镇界碑村	林地
北向	E 108°17′42.8″	N 23°00′24.5″	武鸣县双桥镇德伏村	旱地
	E 108°18′03.0″	N 23°00′17.0″	武鸣县双桥镇岜好村	旱地
	E 108°17′08.7″	N 23°00′17.7″	武鸣县双桥镇敢旺村	旱地
	E 108°16′32.6″	N 22°59′54.7″	武鸣县双桥镇伏林村	林地

方位	经纬度		采样点	类型
东南向	E 108°30′00.0″	N 22°43′04.1″	邕宁区蒲庙镇新生村西屯坡 1#	旱地
	E 108°29′53.5″	N 22°43′01.6″	邕宁区蒲庙镇新生村西屯坡 2#	旱地
	E 108°30′11.5″	N 22°43′53.5″	邕宁区蒲庙镇鲤王村	旱地
	E 108°30′44.6″	N 22°43′52.5″	邕宁区蒲庙镇那粒村	旱地
东北向	E 108°28′55.8″	N 22°57′07.2″	兴宁区三塘镇花围坡	旱地
	E 108°28′25.7″	N 22°57′34.9″	兴宁区三塘镇那笔村	旱地
	E 108°29′11.4″	N 22°56′58.6″	兴宁区三塘镇龙江村	旱地
	E 108°29′38.9″	N 22°57′28.9″	兴宁区三塘镇花甘村	林地

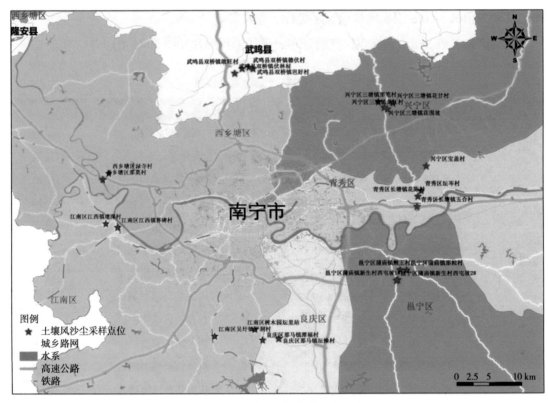

图 3-7　土壤源采样点位空间分布

图 3-8　土壤源现场采样照片

（3）建筑扬尘。

根据南宁市区建筑施工强度及楼盘占地面积，选择南宁市区的东、南、西、北 4 个方位建筑施工集中区进行样品采集。每个方位至少采集 4 个点位，每个点位采集 1 个样品，共采集了 17 个样品。本次在各方位布点均选择建筑面积大、施工强度高、具有代表性的楼盘。选择在建、未封顶的楼房（盘），3 楼以上的楼层地面收集散落在施工作业面上的扬尘混合样。采样时用干净毛刷、塑料平底铲进行，采集至少 20 个 30 cm × 30 cm 区域的混合样，样品量约 500 g。采集完后装样于干净的封口袋中称重，贴上标签并做好采样记录。

采样设备及工具：毛刷、塑料平底铲、木铲、封口袋、样品标签、采样记录表、相机、GPS 卫星定位仪、手提秤等。

建筑扬尘采集信息见表 3-9，采样点位空间分布、现场采样照片见图 3-9、图 3-10。

表 3-9　南宁市建筑扬尘采集信息

城市方位	经纬度		采样点
东面	E 108°23′21.0″	N 22°49′58.0″	霖峰壹号
	E 108°24′35.0″	N 22°49′42.8″	美泉 1612
	E 108°25′04.1″	N 22°49′35.5″	颐源居
	E 108°25′17.6″	N 22°49′41.7″	人才公寓
南面	E 108°24′44.9″	N 22°44′51.4″	天誉花园
	E 108°27′13.1″	N 22°45′49.1″	大唐世家
	E 108°25′41.4″	N 22°46′38.2″	万达茂
	E 108°27′52.0″	N 22°46′59.0″	宝能·城市广场
	E 108°26′04.0″	N 22°47′41.0″	合景·天峻广场

城市方位	经纬度		采样点
西面	E 108°14′38.7″	N 22°50′28.7″	长线局小区
	E 108°13′31.8″	N 22°50′0.6″	龙光·君悦华府
	E 108°13′12.0″	N 22°50′06.8″	中旭天悦
	E 108°13′16.5″	N 22°50′06.3″	瀚林上筑
北面	E 108°17′06.8″	N 22°52′44.9″	大商汇国际住宅二期
	E 108°17′27.5″	N 22°51′22.6″	安吉万达
	E 108°18′03.1″	N 22°50′41.7″	万江华府
	E 108°19′42.0″	N 22°52′54.0″	可利（和园小区）

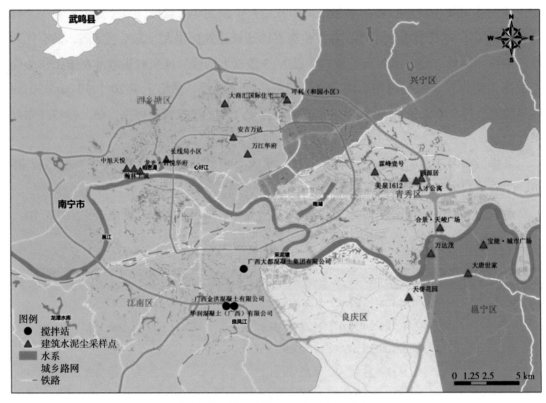

图 3-9　建筑扬尘采样点位空间分布

图 3-10　建筑扬尘现场采样照片

（4）水泥行业排放。

根据南宁市散装水泥办公室提供的南宁市水泥品牌市场占有率及使用量统计数据，并结合混凝土搅拌站的销售量，分别采集了海螺水泥、红水河水泥、华润水泥、红狮水泥 4 个品牌的 P.O42.5 标号水泥样品。南宁市水泥行业排放的采集信息见表 3-10。

表 3-10　南宁市水泥行业排放采集信息

水泥品牌	水泥标号	采样点	经纬度
海螺水泥	P.O42.5	金洪混凝土公司	E 108°17′29.3″ N 22°44′28.8″
红水河水泥	P.O42.5	大都混凝土公司	E 108°17′53.2″ N 22°45′59.8″
华润水泥	P.O42.5	华润混凝土（广西）有限公司	E 108°17′29.3″ N 22°44′28.8″
红狮水泥	P.O42.5	万达茂	E 108°25′41.4″ N 22°46′38.2″

（5）燃煤源。

1）采样点位及采样方法。

南宁市燃煤消耗主要以工业消耗为主，其中工业又以火电、水泥、造纸、农副食品加工等行业为主，并且工业有组织排放的废气绝大部分采取湿法脱硫除尘的方式。因此，根据行业类别、锅炉大小、废气处理设施（脱硫除尘）方式等条件选取 3 家典型企业采集锅炉下载灰，选取 2 家典型企业应用稀释通道采样法采集有组织排放尘样品。企业选取时还需注意，选取近期连续正常生产且生产负荷达 75% 及以上，大气污染处理设施连续正常运行，同时满足《固定污染源排气中颗粒物测定与气态污染物采样方法》（GB/T 16157—1996）的要求的点位。每家企业的锅炉下载灰连续采集 5～14 d，每天 1 个样品，每个样品采集约1kg，同步做好企业工况记录。采样、装样及保存过程中避免使用金属制品及其他带来干扰样品分析的工具。燃煤源样品采集信息见表3-11，现场采样照片见图3-11。

表3-11 燃煤源样品采集信息

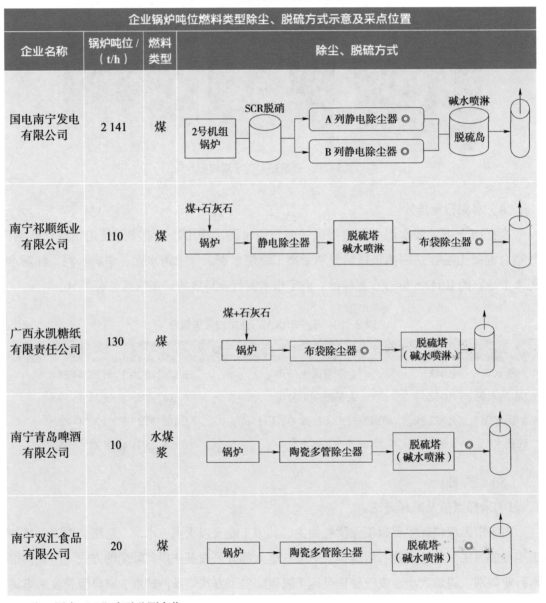

企业名称	锅炉吨位/（t/h）	燃料类型	除尘、脱硫方式
国电南宁发电有限公司	2 141	煤	
南宁祁顺纸业有限公司	110	煤	
广西永凯糖纸有限责任公司	130	煤	
南宁青岛啤酒有限公司	10	水煤浆	
南宁双汇食品有限公司	20	煤	

注：图中"◎"表示监测点位。

（a）下载灰采集　　　　　　（b）稀释通道采样

（c）陶瓷多管除尘器　　（d）脱硫塔　　（e）布袋除尘器

图 3-11　燃煤源样品现场采样照片

2）稀释通道法原理及采集过程。

仪器：四通道稀释通道采样器（MFD25 型），仪器结构简图见图 3-12。

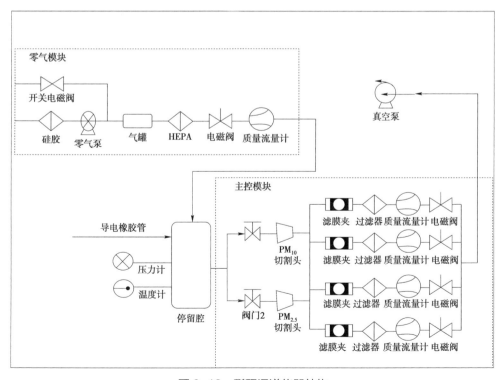

图 3-12　稀释通道仪器结构

方法原理：将高温烟气在稀释通道内用洁净空气进行稀释，并冷却至大气环境温度。稀释冷却后的混合气体进入采样舱，停留一段时间后颗粒物被采样器按一定粒度捕集。该方法可以模拟烟气排放到大气中后在几秒到几分钟时间内的稀释、冷却、凝结等过程，捕集的颗粒物可近似认为是燃烧源排放的一次颗粒物，包括一次固态颗粒物和一次凝结颗粒物。

样品采集过程：根据《环境空气颗粒物源解析监测方法技术指南（试行）》的要求，准备采样石英滤膜和聚丙烯滤膜；每个点位每种粒径颗粒采集 3 组样品，同时准备 1 组空白滤膜；PM_{10} 和 $PM_{2.5}$ 同步采集。具体操作步骤如下：

①采样前准备：采样前需对仪器进行清洗和现场校准。

②采样：在生产设备和污染处理设施均处于正常稳定运行状态下进行，计算烟气流速、含湿量、等速采样流量等参数，按照《固定污染源排气中颗粒物测定与气态污染物采样方法》（GB/T 16157—1996）测定烟温、烟气流速、含湿量等参数。样品采集在有组织排放口或烟道上进行，每次采集 4 个样品（每个点位各采集 3 组 PM_{10} 和 $PM_{2.5}$、1 组全程序空白样）。采样时间至少 3 h（其中采样时间以企业日常颗粒物监测数据为参考，并根据废气排放实际情况适当延长），采样稀释比为 10∶1（根据烟气流速、稀释空气流速确定稀释倍数）。

③采样信息记录：稀释通道采样期间，同时完成现场检查记录表格的填写，包括采样累积体积、滤膜编号、采样流量、工况负荷、燃料类型、环保设施工艺流程等信息。

④样品保存、运输：同一点位采集完后的滤膜样品（石英滤膜和聚丙烯滤膜）应分别放入写好标签的滤膜盒，并统一放置于同一封口袋中。运输与保存均需低温避光保存，并且始终保持滤膜尘面向上。可使用便携式车载冰箱，至实验室后保存于冰柜。

（6）生物质锅炉排放。

南宁市能源消耗结构中生物质的占比逐年增加，从 2011 年的 5.0% 上升到 2014 年的7.7%，成为南宁市能源消费结构中较为重要的一部分。生物质作为工业燃料主要应用于南宁市农副食品加工、淀粉酒精、造纸、木材加工等行业，并主要以甘蔗渣、木材（包括木片、木皮、木屑）、生物质成型颗粒 3 种形态为主。其中，甘蔗渣广泛应用于制糖业，木材广泛应用于造纸、木材加工等行业。根据行业分类、锅炉吨位、废气处理方式以及生物质燃料类型，采集了 5 家企业的生物质尘，其中 2 家糖厂，2 家木材厂，其他企业 1 家。每家企业的锅炉下载灰连续采集 5～14 d，每天 1 个样品，每个样品采集约1 kg，同时做好企业工况记录。采样、装样及保存过程中避免使用金属制品及其他会干扰样品分析的工具。生物质锅炉尘样品采集信息见表 3-12，生物质燃料及生物质锅炉见图 3-13 和图 3-14。

表 3-12　南宁市生物质锅炉尘样品采集信息

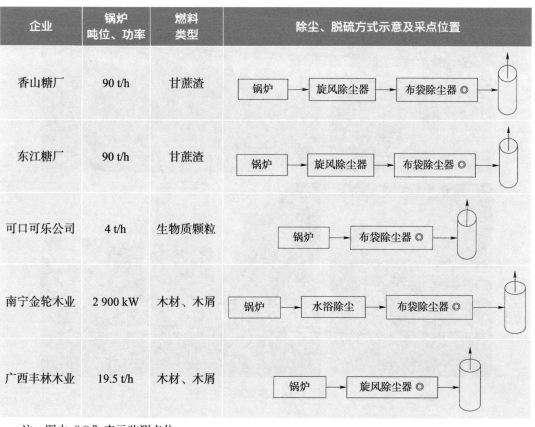

企业	锅炉吨位、功率	燃料类型	除尘、脱硫方式示意及采点位置
香山糖厂	90 t/h	甘蔗渣	锅炉 → 旋风除尘器 → 布袋除尘器 ◎
东江糖厂	90 t/h	甘蔗渣	锅炉 → 旋风除尘器 → 布袋除尘器 ◎
可口可乐公司	4 t/h	生物质颗粒	锅炉 → 布袋除尘器 ◎
南宁金轮木业	2 900 kW	木材、木屑	锅炉 → 水浴除尘 → 布袋除尘器 ◎
广西丰林木业	19.5 t/h	木材、木屑	锅炉 → 旋风除尘器 ◎

注：图中"◎"表示监测点位。

（a）生物质颗粒　　　（b）木材　　　（c）木屑

（d）甘蔗渣　　　　　　（e）甘蔗渣

图 3-13　生物质燃料

图 3-14　生物质锅炉

3.2.2.3　源样品的处理

（1）源样品处理的思路及步骤。

颗粒物由源向环境中排放，会经过一系列物理或者化学变化过程。因为采集到的源样品是全粒径的，通常不能直接作为具体代表性的源构成物质，所以需要进一步处理后来模拟污染源样品进入环境受体中的过程，最终获取与环境空气中 PM_{10} 和 $PM_{2.5}$ 粒度相匹配的真实源样品。根据《大气颗粒物来源解析技术指南（试行）》，对于土壤源、城市扬尘等开放源类，可利用再悬浮采样器进行特定粒径源样品的采集。

源样品前处理及滤膜样品制备分为 3 个步骤：样品干燥、样品筛分、再悬浮。

1）样品干燥。

选取独立的样品间，分别将采集到的开放源样品均匀摊铺到簸箕或搪瓷盘中，自然阴凉风干，见图 3-15。

2）样品筛分。

将充分干燥后的源样品去除杂物分级过筛。选用尼龙筛，将过 150～200 目筛后的样品分袋储存，用于 PM_{10}、$PM_{2.5}$ 再悬浮。图 3-16 为筛分后的样品归类装袋。

图 3-15　样品干燥

图 3-16　样品筛分后归类装袋

3）再悬浮。

再悬浮的方法原理是在模拟仓内使全粒径开放源样品悬浮，模拟其在环境中的悬浮状态，再使用特定粒径切割头采集滤膜样品。

本次试验采用南开大学再悬浮装置进行，其再悬浮装置由悬浮箱、气泵（进样气路）、撞击器（平行采样器）和质量控制器 4 部分构成。按以下步骤进行操作：

①称量取样：依据不同类型开放源特征，分别取 0.5～3 g 样品。

②装料进样：安装进样瓶、滤膜及切割头，设置进样时间（表 3-13 和图 3-17、图 3-18）。

表 3-13　不同源样品再悬浮制备技术参数

源类别	进样量 /g	进样时间 /min	采样时间 /min	回气清洗时间 /min
燃煤源	3	2	3	30
生物质锅炉	0.5	2	5	60
土壤源	0.5	2	10	30
城市扬尘	0.5	2	5	30
建筑扬尘	3	2	3	30

（a）取样

（b）进样

图 3-17　操作人员取样及进样

（a）滤膜　　　　　　　　　　　　（b）切割头

图 3-18　安装滤膜及切割头

③再悬浮采样：设置采样器流速和时间后按开启按钮。

④清洗及下个样品准备：每采集完 1 个样品都要进行仪器回气清洗；采集 3～5 个样品后对再悬浮舱体、空压机抽气管路进行清扫，确保干净，避免本底干扰（图 3-19、图 3-20）；在对不同类型开放源进行采样前，用酒精对切割头、滤膜托擦洗干净，确保滤膜样品不受污染（图 3-21）。

图 3-19　更换抽气管路过滤膜

图 3-20　清扫再悬浮仓　　　　　　　图 3-21　清洗滤膜托

（2）样品制备数量。

本次共制备源样品 PM_{10} 和 $PM_{2.5}$ 滤膜各 190 张，共计 380 张。开放源制备滤膜样品信息见表 3-14，滤膜样品见图 3-22。

表 3-14　开放源制备滤膜样品信息

源类型	制备样品 / 张	
	PM_{10}	$PM_{2.5}$
城市扬尘	22	22
土壤源	36	36
建筑扬尘	42	42
水泥行业排放	18	18
燃煤源	26	26
生物质锅炉排放	46	46
总计	190	190

3.2.2.4　样品制备质量控制

（1）源样品前处理及再悬浮过程中的质量控制。

①样品应于专用晾晒间进行，避免交通尾气、化学试剂、鼠害等干扰，避免阳光暴晒及空气过度搅动导致样品颗粒扬起而引起交叉污染。

②样品晾晒和过筛操作时不可人为破坏源样品的自然粒度。

③使用尼龙筛过筛，过筛完成后需将筛子洗净晾干后再进行下一样品的筛分处理。

④每组样品再悬浮完成后，须对进样器、采样切割头、滤膜托进行清洗，启动回气清洗程序，避免"记忆效应"以确保样品的准确性和代表性。

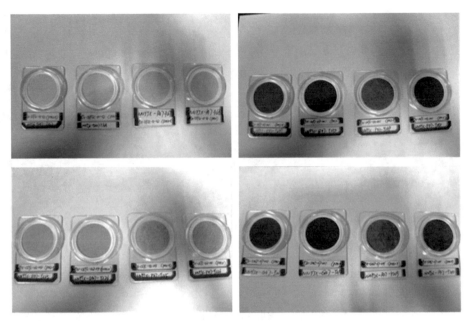

图 3-22　源样品再悬浮滤膜

⑤再悬浮时注意观察所采集膜表面的状态。若采集到膜表面的样品不均匀则该样品无效，需重新采样。同时需进行仪器清洗，必要时需进一步优化再悬浮条件。

（2）稀释通道仪采样质控措施。

①每次采样前检查仪器气密性，并进行流量校准。

②采样过程中需注意烟气流量的变化，确保在工况稳定的条件下采集。

③采样结束后需及时清洗仪器，防止仪器腐蚀及损坏。

④运输与保存时均需低温避光，并且始终保持滤膜尘面向上。

3.2.3　颗粒物样品的化学组分分析

大气颗粒物各类排放源成分谱间的差异主要体现在谱的组成、含量范围和特征元素等方面。成分谱由 3 部分组成，即 21 种无机元素、9 种可溶性离子、元素碳和有机碳，其分析方法见表 3-15。

表 3-15　颗粒物中化学组分分析方法

分析项目	方法	参考标准
颗粒物浓度	手工称量法	《环境空气　PM_{10} 和 $PM_{2.5}$ 的测定　重量法》（HJ 618—2011）
无机元素	酸消解 -ICP-MS 法	《空气和废气　颗粒物中铅等金属元素的测定　电感耦合等离子体质谱法》（HJ 657—2013）

分析项目	方法	参考标准
无机元素	酸消解 -ICP-AES 法	《空气和废气　颗粒物中金属元素的测定　电感耦合等离子体发射光谱法》（HJ 777—2015）
	碱熔 -ICP/AES 法	《空气和废气　颗粒物中金属元素的测定　电感耦合等离子体发射光谱法》（HJ 777—2015）
可溶性离子	超声萃取 - 离子色谱法	US-EPA Compendium Method IO-4.2 《空气和废气监测分析方法》（第四版增补版）
碳组分	热光反射法	《环境空气颗粒物源解析监测技术方法指南》

在对源成分谱进行研究时，最重要的是确定源成分谱的特征组分。源成分谱的特征元素也称标识元素，是某源类区别于其他源类的重要标志。特征元素是指某一源类中对源贡献值和贡献值的标准偏差影响程度较大的元素。影响大表示该元素的灵敏度高，影响小表示灵敏度低。特征元素就是源成分谱中灵敏度最高的元素。

3.2.3.1　无机元素分析

（1）ICP-MS 分析。

1）方法原理。

本方法参照《空气和废气　颗粒物中铅等金属元素的测定　电感耦合等离子体质谱法》（HJ 657—2013），采用硝酸 - 盐酸体系、微波消解 200 ℃保持 15 min，对空气颗粒物 PM$_{2.5}$ 滤膜样品进行前处理，ICP-MS 法测定消解液中的 20 余种金属元素。

2）仪器与材料。

①仪器。

电感耦合等离子体质谱仪（美国 Agilent 7500a 型）。

微波消解系统（美国 CEM 公司 MARS-X）。

超纯水机（美国 Milli-pore 公司 Milli-Q）。

②材料。

硝酸：ρ（HNO$_3$）=1.42 g/mL。优纯级或高纯（如微电子级）。

盐酸：ρ（HCl）=1.19 g/mL。优纯级或高纯（如微电子级）。

硝酸 - 盐酸混合溶液：500 mL 超纯水中加入 55.5 mL 硝酸和 167.5 mL 盐酸，再用超纯水稀释至 1 L。

多元素混合标准储备溶液：购买有证标准溶液（安捷伦），ρ=10 mg/L。

内标溶液：配制浓度为 100 µg/L，介质为 2% 硝酸的内标溶液。选择以下两种混合内标储备液均可校正基体干扰和漂移，第 1 种：^{103}Rh、^{185}Re 混合液，第 2 种：^{45}Sc、^{89}Y、^{115}In、^{209}Bi 混合液。

ICP-MS 调谐液：购买安捷伦调谐液，配制成浓度为 100 μg/L 的使用液，该溶液需含有 Li、Be、Mg、Co、In、Tl 和 Pb 等，覆盖全质谱范围的元素离子。

氩气：纯度不低于 99.99%。

3）样品预处理。

取 1/4 张直径为 90 mm 的石英滤膜，用陶瓷剪刀剪成小块置于微波消解管中，加入 10 mL 硝酸－盐酸混合液，使滤膜浸没其中，加盖后放到微波转盘上，设定升温程序：室温升至 200℃，保持 15 min。消解完毕后，待消解组件冷却后，每个管内加入 10 mL 超纯水，静置 30 min，然后定容至 50 mL，离心分离后取上清液待测。

4）仪器分析。

①ICP-MS 调谐。

仪器点火之后，待雾化室温度降至 2℃开始调谐，调谐液中所含元素质量数 $^{7}Li \geqslant 6\,400$、$^{89}Y \geqslant 16\,000$、$^{205}Tl \geqslant 9\,600$，且三者质量校正结果与真实值差异 ±0.1 amu，氧化物（CeO/Ce）≤1.0%，双电荷（Ce^{2+}/Ce）≤3.0%。

②ICP-MS 工作条件。

射频功率 1 350 W，射频电压 1.55 V，冷却气流量 13.0 L/min，辅助气流量 0.70 L/min，采样锥孔径 1.0 mm，截取锥孔径 0.7 mm，采样深度 8.0 mm，雾化室温度 2℃，样品提升速率 0.3 rps，测量方式选择跳峰。

③标准曲线绘制。

采用梯度稀释法，依次配制一系列待测元素的混合溶液，浓度分别为 0 μg/L、50 μg/L、100 μg/L、200 μg/L、500 μg/L 和 1 000 μg/L，介质为 2% 硝酸，内标溶液在样品雾化之前，用另一蠕动泵加入，从而与样品充分混合。用 ICP-MS 测定标准系列，然后绘制校准曲线。

④实际样品测试。

每个样品测定之前，先用 2% 硝酸清洗系统直到分析信号降至最低，待分析信号稳定后开始测定样品。样品测定的同时用蠕动泵引入内标溶液，若样品中待测元素超出校准曲线范围，需经过稀释后重新测定。将计算出的样品浓度与 $PM_{2.5}$ 浓度做比较，得到每种元素所占的百分含量。

5）结果计算。

颗粒物中元素浓度按下式计算：

$$\rho' = \rho \times V_s \times n / V_{std}$$

式中，ρ'——颗粒物中元素的质量浓度，ng/m^3；

ρ——试样中元素测定的浓度，$\mu g/L$；

V_s——样品定容后的体积，mL；

n——滤膜切割的份数；

V_{std}——标准状态下（273 K，101.325 kPa）采样体积，m^3。

根据待测元素检出限决定小数点后保留到第几位。

6）方法性能。

①标准曲线和校准方程。

各个元素的标准曲线和校准方程如图 3-23 所示，所有元素线性相关系数 r 均应保证大于 0.999。

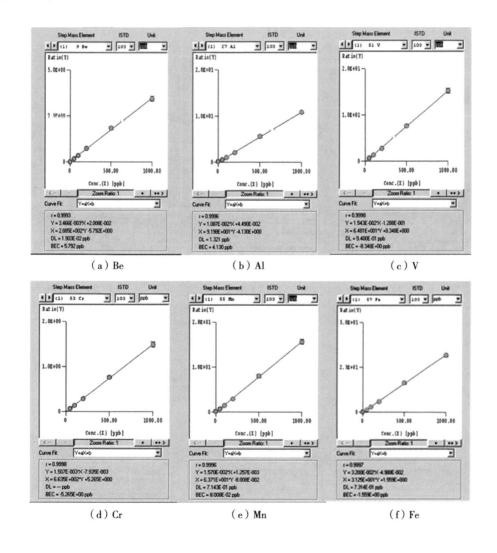

（a）Be　　　　　　　　（b）Al　　　　　　　　（c）V

（d）Cr　　　　　　　　（e）Mn　　　　　　　　（f）Fe

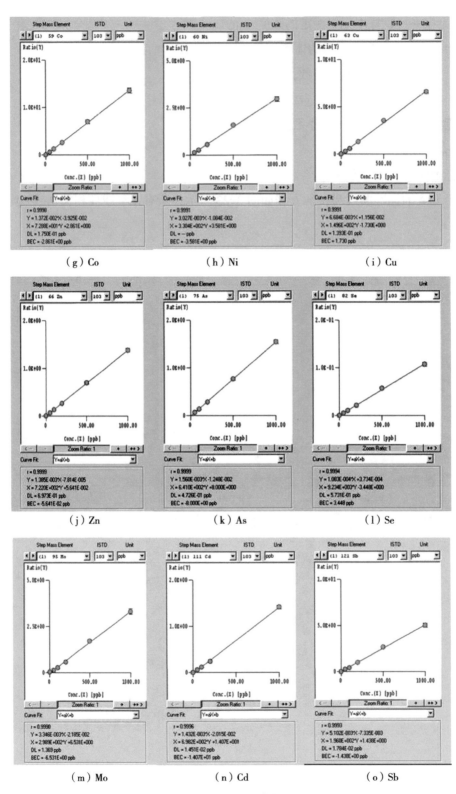

图 3-23　标准曲线

②加标回收试验。

将一张采集实际样品的滤膜一分为二，一半加入含有待测元素的混合标准溶液作为加标样品，另一半作为加标前样品，加标回收率为 92.4%～118.8%。

③检出限。

环境空气颗粒物中 20 余种元素的质量、方法检出限和最低检出量见表 3-16。

表 3-16　环境空气颗粒物中元素检出限

元素	推荐分析质量	方法检出限 /（ng/m³）	最低检出量 /μg
锑（Sb）	121	0.09	0.015
铝（Al）	27	8	1.25
砷（As）	75	0.7	0.1
钡（Ba）	137	0.4	0.05
铍（Be）	9	0.03	0.005
镉（Cd）	111	0.03	0.005
铬（Cr）	52	1	0.15
钴（Co）	59	0.03	0.005
铜（Cu）	63	0.7	0.1
铅（Pb）	206，207，208	0.6	0.1
锰（Mn）	55	0.3	0.04
钼（Mo）	98	0.03	0.005
镍（Ni）	60	0.5	0.1
硒（Se）	82	0.8	0.15
银（Ag）	107	0.08	0.015
铊（Tl）	205	0.03	0.005
钍（Th）	232	0.03	0.005
铀（U）	238	0.01	0.002
钒（V）	51	0.1	0.02
锌（Zn）	66	3	0.5
铋（Bi）	209	0.02	0.004
锶（Sr）	88	0.2	0.025
锡（Sn）	118，120	1	0.2
锂（Li）	7	0.05	0.01

7）质量保证与质量控制。

每个工作日应测定曲线中间点溶液，来检验标准曲线。

每20个样品测定1个平行样品和加标样品。

每批试剂均应分析试剂空白。

每批样品至少分析1个全程序空白、实验室空白。

8）注意事项。

在样品采集、滤膜称量和分析测试等过程中，尽量避免使用或接触金属器具，建议使用塑料等材质的镊子、陶瓷剪刀等。

样品加标实验中加标浓度应与实际样品的浓度相当。

（2）ICP-OES法

1）方法原理。

将采集到合适滤材上的空气和废气颗粒物样品经微波酸消解（Al、Ca、Mg、K）或碱熔（Si、Ti），用电感耦合等离子体发射光谱法（ICP-OES）测定各金属元素的含量。

消解后的试样进入等离子体发射光谱仪的雾化器中被雾化，由氩载气带入等离子体火炬中，目标元素在等离子体火炬中被气化、电离、激发并辐射出特征谱线。在一定浓度范围内，其特征谱线强度与元素浓度成正比。

2）仪器与材料。

标准贮备溶液可购买或用超纯试剂配制。除非另有说明，所有盐类均于105℃干燥1 h。实验用水应符合《分析实验室用水规格和试验方法》（GB/T 6682—2008）一级水的相关要求。

①仪器与设备。

电感耦合等离子体发射光谱仪（Horiba JY 2000-2）。

马弗炉（Yamato FP41）、烘箱（Yamato DN64）。

电热板（温度可调，Yamato HK-41）。

②材料。

载气：氩气，纯度99.999%。

盐酸：ρ（HCl）= 1.19 g/mL，优级纯。

无水乙醇：优级纯。

（1+1）盐酸溶液。

0.1 mol/L 盐酸溶液。

氢氧化钠：优级纯。

各元素标准贮备溶液。

各元素标准使用液（10 mg/L）：分取元素标准贮备液稀释配制，标液的酸度尽量保持与待测样品溶液的酸度一致。

特氟龙、聚丙烯等有机材质滤膜。

50 mL 镍坩埚。

50 mL 塑料容量瓶。

3）样品预处理。

①碱熔法。

取已采集大气颗粒污染物的部分滤膜样品（本实验室选取 1/4 滤膜）于镍坩埚中，放入马弗炉，从低温升至 300℃，恒温保持约 40 min，再逐渐升温至 530～550℃进行样品灰化，保持恒温 40～60 min 至灰化完全（样品颜色与土壤样品相似）。取出已灰化好的样品冷却至室温，加入几滴无水乙醇润湿样品，加入 0.1～0.2 g 固体氢氧化钠，放入马弗炉中在 500℃温度下熔融 10 min，取出坩埚，放置片刻后加入 5 mL 热水（约 90℃），在电热板上煮沸提取，然后移入预先盛有 2 mL（1+1）盐酸溶液的塑料试管中，用少量 0.1 mol/L 的盐酸溶液多次冲洗坩埚，将溶液加入容量瓶中并稀释至 50.0 mL，摇匀，待测。同时做试剂和滤膜样品空白实验。步骤见图 3-24。

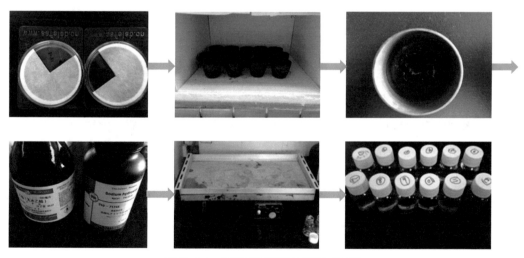

图 3-24　滤膜样品碱熔法预处理过程

②酸消解法。

取适量滤膜或滤筒样品（如大流量采样器矩形滤膜可取 1/4，或截取直径为 47 mm 的圆片；小流量采样器圆滤膜取整张，滤筒取整个），用陶瓷剪刀剪成小块置于微波消解容器中，加入 20.0 mL 硝酸－盐酸混合消解液，使滤膜（滤筒）碎片浸没其中，加盖，置于消解罐组件中并旋紧，放到微波转盘架上。设定消解温度为 200℃，消解持续时间为 15 min。消解结束后，取出消解罐组件，冷却，以水淋洗微波消解容器内壁，加入约 10 mL 水，静置 30 min 进行浸提。将浸提液过滤到 100 mL 容量瓶中，用水定容至 100 mL 刻度，待测。当有机物含量过高时，可在消解时加入适量的过氧化氢以分解有机物。

4）仪器分析。

不同型号的仪器最佳测试条件不同，可根据仪器使用说明书进行选择。

本实验室仪器条件：ICP 观测方式为垂直；发射功率为 1 000 W，离子化气流量：12 L/min；护套气流量：0.2 L/min；泵速：20 r/min；雾化器流量：3.0 L/min；雾化器压力：0.8 bar。

①波长选择。

在实验室所用仪器厂商推荐的最佳测量条件下，对每个被测元素选择 2～3 条谱线进行测定，分析比较每条谱线的强度、谱图及干扰情况，在此基础上选择各元素的最佳分析谱线，见表 3-17。

表 3-17　参考分析谱线波长

元素	谱线 /nm	元素	谱线 /nm
Al	396.15	K	766.49
Ca	317.93	Si	251.61
Mg	279.55	Ti	334.94

②标准曲线绘制。

基于颗粒物样品实际化学组成，标准溶液浓度参考为 Si、Ti：0～5.00 mg/L，Al、Ca、Mg、K：0～10.00 mg/L。建议在此范围内除标准系列空白溶液，依次加入多元素标准贮备液配制 3～5 个浓度水平的标准系列。各浓度点用硝酸溶液定容至 50.0 mL。可根据实际样品中待测元素浓度情况调整校准曲线浓度范围。

将标准溶液依次导入发射光谱仪进行测量，以浓度为横坐标，元素响应强度为纵坐标进行线性回归，建立校准曲线。

5）结果计算。

样本按照预处理步骤，定量后上机进行测定。

颗粒物中元素的浓度按下式计算：

$$\rho' = (\rho - \rho_0) \times V_s \times n / V_{std}$$

式中，ρ'——颗粒物中元素的质量浓度，$\mu g/m^3$；

ρ——试样中元素的浓度，mg/L；

V_s——样品消解后的试样体积，mL；

n——滤膜切割的份数（或采样滤膜负载有颗粒物的面积与消解时截取的面积之比）；

ρ_0——与消解时截取颗粒物样品同样面积空白滤膜的平均含量，mg/L；

V_{std}——标准状态下（273 K，101.325 kPa）采样体积，m³。

最终结果保留 3 位有效数字。根据待测元素检出限决定小数点后保留到第几位。

6）方法性能。

采用空白滤膜制备的全程序样品空白溶液进行 9 次平行测定，计算元素检出限，见表 3-18。

表 3-18　元素检出限　　　　　　　　单位：μg/m³

元素	Al	Ca	Mg	K	Si	Ti
150 m³ 计算	0.03	0.07	0.03	0.02	0.02	0.31

7）质量保证与质量控制。

①校准曲线。

每批次样品测定前要建立校准曲线，相关系数要大于 0.999。在进行样品分析时，每分析 10 个样品（少于 10 个，完成样品分析后）需分析 1 个校准样品以检查校准曲线，如果得到的浓度超过标准值的 ±10%，则需找出问题并纠正后，重置校准曲线，再进行分析。

②空白实验。

空白样品包括实验室试剂空白和滤膜样品空白。每批试样分析至少分别含 1 个实验室试剂空白及滤膜样品空白。

③平行样。

尽可能抽取 5%～10% 样品进行平行样测定，测定结果的相对偏差视样品含量不同一般小于 20%。

④质控样品分析。

每批样品分析时均要求同时分析标准样品或质控样品。鉴于国内大气滤膜标准物质较难获取，可选择组成与大气颗粒物污染物组成近似的土壤标准物质进行质控实验。

⑤加标回收率。

加标量一般控制在待测元素的 0.5～2 倍，保证加标后的样品测定值不超过工作曲线浓度范围测定上限的 90%。加标回收率一般控制在 85%～115%。鉴于有机材质滤膜疏水性质，可采用在坩埚内加入一定量标准使用液的方法，与实际样品一同处理后进行分析。

⑥废物处理。

实验中产生的废液应调至碱性，加入硫化钠固定后保存，定期送至有资质的单位进行处理。

8）注意事项。

各种型号仪器的测定条件不尽相同，应根据仪器说明书选择合适的测量条件。要避免待测元素的沾污或损失。实验室环境灰尘、试剂中杂质以及与样品接触的实验装置中的杂质都是样品受到污染的源头。在测定 Si 元素的过程中，实验器皿（包括容量瓶、样品瓶）尽量避免使用玻璃或石英制品。

新的镍坩埚需进行预处理后才能进行碱熔实验，否则样品空白值较高，影响样品测定。每半年至少要做 1 次仪器谱线的校对以及元素间干扰系数的测定，或环境条件有大的变化，要做仪器谱线的校正。

3.2.3.2 水溶性离子分析

（1）阳离子分析方法。

1）方法原理。

通过加入一定量的二次去离子水超声萃取，将水溶性阳离子从颗粒物转移至水中，过滤后进入离子色谱仪分析。离子色谱法是利用离子交换原理分离阳离子。由抑制器扣除淋洗液背景电导，然后利用电导检测器进行测定。根据混合标准溶液中各阳离子出峰的保留时间和峰高（或峰面积）可定性和定量样品中的 Na^+、K^+、Mg^{2+}、Ca^{2+}、NH_4^+。

2）仪器材料与试剂。

①仪器材料。

离子色谱仪含电导检测器。

阳离子分析柱和阳离子保护柱。

抑制器。

超声波清洗仪。

0.45 μm 微孔滤膜过滤器。

②试剂。

甲基磺酸：优级纯。

标准溶液：Na^+、K^+、Mg^{2+}、Ca^{2+}、NH_4^+ 标准溶液。

3）样品预处理。

将滤膜放入 20 mL 玻璃瓶里，加入 15 mL 二次去离子水，超声萃取 30 min，经 0.45 μm 微孔滤膜过滤后进行色谱分析。

空白试验：取同批号空白滤筒或滤膜两个，按样品处理相同步骤同时操作，制备成空白溶液，进行色谱分析。

4）仪器分析。

①仪器条件。

离子色谱分析条件的设置：淋洗液流量 1 min/mL，泵压 1 700 psi[①]，分析时间 15 min，淋洗液浓度 20 mmol/L，抑制器电流 59 mA。阳离子分析柱 IonPacCS12A（4 mm×250 mm）、保护柱 IonPacCG12A（4 mm×250 mm）、CSRS300 型化学抑制器（4 mm），采用等度 MSA 淋洗液（浓度 20 mmol/L，流量 1.0 mL/min），进样体积 25 μL，分析时间 15 min。

②标准曲线的绘制。

将 Na^+、K^+、Mg^{2+}、Ca^{2+}、NH_4^+ 混合标准溶液分别稀释到 0.01 mg/L、0.5 mg/L、1 mg/L、2 mg/L、5 mg/L、8 mg/L、10 mg/L，从低浓度到高浓度依次上机测试。

③标准谱图。

浓度为 1 mg/L 的标准谱图见图 3-25。

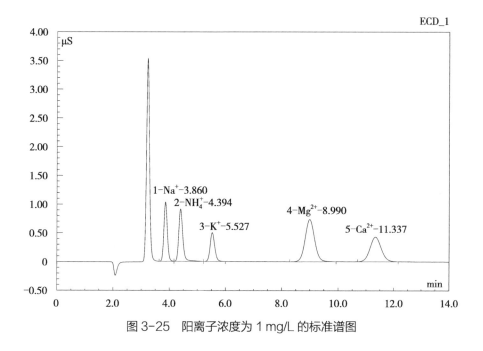

图 3-25　阳离子浓度为 1 mg/L 的标准谱图

④实际样品谱图。

实际样品阳离子谱图见图 3-26，Na^+ 浓度为 0.522 mg/L、NH_4^+ 浓度为 0.273 mg/L、K^+ 浓度为 0.103 mg/L、Mg^{2+} 浓度为 0.046 mg/L、Ca^{2+} 浓度为 0.241 mg/L。

---

① 1 psi=0.0 689 476 bar

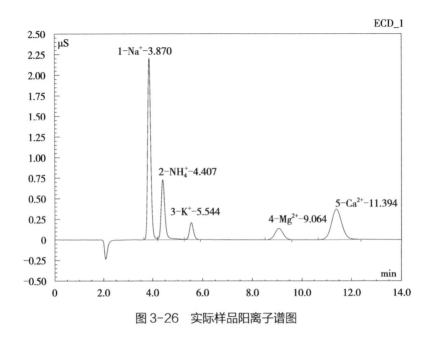

图 3-26　实际样品阳离子谱图

5）结果计算。

颗粒物中水溶性阳离子的浓度按下式计算：

$$\rho'=\rho \times V_s \times n/V_{std}$$

式中，ρ'——颗粒物中水溶性阳离子的质量浓度，ng/m^3；

　　　　ρ——试样中水溶性阳离子的浓度，µg/L；

　　　　V_s——样品萃取后的试样体积，mL；

　　　　n——滤膜切割的份数（或采样滤膜负载有颗粒物的面积与消解时截取的面积之比）；

　　　　V_{std}——标准状态下（273 K，101.325 kPa）采样体积，m^3。

最终结果保留 3 位有效数字。根据待测水溶性阳离子检出限决定小数点后保留到第几位。

6）方法性能。

①检出限。

对 7 个空白滤膜按照样品处理的步骤进行测定，计算检出限。当采样体积为 20 m^3（标况条件）时，本方法检出限见表 3-19。

表 3-19　方法检出限　　　　　　　　　　　　　　　单位：µg/m^3

物质名称	Na$^+$	NH$_4^+$	K$^+$	Mg^{2+}	Ca^{2+}
检出限	0.05	0.05	0.1	0.1	0.1

②标准曲线方程。

标准曲线的绘制是滤膜样品中可溶性阳离子的定量依据，是整个分析方法中的一个重要环节。必须使曲线相关系数大于 0.999，且对标准有证物质的检测合格，方可进行滤膜样品的测试。对 5 种阳离子物质建立标准曲线，选择基本能够包含样品浓度范围，其中 Na^+、K^+、Mg^{2+}、Ca^{2+} 为一次曲线。NH_4^+ 的标准曲线，在浓度范围跨度大于 10 倍时，由于铵根离子的离解平衡，其标准曲线呈二次线性关系，所以在此建立的标准曲线为二次曲线，标准曲线浓度为 0.1～8 mg/L。使用原环境保护部标准样品研究所生产的编号为 202608 的多种金属离子混合标样以及编号为 200547 的铵根离子标样作为标准样品，进行测定，结果见表 3-20。

表 3-20　标准曲线与标准样品的测定结果

编号	物质	保留时间 / min	斜率	相关系数	标准样品测定浓度 / （mg/L）	标准样品有效浓度 / （mg/L）
1	Na^+	3.95	0.198 6	0.999 6	1.55	1.57 ± 0.07
2	NH_4^+	4.53	0.218 3	0.999 5	0.683	0.696 ± 0.018
3	K^+	5.80	0.124 5	0.999 4	1.12	1.10 ± 0.07
4	Mg^{2+}	9.62	0.351 5	0.999 8	0.264	0.286 ± 0.033
5	Ca^{2+}	12.20	0.220 0	0.999 5	3.492	3.64 ± 0.46

由表 3-20 可知，5 种阳离子建立的标准曲线相关系数均达 0.999 以上，对标准样品的测定结果均在有效范围内，以上曲线可用于滤膜样品的测试。

③精密度。

对 4 个实际样品进行 6 次测定，计算精密度，结果见表 3-21。Na^+ 精密度为 1.0%～3.2%，NH_4^+ 精密度为 1.0%～2.9%，K^+ 精密度为 1.1%～3.6%，Mg^{2+} 精密度为 2.0%～3.1%，Ca^{2+} 精密度为 1.6%～3.7%。

表 3-21　实际样品测定精密度（$n=6$）　　　　　　　　　　　单位：%

样品编号	Na^+	NH_4^+	K^+	Mg^{2+}	Ca^{2+}
C1	3.1	1.7	2.2	3.1	1.6
C2	3.2	1.0	3.6	3.0	3.5
C3	1.0	2.9	1.1	2.1	3.7
C4	2.1	1.4	2.0	2.0	3.3

④准确度。

在 PM$_{2.5}$ 实际样品的阳离子组分浓度分析过程中，进行加标回收率实验，以控制测定结果的准确度。根据实际样品的测定结果，以样品浓度 1～3 倍为加标量，进行加标回收实验，结果见表 3-22，实际样品加标回收率为 88%～109%。

表 3-22 实际样品加标回收结果

样品	项目	Na$^+$	NH$_4^+$	K$^+$	Mg^{2+}	Ca^{2+}
样品 1	样品 /（mg/L）	0.995	0.532	0.381	0.106	0.620
	加标量 /mg	1	1	1	0.2	1
	加标后测定结果 /（mg/L）	1.873	1.620	1.398	0.321	1.540
	加标回收率 /%	88	109	102	108	92
样品 2	样品 /（mg/L）	2.920	3.548	0.997	0.328	2.283
	加标量 /mg	2	2	2	1	2
	加标后测定结果 /（mg/L）	5.01	5.476	3.011	1.315	4.361
	加标回收率 /%	105	96	101	99	104

7）质量保证与质量控制。

每批样品至少测定 2 个全程空白，空白样品需使用和样品完全一致的消解程序，测定结果应低于方法测定下限。

根据批量大小，每批样品需测定 1～2 个含目标元素的标准物质，测定结果必须在可以控制的范围内。若样品消解过程产生压力过大造成泄压而破坏其密闭系统，则此样品数据不应采用。校准曲线的相关系数应不小于 0.999，采用标准曲线点进行平行测量，控制仪器漂移。

8）注意事项。

离子色谱法所用去离子水的电导率应小于 0.5 μS/cm，样品需经 0.45 μm 微孔滤膜过滤，除去样品中颗粒物，防止系统堵塞。

在与绘制标准曲线相同的色谱条件下测定样品的保留时间和峰高（峰面积）。整个系统应防止气泡进入，尤其每次更换淋洗液后要及时排气，以免气泡进入系统。在每个工作日或淋洗液、再生液改变时，或分析 20 个样品后，都要对校准曲线进行校准。确保响应值在预期值的 ±10% 内。否则需要重新绘制该离子的校准曲线。注意防止滤膜、试剂、器皿或者样品的预处理引入污染干扰测定。

（2）阴离子分析方法。

1）方法原理。

本方法适用于固定源、无组织排放源以及环境空气中采集的颗粒物中 NO_3^-、SO_4^{2-}、F^-、Cl^- 分析。通过加入一定量的二次去离子水超声萃取，将水溶性阴离子从颗粒物转移至水中，过滤后进入离子色谱仪分析。离子色谱法是利用离子交换原理分离阴离子，由抑制器扣除淋洗液背景电导，然后利用电导检测器进行测定。根据混合标准溶液中各阴离子的保留时间和峰高（或峰面积），可定性和定量样品中的 NO_3^-、SO_4^{2-}、F^-、Cl^-。

2）仪器材料与试剂。

①仪器。

离子色谱仪含电导检测器。

阴离子分析柱和阴离子保护柱。

抑制器。

超声仪。

0.45 μm 微孔滤膜过滤器。

②试剂。

氢氧化钾：优级纯。

标准溶液：NO_3^-、SO_4^{2-}、F^-、Cl^- 标准溶液。

3）样品预处理。

将适量试样（根据水溶性离子浓度可进行分样，取适量滤膜进行测试）放入 10 mL 超纯水中超声 30 min。

4）仪器分析。

①仪器条件。

离子色谱分析条件的设置：AS19（4 mm×250 mm）分离柱，AG19（4 mm×250 mm）保护柱；ASRS-4 mm 抑制器，抑制电流 50 mA；20 mmol/L 氢氧化钾淋洗液，流速为 1.0 mL/min；进样量为 25 μL；泵压为 1 700 psi，分析时间为 15 min，柱温为 30℃时操作。

②标准曲线的绘制。

将 NO_3^-、SO_4^{2-}、F^-、Cl^- 混合标准溶液稀释到 0.01 mg/L、0.5 mg/L、1 mg/L、2 mg/L、5 mg/L、8 mg/L、10 mg/L。

③标准谱图。

浓度为 1 mg/L 的标准溶液谱图见图 3-27。

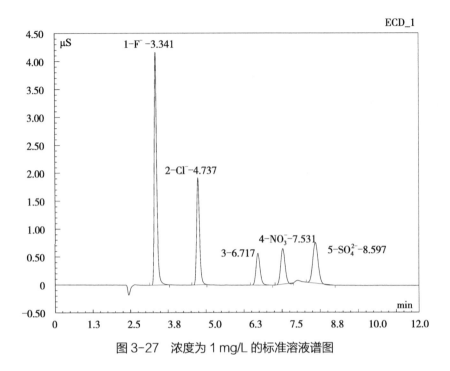

图 3-27　浓度为 1 mg/L 的标准溶液谱图

④实际样品谱图。

将超声后的试样，过 0.45 μm 滤膜，上机测定。实际样品谱图见图 3-28。阴离子样品的 F^-、Cl^-、NO_3^-、SO_4^{2-} 浓度分别为 0.343 mg/L、3.203 mg/L、3.811 mg/L、9.574 mg/L。

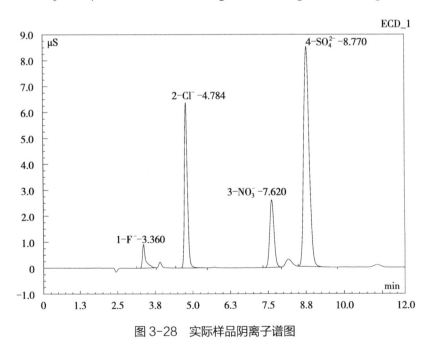

图 3-28　实际样品阴离子谱图

5）结果计算。

颗粒物中水溶性阴离子的浓度按下式计算：

$$\rho' = \rho \times V_s \times n / V_{std}$$

式中，ρ'——颗粒物中水溶性阴离子的质量浓度，ng/m^3；

ρ——试样中水溶性阴离子的浓度，$\mu g/L$；

V_s——样品萃取后的试样体积，mL；

n——滤膜切割的份数（或采样滤膜负载有颗粒物的面积与消解时截取的面积之比）；

V_{std}——标准状态下（273 K，101.325 kPa）采样体积，m^3。

最终结果保留 3 位有效数字。根据待测水溶性阴离子检出限决定小数点后保留到第几位。

6）方法性能。

①检出限。

对 7 个空白滤膜按照样品分析的步骤进行测定，计算检出限，采样量在标况下为 20 m^3。本方法检出限见表 3-23。

表 3-23　方法检出限

物质名称	F^-	Cl^-	NO_3^-	SO_4^{2-}
检出限 /（$\mu g/m^3$）	0.008	0.008	0.01	0.01

②标准曲线方程。

标准曲线的绘制是滤膜样品中可溶性阴离子的定量依据，是整个分析方法中的一个重要环节。必须使曲线相关系数大于 0.999，且对标准有证物质的检测合格，方可进行滤膜样品的测试。对 4 种阴离子物质建立标准曲线。使用环境保护部标准样品研究所生产的多种阴离子混合标样进行测定，结果见表 3-24。

表 3-24　标准曲线与标准样品的测定结果

编号	物质	保留时间 / min	斜率	相关系数	标准样品测定浓度 /（mg/L）	标准样品有效浓度 /（mg/L）
1	F^-	3.341	0.189 2	0.999 9	4.91	4.97 ± 0.18
2	Cl^-	4.737	0.242 3	0.999 7	1.20	1.21 ± 0.09
3	NO_3^-	7.531	0.124 9	0.999 6	2.39	2.47 ± 0.11
4	SO_4^{2-}	8.597	0.210 2	0.999 2	10.3	10.1 ± 0.5

由表 3-24 可知，4 种阴离子建立的标准曲线相关系数均达 0.999 以上，对标准样品的测定结果均在有效范围内，以上曲线可用于滤膜样品的测试。

③精密度。

对 4 个实际样品进行 6 次测定，计算精密度，结果见表 3-25，F^- 精密度为 1.9%～4.1%，Cl^- 精密度为 1.1%～3.6%，NO_3^- 精密度为 1.5%～3.1%，SO_4^{2-} 精密度为 1.6%～4.0%。

表 3-25　实际样品测定精密度　　　　　单位：%

样品编号	F^-	Cl^-	NO_3^-	SO_4^{2-}
C1	4.1	1.1	1.5	1.8
C2	1.9	3.6	1.6	1.6
C3	2.4	2.9	2.2	4.0
C4	2.8	2.6	3.1	2.9

④准确度。

在 $PM_{2.5}$ 实际样品的阴离子组分浓度分析过程中，进行加标回收率实验，以控制测定结果的准确度。根据实际样品的测定结果，以样品浓度 1～3 倍为加标量，样品定容体积 10 mL 进行加标回收实验，结果见表 3-26，实际样品加标回收率为 89.9%～106.4%。

表 3-26　实际样品加标回收结果

样品	项目	F^-	Cl^-	NO_3^-	SO_4^{2-}
样品 1	样品 /（mg/L）	0.437	0.423	3.281	10.515
	加标量 /μg	10	10	50	100
	加标后测定结果 /（mg/L）	1.501	1.322	8.564	20.841
	加标回收率 /%	106.4	89.9	105.7	103.3
样品 2	样品 /（mg/L）	0.206	0.307	4.799	12.838
	加标量 /μg	5	5	50	100
	加标后测定结果 /（mg/L）	0.691	0.766	10.012	23.002
	加标回收率 /%	97.0	91.8	104.3	101.6

7）质量保证与质量控制。

①每批样品至少测定 2 个全程空白，空白样品需使用和样品完全一致的消解程序，测定结果应低于方法测定下限。

②根据批量大小，每批样品需测定 1～2 个含目标元素的标准物质，测定结果必须在可以控制的范围内。

③若样品消解过程产生压力过大造成泄压而破坏其密闭系统，则此样品数据不应采用。

④校准曲线的相关系数应不小于 0.999，采用标准曲线点进行平行测量，控制仪器漂移。

8）注意事项。

①离子色谱法所用去离子水的电导率应小于 0.5 μS/cm，样品需经 0.45 μm 微孔滤膜过滤，除去样品中颗粒物，防止系统堵塞。

②在与绘制标准曲线相同的色谱条件下测定样品的保留时间和峰高（峰面积）。

③整个系统防止气泡进入，尤其每次更换淋洗液，及时排气，以免气泡进入系统。

④在每个工作日或淋洗液、再生液改变时，或分析 20 个样品后，都要对校准曲线进行校准。确保响应值在预期值的 ±10% 内。否则需要重新绘制该离子的校准曲线。

⑤注意防止滤膜、试剂、器皿或者样品的预处理引入污染干扰测定。

3.2.3.3　碳分析

（1）方法原理。

在热光炉中，先通入 He 气流，在无氧的条件下程序升温，逐步加热颗粒物样品使样品中 OC 挥发，然后通入浓度为 2% 的 O_2/He 混合气，在有氧条件下继续加热升温，使得样品中的 EC 完全氧化成 CO_2。无氧加热释放的 OC 经催化氧化炉（加热的二氧化锰）转化生成的 CO_2 和有氧加热时段生成的 CO_2 均在还原炉（氢富集的镍铬催化剂）中被还原成 CH_4，由火焰离子化检测器（FID）定量检测，进而计算 OC 和 EC 的含量。无氧加热时的焦化效应（也称碳化）可使部分 OC 转变为裂解碳（OPC）。为检测出 OPC 的生成量，用 633 nm 激光全程照射样品，测量加热升温过程中反射光强（或透射光强）的变化，以初始光强作为参照，将反射光强回到初始光强的时刻定义为 EC 的起始点，在结果中对 OC 和 EC 值进行修正。

（2）仪器材料和试剂。

①仪器材料。

分析仪器：DRI 2001A 型热光碳分析仪及其附件。

微量进样针：50 μL 微量进样针，用于标准液体的校准。

镊子：平头不锈钢制镊子。石英纤维滤膜：采集环境空气颗粒物前先将滤膜放入马弗炉中 500℃ 加热 4 h，处理后的滤膜放在恒温恒湿干燥塔中，干燥塔温度为 15～30℃，相对湿度为 15%～55%。

无尘纸。

②试剂。

纯水：本实验用水应符合《分析实验室用水规格和试验方法》（GB/T 6682—2008）一级水的相关要求。蔗糖标准溶液：称取 0.428 g 蔗糖（分析纯）溶解于水中，并稀释至 100 mL，其中碳含量为 1 800 μg C/mL，密封后 4℃保存。

高纯氦气：纯度 99.999%。

高纯氧气 / 氦气混合气体：纯度 99.999%。

高纯氢气：纯度 99.999%。

高纯甲烷气：纯度 99.999%。

混合空气：纯度 99.9%。

（3）仪器分析。

①仪器条件。

气瓶压力：检查每个气瓶的气压，气瓶压力值应大于 200 psi，否则需更换新的气体。

气路流量：调节仪器面板各流量计，流量值见表 3-27。

仪器检漏：样品炉应气密性良好，关闭样品炉进出口阀后压力值不下降（仪表读数可维持 5 s 不降）。

表 3-27　DRI 2001A 型热光碳分析仪气路流量值

气体	输出压力 / psi	转子流量计	流量 / （mL/min）	备注
He-1	15	4.7	40	压力需精确
O₂/He	15	2.5	10	压力需精确，流量必须和 He-2 相等
He-2	15	2.5	10	压力需精确，流量必须和 O₂/He 相等
CAL GAS	15	15～20	3～4	CAL GAS 为 CH_4/He 时，流量不需精确
He-3	15	4.9	50	压力需精确
H₂	15	3.8	40	FID 点火时调到 6，然后调回 3.8
混合空气	25～30	5.1	350	气压应使进样阀回弹平稳

②样品分析。

仪器烘烤：选择 cmdBakeOven 方法，烘烤样品炉，消除干扰。

仪器空白：仪器不放置滤膜，按照样品分析步骤运行 1 次，测定结果的 TC（$TC=OC_1+OC_2+OC_3+OC_4+EC_1+EC_2+EC_3$，μg C/cm²）值要低于 0.5 μg C/cm²，否则要重新烘烤并重新检查系统空白直至符合要求为止。

系统稳定性：仪器不放置滤膜，选择 cmdAutoCalibCheck 方法运行，完毕后提取三峰（OC_3、EC_1、Calibration peak area）的面积数据，计算的相对标准偏差值≤5%，同时

FID 信号漂移（Initial FID baseline 和 Final FID baseline 的差值）＜±3 mV。否则要重新做稳定性检测直至符合要求为止。

填写截取的样品面积、原样品面积、Sample ID 等，运行 cmdImproveA 程序，使用打孔器截取样品，用镊子加载膜片，设置延迟时间为 90 s（排出样品舱中的 CO_2 气体），开始分析。进样完毕后，用无尘纸擦拭镊子、打孔工具，确保没有纤维残留。

③标准曲线绘制。

采用 cmdImproveA 程序，用微量进样针分取 5 μL、10 μL、15 μL、20 μL、25 μL 蔗糖标准溶液，分别滴在空白膜片上，设置延迟时间为 90 s+V×60 s（V 为蔗糖体积），以便样品在进入样品炉前烘干水分，进行样品分析。

记录蔗糖的峰面积 A_1=OC_1+OC_2+OC_3+OC_4+EC_1+EC_2+EC_3，校准内标峰面积（Calibration Peak Area）为 A_2，以 A_1/A_2 为横坐标，蔗糖的质量（μg C）为纵坐标绘制标准曲线，计算得到曲线斜率（Calibration Slope）。

将曲线斜率值更新为标准曲线斜率，完成标准曲线的校准过程。间隔 6 个月或者更换标气、更换还原管时，均需要重新做标准曲线并更新斜率。

④空白实验。

取空白样品膜，测定样品膜的空白值。

（4）结果计算与表示

①结果计算。

按下式计算样品的 OC 和 EC：

$$OC=OC_1+OC_2+OC_3+OC_4+LRPyMid$$

$$EC=EC_1+EC_2+EC_3-LRPyMid$$

式中，OC——原样品膜的有机碳含量，μg C/filter；

OC_1、OC_2、OC_3、OC_4——无氧加热时段与各个温度台阶相对应的有机碳含量，μg C/filter；

EC——原样品膜的无机碳含量，μg C/filter；

EC_1、EC_2、EC_3——有氧加热时段中对应各个温度台阶的无机碳含量，μg C/filter；

LRPyMid——从 EC_1 中分离出的 OPC 含量的平均值，μg C/filter。

②结果表示。

结果数值按《数值修约规则与极限数值的表示和判定》（GB/T 8170—2008）修约，保留小数点后两位。

（5）质量保证和质量控制。

每天进行测试前，需要进行外标的单点校准，对系统稳定性进行"三峰"测试。

平行样测试。按照测试样品量的 10% 进行平行样测试。

每天最后一个样品分析完后，再次进行"三峰"测试，如果测试后和测试前的相对标准偏差相差超过 5%，则样品需要重新分析，直到分析后再进行的"三峰"测试与分析前的差值不超过 5% 时为止。

每一批次样品至少分析 1 个全程序空白和实验室空白样品。

（6）注意事项。

仪器待机时，前阀打开，后阀关闭，并且电脑始终不能关机，否则 He/O_2 和 H_2 在 420℃的还原炉中混合后会生成大量的 H_2O，对仪器造成损害。

仪器分析样品时，不要调节各路气体的流量或温度控制按钮。样品舟的位置要安放正确，否则会影响激光信号。

3.3 质量保证与质量控制

本次大气颗粒物来源解析监测工作的全部过程，从滤膜称量、样品采集、滤膜前处理到分析测试和数据审核阶段均采用了相应的质量保证与质量控制措施。例如，通过采用空白样品分析、平行样品分析、质控样品分析、加标回收实验等实验室内部和实验室之间比对测试质控手段，确保监测、测试结果的准确性和可靠性。

3.3.1 受体采样质量保证

（1）受体采样聚丙烯膜－石英膜浓度相关性。

将整个源解析过程采集的受体样品滤膜进行手工称重，根据采样体积计算颗粒物质量浓度，对聚丙烯膜浓度和石英膜浓度进行拟合，结果见图 3-29 和图 3-30。

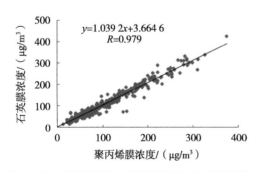

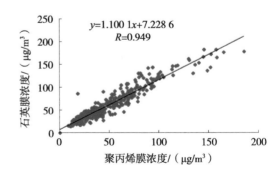

图 3-29 聚丙烯膜－石英膜 PM_{10} 浓度相关性　　图 3-30 聚丙烯膜－石英膜 $PM_{2.5}$ 浓度相关性

聚丙烯膜－石英膜 PM_{10} 浓度相关性 $R = 0.979$，斜率为 1.039 2；聚丙烯膜－石英膜 $PM_{2.5}$ 浓度相关性 $R = 0.949$，斜率为 1.100 1。结果提示，受体采样中聚丙烯膜和石英膜采样结果具有良好的线性相关性，可以用于受体化学成分构建。

（2）受体采样平行。

分别采集 PM_{10} 和 $PM_{2.5}$ 现场平行样品 12 对，占样品总数的 1.40%。通过对滤膜手工称重，得到颗粒物的质量浓度，其中 PM_{10} 的相对偏差为 1.02%～16.7%；$PM_{2.5}$ 的相对偏差为 1.57%～27.2%。

3.3.2　源采样质量保证

3.3.2.1　源采集

（1）燃煤源。

1）企业筛选原则。

根据燃煤的行业分布、锅炉大小、废气处理设施类型进行筛选。

南宁市燃煤消耗主要以工业消耗为主，其中工业又以火电、水泥、造纸、农副食品加工等行业为主，并且绝大部分废气处理采取湿法脱硫除尘的方式。因此本次选择了 3 家典型企业采集锅炉下载灰，选取 2 家典型企业应用稀释通道采样法采集有组织排放尘样品。

2）采样点位。

①下载灰。

a. 确保采集到的下载灰的性质尽可能地与外排废气相近，因此下载灰采集点尽可能靠近外排口。

b. 由于水溶性可改变组分中的水溶物质比例，所以湿法除尘脱硫水冲出的下载灰不能采，即不能采集湿的下载灰。

②稀释通道法。

烟囱或烟道上。

3）其他。

①下载灰：

a. 注意锅炉工况，一般达 75% 以上才能采样。

b. 连续采集 5～14 d，若遇停机、检修或其他突发情况，则待锅炉稳定运行后才可继续采样。

c. 注意燃煤批次，若为不同批次需要收集相关煤质分析报告。

d. 若下载灰采集时正处于较高温度，不能立即用塑料袋盛装，需待冷却到室温后再装袋，避免高温灼坏袋子带入污染。

e. 宜使用食品级的塑料袋作为盛装容器，避免因此材质问题引入污染或干扰。

f. 每天采集 1 个样，并根据每天企业清灰频次采集并等质量混合成为 1 个样。

g. 每个样至少 1 kg。

h. 采样过程中避免使用金属制品及其他带来干扰样品分析的工具。

②稀释通道法。

a. 按照《环境空气颗粒物源解析监测方法技术指南（试行）》的要求准备采样用的聚丙烯滤膜和石英滤膜。

b. 每个点位每种粒径颗粒采集 3 组样品和 1 组全程序空白。

c. PM_{10} 和 $PM_{2.5}$ 同步采集。

d. 采样前需检查仪器气密性，并进行流量校准。

e. 按照《固定污染源排气中颗粒物测定与气态污染物采样方法》（GB/T 16157—1996）同步测定烟温、烟气流速、含湿量等参数。

f. 根据废气排放实际情况设置采样时间，一般设置为至少 3 h。

g. 根据烟气流速、稀释空气流速确定稀释倍数，一般采样稀释比设置为 10∶1。

h. 采样过程中需注意烟气流量的变化，确保在工况条件稳定的条件下采集。

i. 运输与保存均需低温避光保存，并且始终保持滤膜尘面向上。

（2）生物质锅炉排放。

①企业筛选原则：根据生物质的燃料类型、行业分布、锅炉大小、废气处理设施类型进行筛选。

生物质作为工业燃料主要应用于南宁市农副食品加工、淀粉酒精、造纸、木材加工等行业，并主要以甘蔗渣、木材（包括木片、木皮、木屑）、生物质成型颗粒 3 种形态为主。其中，甘蔗渣为燃料广泛应用于制糖业，木材为燃料广泛应用于造纸、木材加工等行业。因此本次采集了 5 家企业的生物质锅炉排放，其中糖厂 2 家，木材厂 2 家，其他 1 家。

②采样点位：与燃煤源一致，一是下载灰采集点尽可能靠近外排口。二是不能采集湿的下载灰。

③其他：同燃煤源中的"3）其他①下载灰"。

（3）土壤尘。

①布点原则：以土壤类型、土地利用类型和常年主导风向为原则，以建成区为中心的外延 20 km 范围内布点。

南宁市土壤类型以赤红壤为主，且南宁市周边土壤土地利用类型主要是林地和旱地。

因此本次采样以南宁市城市快速环道为中心，分别在城市快环的东、南、西、北以及东南、东北（常年夏季主导风、常年冬季主导风）方向约 20 km 范围各随机布设 4 个点位。

②采样方法：按照《土壤环境监测技术规范》（HJ/T 166—2004）根据地形分别采用梅花形或蛇形法布点，采集 5 个或 9 个表层土等质量混合的混合样。

③采样深度和采样量：0～20 cm 表层土，每个点位的样品量约为 2.5 kg/ 袋。

④采样时间：宜选择作物播种前或收获后，避开作物施肥洒药期。

⑤其他：采样点位周边避免局部污染源如烟粉尘、汽车、建设工地等人为干扰；采样过程中注意采取措施避免采样工具引入的干扰；盛装的塑料袋宜采用食品级。

（4）城市扬尘。

①布点原则：结合城市工业布局、功能区分布、城区分布等特点进行布点。

近年来，南宁市产业布局不断调整与优化，大部分的工业企业已搬离市区，因此目前南宁市区绝大部分均为交通、居住、商业混杂区。本次采样以南宁市区的东、南、西、北 4 个方位进行布点，覆盖了南宁市现有的 6 个城区。

②采集区域：采集楼房、仓库、住宅等密闭区域内（如柜子、桌子等）载物台上的积灰。

③采样工具：干净毛刷、塑料铲、封口袋。

④其他：

a. 采样时确保点位周边无局部污染源（如饮食业、建设工地和交通干线等）对样品的干扰，同时避免雨天进行。

b. 采样时宜选择雨水和水不易触碰到的地方，如拖地触碰不到的床底、雨水未淋湿的窗台、桌面等。

c. 避免采集新刮腻子、刷油漆的载灰台上的积灰。

d. 扫灰时避开动植物残体（如死蟑螂、死蜘蛛等）引入的干扰。

e. 若扫集长期积累在地面上的积灰，应避免扫集采样者踩踏区域上的积灰。

（5）建筑扬尘。

①布点原则：考虑建筑施工强度、楼盘占地面积、水泥品牌、标号及市场占有率、城区分布等进行布点。

②采样点位：主流水泥品牌标号的楼盘且占地面积较大、在建但未封顶的楼房（盘），3 楼以上、10 楼以下的楼层地面收集散落在施工作业面上的扬尘混合样。

③采样工具：同城市扬尘。

④采样量：每个楼盘至少采集 2 个样品，每个采集至少 20 个 30 cm × 30 cm 区域的混合样，样品量约 500 g。

⑤其他：采样过程中避免局部干扰如楼盘施工过程中产生的各种垃圾及代谢物；避免在楼道或阳台布点，因为其易受物料运输、人员走动、雨水淋湿等影响带来的干扰。

3.3.2.2　前处理

（1）源样品晾晒。

①样品应于专用晾晒间进行，避免交通尾气、化学试剂、鼠害等干扰。

②避免阳光暴晒及空气过度搅动（开吊扇）导致样品颗粒扬起引起交叉污染。

③不同类型源样品在晾晒过程中宜分区晾晒，并设置合理间隔，避免晾晒及翻动过程中引起样品的交叉污染。

④样品晾晒过程中使用的翻动工具需与样品一一对应，不可交叉使用。

⑤使用尼龙筛过筛，过筛完成后需将筛子洗净晾干后才可进行下一样品的筛分处理。

⑥样品晾晒和过筛的操作时不可人为破坏源样品的自然粒度。

⑦由于南北方湿度差异，注意异地处理时留足晾晒时间。

（2）再悬浮。

①样品过筛：将充分晾晒风干并混合均匀的源样品过 150～200 目尼龙筛。

②进样：将一定量过筛的样品装进再悬浮玻璃进样器中，并用过滤后的洁净空气将样品从进样品中全部吹入悬浮箱中。

③进样时间：约 2 min，保证足够样品进入再悬浮箱内即可。

④采样：采样器流速控制为 16.7 L/min，采样时间根据进样量适当调整在 3～10 min，具体见表 3-28。

表 3-28　不同源样品再悬浮制备技术参数

源类别	进样量 /g	进样时间 /min	采样时间 /min	回气清洗时间 /min
燃煤源	3	2	3	30
生物质尘锅炉排放	0.5	2	5	60
土壤尘	0.5	2	10	30
城市扬尘	0.5	2	5	30
建筑施工扬尘	3	2	3	30

⑤每组样品再悬浮完成后，需对进样器、采样切割头、滤膜托进行清洗（图 3-31），启动回气清洗程序，避免"记忆效应"以确保样品的准确性和代表性。

图 3-31　进样器、采样切割头、滤膜托等清洗

⑥再悬浮时注意观察所采集膜表面的状态，若采集到膜表面的样品不均匀则该样品无效，需重新采样。同时需进行仪器清洗，必要时需进一步优化再悬浮条件。

⑦出现⑥中情况的，可采用以下方法进行优化：

一是减少样品进样量。例如同等重量下生物质锅炉排放颗粒物数量会比其他尘类多2～3 倍，同等质量下再悬浮时更易出现过载现象，因此减少进样量可改善滤膜过载现象。

二是在不改变抽气流速情况下，加长滤膜托连接管长度，改善采集效率。见图 3-32。

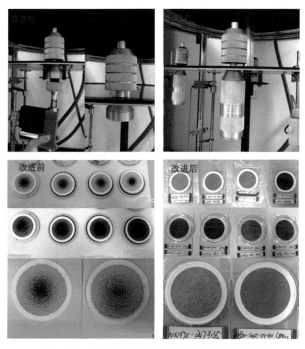

图 3-32　滤膜托连接管改进前后效果对比图

颗粒物在气流的带动下进入切割器，大于切割粒径的颗粒物与冲击板碰撞后动能减小而分离，即被切割掉，小于切割粒径的颗粒随气流作用力继续流动，最终被滤膜采集。例如生物质锅炉排放颗粒重量很轻，容易产生气旋作用，切割后附着不均，滤膜颗粒物厚度呈中间向四周扩散的现象，延长滤膜托连接管，使经切割碰撞后的颗粒物于连接管内平稳流动后采集到滤膜上，从而使滤膜样品厚度均匀。

三是增加采样时间，一般源类再悬浮采集 3～5 min 便可得到较为理想的滤膜样品，生物质锅炉排放颗粒物采集时间 10 min 效果更为理想。

四是回气清洗程序，避免"记忆效应"。

3.3.3 分析测试质量控制

3.3.3.1 质控滤膜

为了更好地掌握滤膜称量情况，随机抽取聚丙烯滤膜、石英滤膜各 5 张，在 105℃烘烤 6 h 以上，直至恒重（前后 2 次称量差值＜0.05 mg），在温度为（25.0±2.0）℃、湿度为（50±5）% 条件下平衡 48 h 后连续称量 10 次，取其均值作为其标准质量，并从中筛选外观完整、稳定性较好的聚丙烯滤膜、石英滤膜各 3 张作为质控滤膜。要求每天称量滤膜前后均需要称量质控滤膜，记录其称量值与温度、湿度数值。本次源解析工作共称量质控滤膜 98 次，随时间推移，标准滤膜的质量均有所增加，其中聚丙烯滤膜为类线性增加，石英滤膜为梯度增加，如图 3-33 所示。主要原因可能是湿度条件对不同材质滤膜的影响不同，聚丙烯滤膜吸水性较差，随着时间推移缓慢吸附环境中的水分从而导致质量略微增加；而石英滤膜吸水性较强，对空气中的水分有较强的吸附作用，并具有阶段性稳定特征。

每次称量前后，对每张质控滤膜称量，记录重量、温度、湿度，计算称量结果与真值的绝对误差，并分别计算 3 张聚丙烯滤膜、3 张石英滤膜据绝对误差均值。所有滤膜采样前后均在当月完成称量，并对称量结果纳入校正值进行修正，提高滤膜称量准确度。聚丙烯滤膜月均绝对误差为 -0.26～0.06 mg，石英滤膜月均绝对误差为 -0.93～0.36 mg。

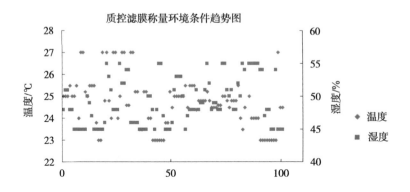

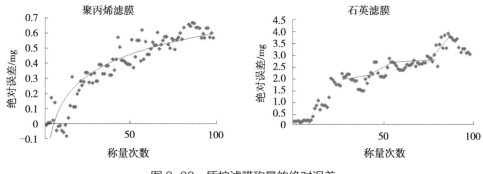

图 3-33　质控滤膜称量的绝对误差

3.3.3.2　空白样品

（1）空白滤膜。

选取部分聚丙烯和石英空白滤膜，与实际样品按相同的步骤同步进行前处理，测定试样中的 9 种可溶性离子、26 种无机元素、OC/EC。

碱熔 -ICP-AES 法测定硅、铝、钛聚丙烯滤膜空白 120 个，占样品总数的 13.95%；离子色谱法测定 9 种可溶性阴阳离子石英滤膜空白 41 个，占样品总数的 4.77%；微波消解 -ICP-MS 测定 26 种无机元素石英滤膜空白 28 个，占样品总数的 3.26%；利用 DRI Model 2001 热光源分析仪测定 OC/EC 石英滤膜空白 25 个，占样品总数的 2.91%。所分析滤膜空白的所有组分浓度均小于该组分检出限的 4 倍。

（2）全程序空白。

全程序空白与实际样品采集、前处理到分析测试全过程执行同样的操作分析步骤，测定试样中的 9 种可溶性离子、26 种无机元素、OC/EC。

碱熔 -ICP-AES 法测定硅、铝、钛全程序空白 68 个，占样品总数的 7.91%；离子色谱法测定 9 种可溶性阴阳离子全程序空白 66 个，占样品总数的 7.67%；微波消解 -ICP-MS 测定 26 种无机元素全程序空白 70 个，占样品总数的 8.14%；测定 OC/EC 石英滤膜全程序空白 66 个，占样品总数的 7.67%。所分析全程序空白的所有组分浓度均小于该组分检出限的 4 倍。

3.3.3.3　精密度

（1）实验室平行。

在样品的分析过程中，将同一张滤膜一分为二作为平行样品，采用相同的前处理和测试方法分析样品，测定试样中的 9 种可溶性离子、26 种无机元素、有机碳 / 无机碳。

采用碱熔法测定 108 个硅、铝、钛平行样品，占样品总数的 12.56%，精密度为 0～29.6%；采用离子色谱法测定 79 个钾离子、钠离子、钙离子、镁离子、氨离子 5 种阳离子平行样品，占样品总数的 9.19%，精密度为 0～19.3%；82 个氟离子、氯离子、硫酸根、硝酸根平行样品，占样品总数的 9.53%，精密度为 0～23.3%；采用酸溶法测定 94 个铅等 23 种元素平行样品，占样品总数的 10.93%，其中 Fe、Mn、Ni、Cu、Pb、Zn、Cd 等主要标识性元素的精密度为 0～30.0%；采用 DRI Model 2001 热光源分析仪测定 53 个 OC/EC 平行样品，占样品总数的 6.16%，精密度为 0.03%～25.8%。

实验室平行双样分析结果精密度如图 3-34 所示，从平行双样分析结果的精密度来看，9 种可溶性离子的精密度较好，大部分能达到 15% 以内。

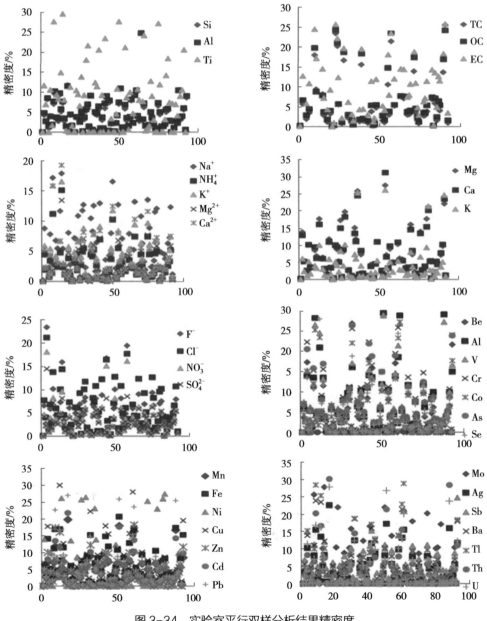

图 3-34 实验室平行双样分析结果精密度

（2）采样平行。

在采样过程中，市监测站、北湖、仙葫、英华嘉园 4 个点在同一点位同时架设两台采样器，沙井架设 1 台四通道采样器，采用同样材质的滤膜采集平行样品。采用相同的前处理和测试方法分析样品，测定试样中的 9 种可溶性离子、26 种无机元素、OC/EC。

采用碱熔法测定 24 个硅、铝、钛平行样品，占样品总数的 2.79%，相对标准偏差为 0～35.4%，其中 80% 以上平行样的相对标准偏差＜20%；采用离子色谱法测定 29 个钾离子、钠离子、钙离子、镁离子、氨离子 5 种阳离子平行样品，占样品总数的 3.37%，相对标准偏差为 0～36.0%，其中 86.4% 以上的平行样品相对偏差＜20%；测定 16 个氟离子、氯离子、硫酸根、硝酸根 4 种阴离子平行样品，占样品总数的 1.86%，相对标准偏差为 0～42.0%，其中 87.5% 以上平行样品相对标准偏差＜20%；酸溶法测定 24 个铅等 23 种元素平行样品，占样品总数的 2.79%，其中 Fe、Mn、Ni、Cu、Pb、Zn、Cd 等主要标识性元素的相对标准偏差为 0～37.9%，其中 77.3% 以上的平行样品标准偏差＜20%；采用 DRI Model 2001 热光源分析仪测定 23 个 OC/EC 平行样品，占样品总数的 2.67%，相对标准偏差为 0.02%～28.8%，其中 95.2% 以上的平行样品相对标准偏差＜20%。各个组分采样平行相对标准偏差分布如图 3-35 所示，OC/EC 和 4 种阴离子精密度分布较集中，大部分在 15% 以内。

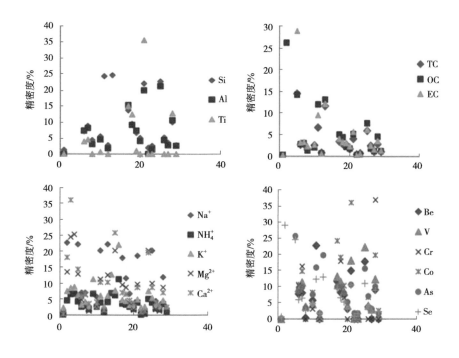

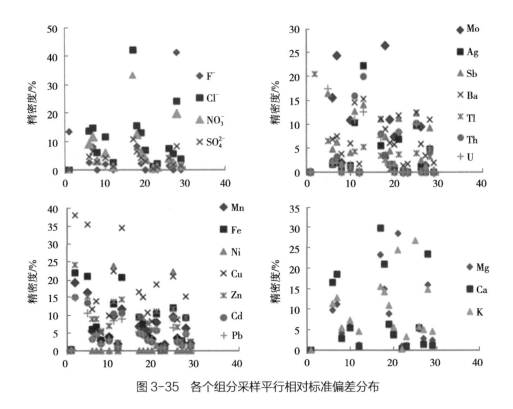

图 3-35　各个组分采样平行相对标准偏差分布

根据表 3-29 统计结果，所有分析项目的实验室平行的精密度＜20% 的数据合格率为 87.3%～100%，采样平行精密度＜20% 的数据合格率为 77.3%～100%。

表 3-29　实验室平行和采样平行有效数据（精密度＜20%）合格率汇总

合格率 /%	Si	Na⁺	NH₄⁺	K⁺	Mg²⁺	Ca²⁺	F⁻	Cl⁻	NO³⁻	SO₄²⁻	TC	OC	EC
实验室平行	100	100	100	100	100	100	98.8	98.8	100	100	94.6	92.7	92.7
采样平行	80.0	86.4	100	96.6	92.3	92.0	93.3	87.5	93.8	100	100	95.4	95.2

合格率 /%	V	Mn	Fe	Co	Ni	Cu	Zn	As	Se	Mo	Ag	Cd	Al
实验室平行	93.4	100	98.9	94.4	88.4	96.6	100	95.3	97.7	98.7	98.9	98.9	100
采样平行	94.4	100	86.4	88.2	89.5	77.3	95.4	95.2	90.9	85.7	95.0	100	94.4

合格率 /%	Th	Pb	Ca	Tl	Mg	Ba	Ti	Cr	K	Sb	Be	U	
实验室平行	95.6	94.6	95.8	95.5	94.4	96.6	87.3	94.2	94.4	98.8	97.6	96.7	
采样平行	100	100	81.2	86.4	88.2	100	94.1	93.3	88.9	100	94.7	100	

3.3.3.4　准确度

（1）有证标准样品分析。

滤膜样品 K⁺、Na⁺、Ca²⁺、Mg²⁺ 阳离子与 F⁻、Cl⁻、SO₄²⁻、NO₄⁻ 阴离子以及金属元

素分析过程中，均同步分析环境保护部标准样品研究所的有证标准样品，编号分别为 GSBZ50020-90（202608）、GSBZ50020-90（202615）、GSB 07-1381-2001（204718）、GSB 07-1381-2001（204715）、NNHB-BY-2412，其分析结果均落在标准证书允差范围内，如表 3-30 所示。

表 3-30　质量控制汇总表

组分		空白滤膜	全程空白	实验室平行		采样平行		加标回收		质控样		实验室间比对	
		样品数/个	样品数/个	样品数/个	精密度/%	样品数/个	精密度/%	样品数/个	加标回收率/%	样品数/个	准确度/%	样品数/个	精密度/%
TC	90膜	12	60	55	0.05~25.6	21	0.02~14.4	—	—	—	—	21	0.23~19.1
	47膜	6	4										
OC	90膜	12	60	55	0.19~24.2	22	0.40~26.1	—	—	—	—	21	0.41~21.4
	47膜	6	4										
EC	90膜	12	60	55	0.03~25.8	21	0.18~28.8	—	—	—	—	18	0.49~21.9
	47膜	6	4										
Na^+	90膜	18	66	79	0.08~17.9	22	0.42~22.7	20	68.6~132	10	1.57~38.8	31	0~21.2
	47膜	19	16										
NH_4^+	90膜	18	66	79	0~15.1	29	0.09~11.2	11	66.0~130	—	—	29	0.52~15.8
	47膜	19	16										
K^+	90膜	18	66	79	0~16.5	29	2.18~21.9	18	63.1~122	10	11.9~23.0	29	2.67~17.0
	47膜	19	16										
Mg^{2+}	90膜	18	66	79	0~13.4	26	0.68~25.2	21	83.7~127	7	0.05~8.36	27	1.75~23.5
	47膜	19	16										

续表

组分		空白滤膜 样品数/个	全程空白 样品数/个	实验室平行 样品数/个	实验室平行 精密度/%	采样平行 样品数/个	采样平行 精密度/%	加标回收 样品数/个	加标回收 加标回收率/%	质控样 样品数/个	质控样 准确度/%	实验室间比对 样品数/个	实验室间比对 精密度/%
Ca^{2+}	90膜	18	66	79	0~19.3	25	0.31~36.0	16	77.1~128	—	—	28	0.22~1.83
	47膜	19	16										
F^-	90膜	16	62	82	0~23.3	16	0~41.1	20	63.8~141	10	0.29~3.86	26	0~19.3
	47膜	12	16										
Cl^-	90膜	16	62	82	0.08~21.0	16	0~42.0	25	76.2~129	10	2.53~10.3	28	0~15.0
	47膜	12	16										
SO_4^{2-}	90膜	16	62	82	0.03~14.4	16	0.32~10.7	22	81.5~134	10	0.07~6.47	34	0~10.1
	47膜	11	16										
NO_3^-	90膜	16	62	82	0.09~18.0	16	0~33.2	14	72.7~130	10	2.39~6.27	34	0~12.7
	47膜	22	16										
Si	90膜	93	52	92	0~11.7	20	1.40~24.6	9	50.6~130	—	—	—	—
	47膜	16	—										
Al	90膜	95	52	93	0~24.7	18	0~21.2	8	46.6~137	—	—	—	—
	47膜	16	—										
Ti	90膜	104	52	79	0~29.6	17	0~35.4	6	72.1~158	—	—	—	—
	47膜	16	—										

组分		空白滤膜 样品数/个	全程空白 样品数/个	实验室平行 样品数/个	实验室平行 精密度/%	采样平行 样品数/个	采样平行 精密度/%	加标回收 样品数/个	加标回收率/%	质控样 样品数/个	质控样 准确度/%	实验室间比对 样品数/个	实验室间比对 精密度/%
K	90膜	20	52	72	0~26.1	18	0~26.7	—	—	—	—	—	—
	47膜	10	4										
Ca	90膜	20	52	72	0~31.2	16	0~29.7	—	—	—	—	—	—
	47膜	10	4										
Mg	90膜	20	52	72	0~27.4	17	0~28.4	—	—	—	—	—	—
	47膜	10	4										
Be	90膜	18	60	85	0~26.8	19	0~26.6	41	60.9~110	—	—	66	0~32.4
	47膜	10	12										
V	90膜	18	60	91	0~28.8	18	0~22.1	—	—	—	—	86	0~25.9
	47膜	10	12										
Cr	90膜	18	60	86	0~25.8	15	0~36.9	39	65.6~110	2	3.99~7.28	22	0~37.0
	47膜	10	12										
Mn	90膜	18	60	92	0~19.8	22	0.26~19.1	35	50.9~129	—	—	104	0~23.6
	47膜	10	12										
Fe	90膜	18	60	91	0~20.6	22	0.43~21.8	21	51.4~150	—	—	99	0~24.9
	47膜	10	12										

续表

组分		空白滤膜 样品数 / 个	全程空白 样品数 / 个	实验室平行 样品数 / 个	精密度 /%	采样平行 样品数 / 个	精密度 /%	加标回收 样品数 / 个	加标回收率 /%	质控样 样品数 / 个	准确度 /%	实验室间比对 样品数 / 个	精密度 /%
Co	90膜	18	60	89	0~27.2	17	0~36.0	29	52.7~107	—	—	93	0~24.5
	47膜	10	12										
Ni	90膜	18	60	69	0~27.4	19	0~23.7	43	50.0~141	2	1.05~1.10	50	0~31.6
	47膜	10	12										
Cu	90膜	18	60	87	0.02~30.0	22	0.41~37.9	43	49.3~124	2	3.59~7.15	86	0~23.9
	47膜	10	12										
Zn	90膜	18	60	89	0~18.3	22	0.12~24.0	29	64.9~152	2	1.10~5.59	104	0~35.0
	47膜	10	12										
As	90膜	18	60	85	0~26.3	21	0.06~25.6	41	71.4~135	—	—	101	0~25.7
	47膜	10	12										
Se	90膜	18	60	87	0~27.9	22	0.57~28.9	41	71.3~136	—	—	87	0~31.1
	47膜	10	12										
Mo	90膜	18	60	78	0~27.8	14	0~24.4	43	47.9~116	—	—	54	0~33.9
	47膜	10	12										
Ag	90膜	18	60	92	0~22	20	0~22.2	42	45.1~137	—	—	—	—
	47膜	10	12										

续表

组分		空白滤膜 样品数/个	全程空白 样品数/个	实验室平行		采样平行		加标回收		质控样		实验室间比对	
				样品数/个	精密度/%	样品数/个	精密度/%	样品数/个	加标回收率/%	样品数/个	准确度/%	样品数/个	精密度/%
Cd	90膜	18	60	92	0～21.7	22	0.01～15.1	44	50.4～140	—	—	103	0～19.2
	47膜	10	12										
Sb	90膜	18	60	84	0.24～24.7	21	0.06～16.4	34	50.5～139	—	—	103	0～20.9
	47膜	10	12										
Ba	90膜	18	60	88	0～23.8	20	0～15.2	40	54.9～126	—	—	103	0～25.5
	47膜	10	12										
Tl	90膜	18	60	89	0～28.7	22	0～20.5	41	58.4～135	—	—	101	0～22.8
	47膜	10	12										
Pb	90膜	18	60	92	0.03～26.9	22	0.10～14.9	43	50.1～137	2	7.21～10.0	101	0～22.4
	47膜	10	12										
Th	90膜	18	60	92	0～30.2	20	0～20.0	23	51.4～142	—	—	—	—
	47膜	10	12										
U	90膜	18	60	92	0～27.8	21	0～17.4	42	51.8～146	—	—	—	—
	47膜	10	12										

（2）加标回收。

每批样品在分析 9 种可溶性离子的过程中，均同时做 2～3 个加标样品，分别在滤膜上加入适量体积 500 mg/L 含待测物质的标准溶液。其中，K^+、Na^+、Ca^{2+}、Mg^{2+}、NH_4^+ 5 种阳离子共做了 23 个加标样品，占样品总数的 2.67%；F^-、Cl^-、SO_4^{2-}、NO_3^- 4 种阴离子共做了 26 个加标样品，占样品总数的 3.02%。每批样品在分析 24 种金属元素的过程中，均同时做 2～3 个加标样品，分别在滤膜上加入含待测物质的标准溶液 5 μg（Fe 为 50 μg）。其中，碱熔法测定 Si、Al、Ti 共做了 14 个加标样品，酸溶法测定 Pb 等 19 种元素共做了 47 个加标样品，占样品总数的 5.47%。离子元素加标回收率见图 3-36。

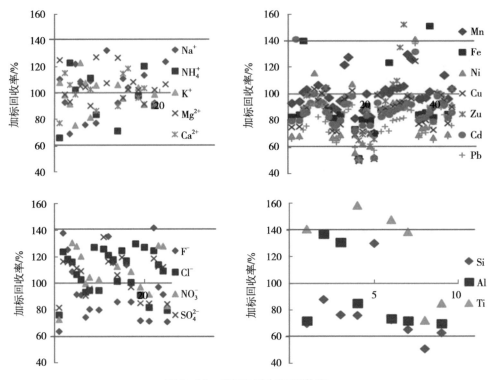

图 3-36　离子元素加标回收率

超声萃取离子色谱法测定颗粒物中 5 种阳离子加标回收率均为 60%～140%，基本集中在 80%～120%；超声萃取离子色谱法测定颗粒物中 4 种阴离子加标回收率均为 60%～140%，基本集中在 90%～130%；微波消解 ICP-MS 法测定颗粒物中 7 种无机元素加标回收率大部分为 60%～140%，主要集中在 70%～110%；碱熔消解 ICP-AES 法测定颗粒物中 3 种无机元素加标回收率大部分为 60%～140%，主要集中在 70%～90% 和 130%～140%。

根据表 3-31 统计结果，ICP-MS 测定大多数金属元素和离子色谱测定阴阳离子的回收率为 80%～120% 的达到 50% 及以上，回收率为 60%～140% 的达到 88.2% 及以上。整体而言，Si、Al、Ti 加标回收率相对其他项目较低，主要由于高温熔融前处理过程易造成加入的标准溶液挥发，从而影响加标回收率。

表 3-31　加标回收有效数据合格率汇总　　　　　　　　　单位：%

回收率	Si	Al	Ti	Na$^+$	NH$_4^+$	K$^+$	SO$_4^{2-}$
80%～120%	11.1	12.5	16.7	70.0	54.5	83.3	95.5
60%～140%	88.9	87.5	50.0	100	100	100	100
回收率	Mg^{2+}	Ca^{2+}	F$^-$	Cl$^-$	NO$_3^-$	Pb	Cu
80%～120%	85.7	87.5	55.0	60.0	57.1	37.2	62.8
60%～140%	100	100	95.0	100	100	93.0	95.3
回收率	Zn	As	Se	Cd	Sb	Ba	Ni
80%～120%	58.6	78.0	87.8	70.5	70.6	77.5	62.8
60%～140%	96.6	100	100	93.2	88.2	97.5	90.7
回收率	Cr	Mn	Fe	Co			
80%～120%	97.4	82.9	66.7	93.1			
60%～140%	100	97.1	90.5	96.6			

3.3.3.5　实验室间比对

（1）滤膜称量比对。

随机抽取 14 张聚丙烯滤膜和 16 张石英滤膜进行称量比对实验，分别在南宁市环境监测站（以下简称南宁市站）和中国环境监测总站（以下简称总站）进行滤膜采样前后平衡及称量操作（图 3-37），绘制两地颗粒物称量结果相关曲线，并计算其相对标准偏差。

图 3-37　总站和南宁市站称量比对

如图 3-38 所示，总站称量结果与南宁市站称量结果有较好的相关性（$R = 0.986$、斜率 =0.964），聚丙烯滤膜和石英滤膜的相对标准偏差分别为 0.04%～7.48% 和 0.61%～10.9%。

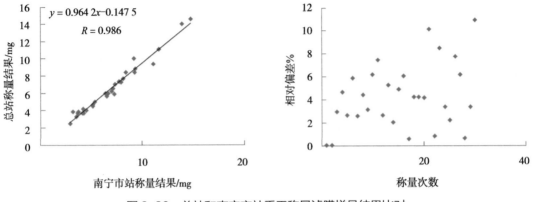

图 3-38　总站和南宁市站手工称量滤膜样品结果比对

（2）离子组分比对。

随机抽取 30 个滤膜样品分别在南宁市站和总站对 5 种阳离子和 4 种阴离子进行比对分析，两个实验室分析结果的相对偏差如图 3-39 所示，4 种阴离子和 K^+、Na^+、NH_4^+ 的相对偏差均在 20% 以内，Ca^{2+} 的相对偏差在 15% 以内，Mg^{2+} 的相对偏差在 25% 以内。

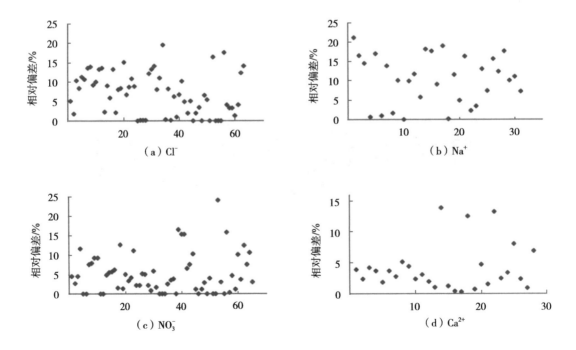

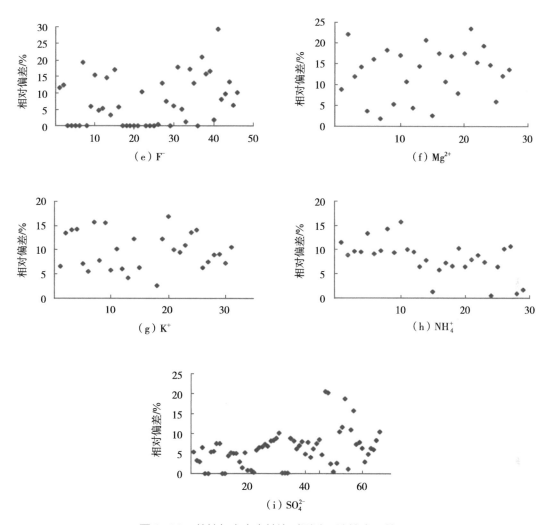

图 3-39　总站与南宁市站比对测试可溶性离子结果

（3）金属元素比对。

随机抽取 150 个消解后滤膜样品在南宁市站使用 ICP 对总量 K、Ca、Mg 进行分析并与总站进行结果比对，两个实验室分析结果的相对偏差如图 3-40 所示，K、Ca、Mg 的相对偏差分别在 0.21%、13.4%、0.61% 以内。

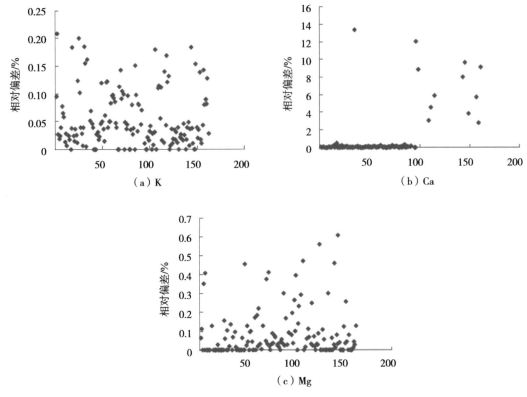

图 3-40　实验室间全量 K、Ca、Mg 比对

随机抽取 103 个滤膜样品对 Mn、Fe、Cu、Zn、Cd、Pb 等元素进行分析测试，将南宁市站与总站两个实验室分析结果对比，相对偏差如图 3-41 所示，其中 Pb 的相对偏差在 6% 以内，Cd 的相对偏差在 20% 以内，Mn、Fe、Zn 的相对偏差均在 25% 以内，Cu 的相对偏差在 40% 以内。

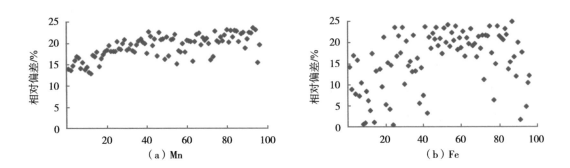

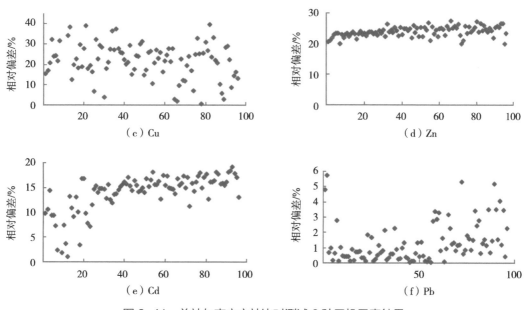

图 3-41 总站与南宁市站比对测试 6 种无机元素结果

（4）碳组分比对。

总站与南开大学、石家庄市环境监测中心共对 26 个滤膜样品中碳组分开展比对测试（图 3-42）。

图 3-42 总站与南开大学、石家庄市环境监测中心三方比对碳组分项目

分别抽取 14 张滤膜样品在南开大学分析，12 张滤膜样品在石家庄市环境监测中心分析，将结果均与总站分析结果进行比对，相对偏差如图 3-43 所示，总站—南开大学、总站—石家庄市环境监测中心对比分析的相对偏差大多在 20% 以内。

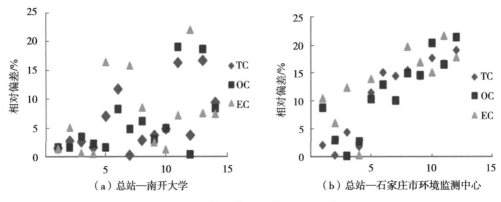

（a）总站—南开大学 （b）总站—石家庄市环境监测中心

图 3-43 不同实验室碳组分比对测试结果

（5）留样复测。

已分析的滤膜样品用锡纸包裹后放置于超低温冰箱（-20℃）内保存，分析人员于下半年随机抽取 19 个上半年分析的滤膜样品在总站进行碳组分项目复测。所得结果的相对偏差如图 3-44 所示，所有复测样品的相对偏差均在 20% 以内，其中相对偏差在 15% 以内的占 84.2%，复测结果均达到相应实验室要求，根据结果可知样品保存方式合理，测定方法准确可靠，仪器稳定性较好。

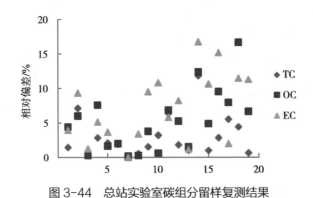

图 3-44 总站实验室碳组分留样复测结果

3.3.4 数据有效性审核

3.3.4.1 手工称量与自动站在线监测比对

对 5 个监测点位 4 个季节采样结果与空气自动站监测结果进行比对，并分别绘制

PM$_{10}$ 和 PM$_{2.5}$ 监测结果相关曲线，其中 PM$_{10}$ 的聚丙烯膜手工监测 - 自动站斜率为 1.002，相关系数 R = 0.939；石英膜手工监测 - 自动站斜率为 1.154，相关系数 R = 0.934；PM$_{2.5}$ 的聚丙烯膜手工监测 - 自动站斜率为 0.955，相关系数 R = 0.921；石英膜手工监测 - 自动站斜率为 1.101，相关系数 R = 0.923，如图 3-45 所示。

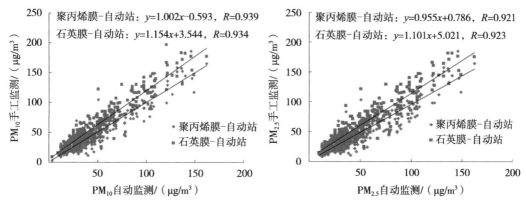

图 3-45　PM$_{10}$ 和 PM$_{2.5}$ 手工监测 - 自动监测相关性

3.3.4.2　颗粒物质量重构

大气颗粒物的组成一般包括土壤尘、硫酸盐、硝酸盐、铵盐、氯化物、有机物、无机碳及其他组分，为了解颗粒物中各种化学组分对其总质量浓度贡献的大小，对 PM$_{10}$ 和 PM$_{2.5}$ 的物质平衡进行了计算。其中，有机物为 $1.6 \times OC$、元素碳为 $1 \times EC$、硫酸盐为 $1.375 \times SO_4^{2-}$、硝酸盐为 $1.29 \times NO_3^-$、地壳物质为一些地壳元素的氧化物之和（$1.89 \times Al + 2.14 \times Si + 1.4 \times Ca + 1.67 \times Ti + 1.43 \times Fe + 1.2 \times K$）以及其他没有检测到的组分。

对 PM$_{10}$ 和 PM$_{2.5}$ 的分析结果进行质量重构后与采样浓度进行比较，并绘制相关曲线，如图 3-46 所示，PM$_{10}$ 的斜率为 0.821，相关系数 R = 0.975；PM$_{2.5}$ 的斜率为 0.927，相关系数 R = 0.913。

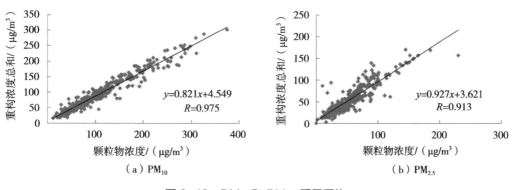

图 3-46　PM$_{10}$ 和 PM$_{2.5}$ 质量重构

3.3.4.3 电荷平衡

为检验阴、阳离子分析结果有效性，将实验室分析阴离子和阳离子结果转换为电荷摩尔数进行比较，并绘制相关曲线，如图 3-47 所示，曲线斜率为 0.974，相关系数 $R = 0.937$。

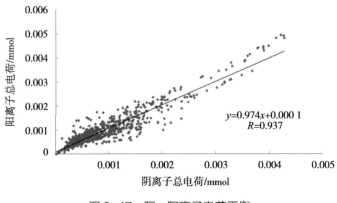

$$y=0.974x+0.000\ 1$$
$$R=0.937$$

图 3-47　阴、阳离子电荷平衡

3.3.5　结论

为保证源解析全过程数据的准确性和可靠性，本研究从滤膜称量，源样品和受体样品采集，晾晒、再悬浮等样品制备，无机元素、可溶性离子、碳组分等分析测试，到数据有效性审核等各个环节，均采取了一系列的质量保证和质量控制措施，包括实验室内部质控和实验室之间比对等。结果表明：

（1）实验室内部质控。

对于采集的 PM_{10} 和 $PM_{2.5}$ 样品，手工称量聚丙烯滤膜和石英滤膜有较好的一致性（R 分别为 0.979 和 0.949），受体采样平行 $PM_{2.5}$ 的相对偏差为 1.57%～27.2%，PM_{10} 的相对偏差为 1.02%～16.7%。聚丙烯质控滤膜称量的月均绝对误差为 -0.26～0.06 mg，石英滤膜月均绝对误差为 -0.93～0.36 mg。且颗粒物 PM_{10} 和 $PM_{2.5}$ 的质量浓度采用手工监测与在线监测结果也均比较一致（$PM_{2.5}$ 聚丙烯膜 $R = 0.921$，石英膜 $R = 0.923$；PM_{10} 聚丙烯膜 $R=0.939$，石英膜 $R=0.934$）。测定的滤膜空白和全程序空白中 9 种可溶性离子、26 种无机元素、OC/EC 等组分浓度均小于该组分检出限的 4 倍。采用实验室平行和采样平行来考察方法的精密度，其中碱熔法测定硅、铝、钛实验室平行样精密度为 0～29.6%，采样平行为 0～35.4%；离子色谱法测定 5 种阳离子实验室平行样精密度为 0～19.3%，采样平行为 0～36.0%；4 种阴离子实验室平行样精密度为 0～23.3%，采样平行为 0～42.0%；酸溶法测定 23 种元素实验室平行样精密度为 0～30.0%，采样平行为 0～37.9%；热光透射法测定 OC/EC 实验室平行样精密度为 0.03%～25.8%，采样平行为 0.02%～28.8%。采用有证标准物质和加标回收率考察方法的准确度，其中钾、钠、钙、镁阳离子与氟、氯、硫酸根、硝酸根以及部分金属元素的分析结果均落在标准证书允差范围内。

（2）实验室外部质控。

采用一系列的实验室间比对检验结果的可靠性，在滤膜称重上，总站称量结果与南宁市站称量结果有较好的相关性（$R = 0.986$），且聚丙烯滤膜、石英滤膜相对标准偏差分别为 0.04%～7.48% 和 0.61%～10.9%；可溶性离子的测定两个实验室分析相对偏差在 25% 以内；20 余种无机元素的测定两个实验室分析相对偏差在 40% 以内。总站—南开大学、总站—石家庄市环境监测中心分析 EC/OC 结果相对偏差大多均落在 20% 以内，且所有留样复测样品的相对偏差均在 20% 以内。

（3）数据有效性审核。

对 PM_{10} 和 $PM_{2.5}$ 的分析结果进行质量重构后与采样浓度进行比较，并绘制相关曲线，PM_{10} 相关系数 $R = 0.950$；$PM_{2.5}$ 相关系数 $R = 0.834$。为检验阴阳离子分析结果有效性，将实验室分析阴离子和阳离子结果转换为电荷摩尔数进行比较，绘制相关曲线，相关系数 $R = 0.937$。

3.4 颗粒物源成分谱特征

各排放源类排放的颗粒物成分谱是 CMB 模型的主要输入参数，因此建立真实有效的各排放源类成分谱是确保模型输出结果科学、可靠的重要前提。本节根据各源采集样品的扫描电镜结果分析了排放源的形态特征，同时，根据不同源类的化学组分分析结果，建立了南宁市颗粒物排放源成分谱并初步分析了各源类化学组分特征。

3.4.1 颗粒物排放源类及其排放特点

本次源解析研究将南宁市环境空气中颗粒物排放源按类分为：燃煤源（包括电厂锅炉和工业锅炉和窑炉等）；机动车排放（主要为道路上机动车行驶过程中排放的飞灰等）；生物质锅炉排放（主要为南宁市生物质颗粒和木材废料燃烧后产生的烟尘）；土壤源（主要来源为城市周边的裸露农田）；建筑扬尘（包括建筑施工活动产生的颗粒物）；城市扬尘（混合源，由各类源排放到空气中的颗粒物混合形成）。

3.4.2 源形态特征

不同排放源具有不同的物理形态特征。利用扫描电镜分别扫描采集的城市扬尘、建筑扬尘、燃煤源、生物质锅炉排放和土壤源，以了解各源类的不同形态特征。扫描电镜结果见图3-48。

由图3-48可以看出，在物理特征上，各源类样品形态迥异，需进一步分析其化学组成来分析各个源类的化学组成特征。

（a）城市扬尘

（b）建筑扬尘

（c）燃煤源

（d）生物质锅炉排放

（e）土壤源

图 3-48　各源样品扫描电镜形态

3.4.3　PM₁₀ 与 PM₂.₅ 源成分谱构建

各排放源类所排放的颗粒物的成分谱是 CMB 模型的主要输入参数，因此建立真实有效的各排放源类成分谱十分重要。由于目前尚未有统一的建立方法，本研究通过对南宁市污染源的前期调查和研究，在识别污染源主要源类及其子类的情况下，对所采源样品进行分析，再对所获得的源谱数据主要运用算术平均为主的方法建立源类成分谱，并对源成分谱进行有效性评价，最后得到各个源类的成分谱。每类源类的建立方法如下：

①土壤源、城市扬尘、建筑扬尘、燃煤源等利用加权平均等方法建立源类成分谱。

②机动车排放源成分谱以美国 EPA 的污染源数据库和南开大学污染源数据库为参考，根据南宁市车型情况进行本地化修正。

③颗粒物中的硫酸盐源和硝酸盐源主要是通过 SO_2 和 NO_x 的转化而成的，目前国内外关于硫酸盐和硝酸盐源谱的建立方法通常以硫酸铵和硝酸铵化学组成建立虚拟成分谱。因此，本研究也按此方法对硫酸盐源和硝酸盐源谱进行了构建。

根据南宁市颗粒物源类的识别和分类，建立的颗粒物源成分谱包括燃煤源、生物质锅炉排放、建筑扬尘、水泥行业排放、土壤源、城市扬尘。

3.4.3.1 燃煤源

本研究采集了 5 家企业（包括电厂、造纸、农副食品加工业）共 5 个燃煤锅炉的固定源燃煤源样品，经化学组分分析，构建得到燃煤源源成分谱，如图 3-49 所示。Si 元素含量最高，达 17%，其次 SO_4^{2-}、Al、OC、EC 和 Ca 等组分比例也分别在 15%、10%、8%、6% 和 5% 左右。其他组分含量则较低。燃煤源 $PM_{2.5}$ 源成分谱成分构成与 PM_{10} 源成分谱相似，只有 SO_4^{2-} 含量略有升高。

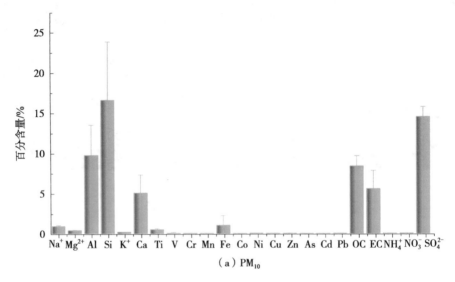

（a）PM_{10}

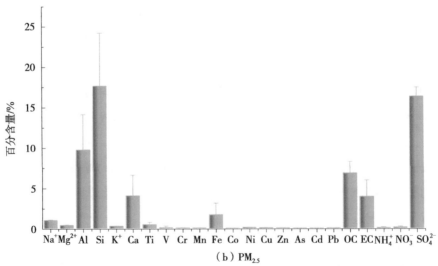

（b）$PM_{2.5}$

图 3-49　南宁市燃煤源 PM_{10} 及 $PM_{2.5}$ 源成分谱

3.4.3.2　生物质锅炉排放

本研究采集了 5 家企业（糖厂、木材厂等）的生物质锅炉排放颗粒物，经化学组分分析，构建得到生物质锅炉排放的源成分谱。如图 3-50 所示。生物质锅炉排放 PM$_{10}$ 源成分谱中，EC 含量最高，达 6%，其次 SO$_4^{2-}$、Ca、K$^+$、Si 和 OC 等组分。其他组分含量则较低。生物质锅炉排放 PM$_{2.5}$ 源成分谱成分构成与 PM$_{10}$ 源成分谱相似，但 Ca 和 EC 含量占比明显高于 PM$_{10}$。

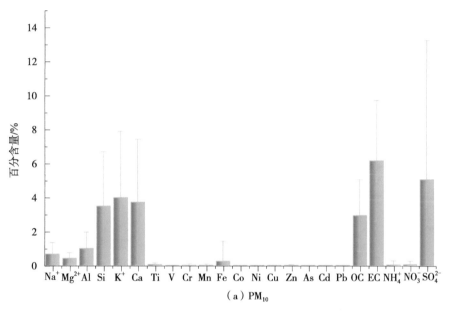

（a）PM$_{10}$

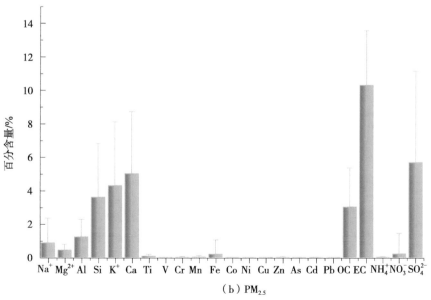

（b）PM$_{2.5}$

图 3-50　南宁市生物质锅炉排放 PM$_{10}$ 及 PM$_{2.5}$ 源成分谱

3.4.3.3 建筑扬尘

建筑扬尘 PM_{10} 源成分谱如图 3-51 所示。Ca 含量最高，达到 24%，其次 Si 和 OC 也占有一定的比例，分别占 11% 和 6% 左右。其他组分含量则较低。建筑扬尘 $PM_{2.5}$ 源成分谱成分构成与 PM_{10} 源成分谱相似。

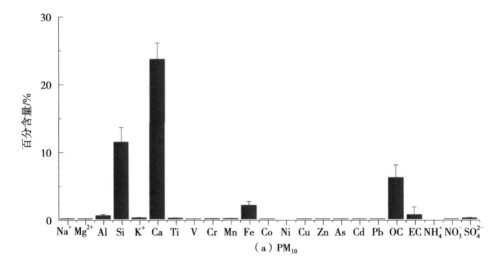

（a）PM_{10}

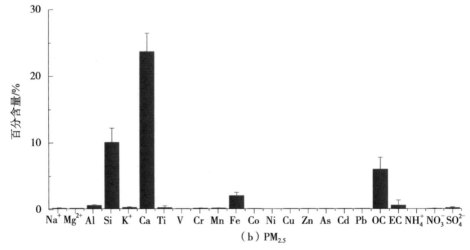

（b）$PM_{2.5}$

图 3-51　南宁市建筑扬尘 PM_{10} 及 $PM_{2.5}$ 源成分谱

3.4.3.4 水泥行业排放

水泥行业排放源成分谱如图 3-52 所示，$PM_{2.5}$ 源成分谱成分构成与 PM_{10} 源成分谱相似，均是 Ti 含量最高，其次是 K^+、OC、Si。

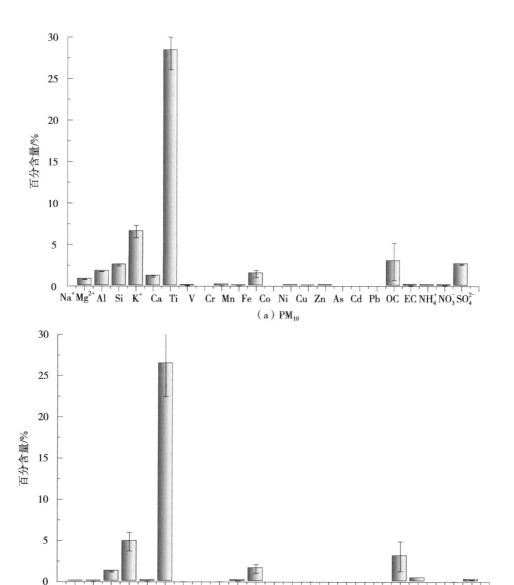

图 3-52　南宁市水泥行业排放 PM$_{10}$ 及 PM$_{2.5}$ 源成分谱

3.4.3.5　土壤源

土壤源 PM$_{10}$ 源成分谱如图 3-53 所示。Si 含量最高，达到 19%，其次 Al、OC 和 Fe 也占有一定的比例，分别在 7%、4% 和 3% 左右。其他组分含量则较低。土壤源 PM$_{2.5}$ 源成分谱成分构成与 PM$_{10}$ 源成分谱相似。

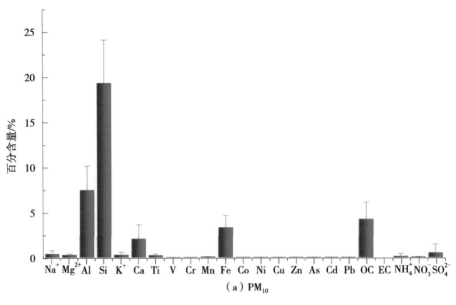

（a）PM_{10}

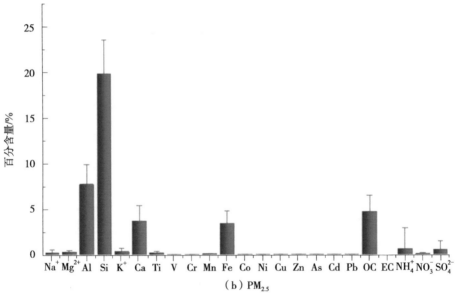

（b）$PM_{2.5}$

图 3-53 南宁市土壤源 PM_{10} 及 $PM_{2.5}$ 源成分谱

3.4.3.6 城市扬尘

城市扬尘 PM_{10} 源成分谱如图 3-54 所示。Ca 含量最高，达到 11%，其次 Si 和 SO_4^{2-} 含量也较高，均达到 10% 左右，此外，OC 比例在 7% 左右。其他组分含量则较低。城市扬尘 $PM_{2.5}$ 源成分谱成分构成与 PM_{10} 源成分谱相似。

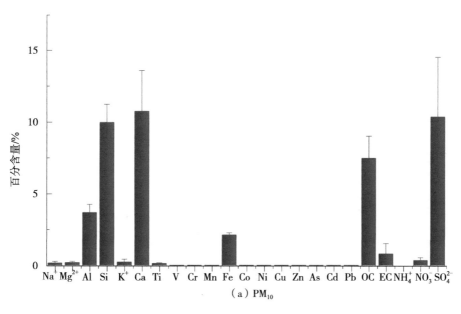

（a）PM$_{10}$

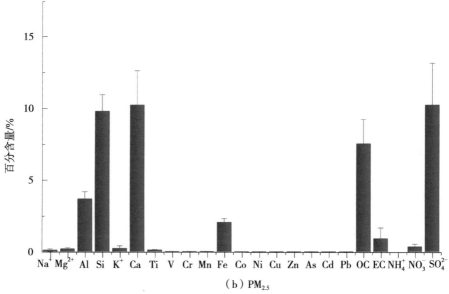

（b）PM$_{2.5}$

图 3-54　南宁市城市扬尘 PM$_{10}$ 及 PM$_{2.5}$ 源成分谱

南宁市各源类 PM$_{10}$、PM$_{2.5}$ 源成分谱见表 3-32 和表 3-33。

表3-32 南宁市各源类 PM$_{10}$ 源成分谱

单位：g/g

	燃煤源	生物质锅炉排放	建筑扬尘	水泥行业排放	土壤源	城市扬尘	机动车排放	硫酸盐源	硝酸盐源
Na$^+$	0.009 0±0.001 2	0.006 7±0.006 8	0.000 4±0.000 4	0.008 0±0.000 4	0.003 6±0.003 9	0.001 5±0.001 2	0.003 0±0.002 8	0.000 0±0.000 0	0.000 0±0.000 0
Mg^{2+}	0.003 8±0.000 4	0.004 2±0.003 4	0.000 3±0.000 1	0.017 6±0.000 2	0.002 4±0.001 5	0.001 9±0.000 9	0.002 2±0.003 0	0.000 0±0.000 0	0.000 0±0.000 0
Al	0.097 9±0.038 0	0.010 1±0.009 6	0.005 0±0.001 8	0.025 3±0.001 1	0.074 6±0.026 9	0.036 7±0.005 8	0.002 7±0.001 5	0.000 0±0.000 0	0.000 0±0.000 0
Si	0.167 0±0.073 1	0.035 0±0.032 0	0.113 6±0.021 9	0.064 3±0.007 6	0.193 9±0.048 3	0.099 6±0.012 7	0.006 9±0.004 8	0.000 0±0.000 0	0.000 0±0.000 0
K$^+$	0.001 8±0.000 2	0.040 0±0.039 0	0.001 8±0.000 7	0.011 7±0.001 0	0.002 6±0.003 3	0.002 2±0.002 0	0.002 3±0.002 0	0.000 0±0.000 0	0.000 0±0.000 0
Ca	0.050 8±0.022 6	0.037 3±0.037 0	0.236 3±0.024 2	0.284 7±0.023 8	0.016 5±0.016 0	0.107 4±0.028 5	0.006 0±0.007 6	0.000 0±0.000 0	0.000 0±0.000 0
Ti	0.004 7±0.001 5	0.000 6±0.000 9	0.001 3±0.000 4	0.000 6±0.000 3	0.002 1±0.001 6	0.001 3±0.000 5	0.001 0±0.000 8	0.000 0±0.000 0	0.000 0±0.000 0
V	0.000 4±0.000 9	0.000 0±0.000 0	0.000 1±0.000 0	0.000 0±0.000 0	0.000 0±0.000 0	0.000 0±0.000 0	0.000 0±0.000 0	0.000 0±0.000 0	0.000 0±0.000 0
Cr	0.000 3±0.000 2	0.000 2±0.000 9	0.000 5±0.000 3	0.001 4±0.004 2	0.000 0±0.000 0	0.000 0±0.000 0	0.000 1±0.000 2	0.000 0±0.000 0	0.000 0±0.000 0
Mn	0.000 1±0.000 1	0.000 2±0.000 8	0.000 7±0.000 2	0.000 3±0.000 3	0.000 0±0.000 0	0.000 0±0.000 0	0.000 2±0.000 2	0.000 0±0.000 0	0.000 0±0.000 0
Fe	0.010 1±0.012 3	0.002 5±0.011 8	0.020 0±0.005 8	0.014 6±0.004 2	0.002 9±0.001 1	0.000 0±0.000 0	0.011 8±0.006 2	0.000 0±0.000 0	0.000 0±0.000 0
Co	0.000 0±0.000 0	0.000 0±0.000 0	0.000 0±0.000 0	0.000 0±0.000 0	0.000 0±0.000 0	0.000 0±0.000 0	0.000 0±0.000 0	0.000 0±0.000 0	0.000 0±0.000 0
Ni	0.000 4±0.000 1	0.000 0±0.000 1	0.000 0±0.000 0	0.000 4±0.000 0	0.000 0±0.000 0	0.000 0±0.000 0	0.000 1±0.000 1	0.000 0±0.000 0	0.000 0±0.000 0
Cu	0.000 2±0.000 0	0.000 1±0.000 5	0.000 0±0.000 1	0.000 2±0.000 0	0.000 0±0.000 0	0.000 0±0.000 0	0.000 8±0.000 2	0.000 0±0.000 0	0.000 0±0.000 0
Zn	0.000 2±0.000 1	0.000 0±0.000 0	0.000 0±0.000 0	0.000 5±0.000 0	0.000 0±0.000 0	0.000 0±0.000 0	0.000 2±0.000 3	0.000 0±0.000 0	0.000 0±0.000 0
As	0.000 0±0.000 0	0.000 0±0.000 0	0.000 0±0.000 0	0.000 0±0.000 0	0.000 0±0.000 0	0.000 0±0.000 0	0.000 0±0.000 0	0.000 0±0.000 0	0.000 0±0.000 0
Cd	0.000 0±0.000 0	0.000 1±0.000 1	0.000 0±0.000 0	0.000 0±0.000 0	0.000 0±0.000 0	0.000 0±0.000 0	0.000 0±0.000 0	0.000 0±0.000 0	0.000 0±0.000 0
Pb	0.000 1±0.000 1	0.029 5±0.021 1	0.000 1±0.000 1	0.000 0±0.000 0	0.000 0±0.000 0	0.000 0±0.000 0	0.000 0±0.000 0	0.000 0±0.000 0	0.000 0±0.000 0
OC	0.084 4±0.012 8	0.061 7±0.035 6	0.061 0±0.019 1	0.029 8±0.022 5	0.042 2±0.019 1	0.074 6±0.015 6	0.316 8±0.056 8	0.000 0±0.000 0	0.000 0±0.000 0
EC	0.056 0±0.022 8	0.000 5±0.002 3	0.006 3±0.011 4	0.027 6±0.000 5	0.000 0±0.000 0	0.007 9±0.007 3	0.301 9±0.033 0	0.000 0±0.000 0	0.000 0±0.000 0
NH$_4^+$	0.000 2±0.000 4	0.000 6±0.002 0	0.000 0±0.000 0	0.001 0±0.000 0	0.000 9±0.003 1	0.000 0±0.000 0	0.001 0±0.000 1	0.273 0±0.027 3	0.225 0±0.022 5
NO$_3^-$	0.000 4±0.000 2	0.000 6±0.002 0	0.000 1±0.000 2	0.001 0±0.000 0	0.000 3±0.000 5	0.003 4±0.001 9	0.038 7±0.030 1	0.000 0±0.000 0	0.775 0±0.077 5
SO$_4^{2-}$	0.146 2±0.012 5	0.050 7±0.081 9	0.001 4±0.000 8	0.026 2±0.000 7	0.004 9±0.009 5	0.103 6±0.041 7	0.004 0±0.010 8	0.727 0±0.072 7	0.000 0±0.000 0

表 3-33　南宁市各源类 PM$_{2.5}$ 源成分谱

单位：g/g

	燃煤源	生物质锅炉排放	建筑扬尘	水泥行业排放	土壤源	城市扬尘	机动车排放	硫酸盐源	硝酸盐源
Na$^+$	0.009 6±0.000 8	0.008 5±0.014 8	0.000 5±0.000 9	0.000 2±0.000 0	0.002 2±0.002 7	0.000 9±0.000 9	0.003 0±0.002 8	0.000 0±0.000 0	0.000 0±0.000 0
Mg^{2+}	0.003 4±0.000 6	0.004 3±0.003 4	0.000 3±0.000 1	0.000 3±0.000 0	0.002 8±0.001 8	0.001 8±0.000 8	0.002 2±0.003 0	0.000 0±0.000 0	0.000 0±0.000 0
Al	0.096 9±0.044 0	0.012 1±0.010 5	0.004 8±0.001 2	0.012 6±0.000 6	0.077 2±0.022 1	0.036 8±0.005 0	0.002 7±0.001 5	0.000 0±0.000 0	0.000 0±0.000 0
Si	0.176 0±0.065 6	0.035 9±0.032 0	0.113 5±0.021 4	0.071 5±0.011 3	0.198 5±0.037 6	0.097 9±0.011 6	0.006 9±0.004 8	0.000 0±0.000 0	0.000 0±0.000 0
K$^+$	0.002 5±0.000 3	0.042 7±0.038 1	0.001 7±0.001 0	0.001 0±0.000 7	0.003 2±0.003 5	0.002 1±0.002 0	0.002 3±0.002 0	0.000 0±0.000 0	0.000 0±0.000 0
Ca	0.040 2±0.025 6	0.049 8±0.037 0	0.236 8±0.028 2	0.232 2±0.041 0	0.017 2±0.017 0	0.102 4±0.023 9	0.006 0±0.007 6	0.000 0±0.000 0	0.000 0±0.000 0
Ti	0.004 3±0.002 7	0.000 7±0.001 0	0.001 6±0.002 8	0.000 0±0.000 2	0.002 1±0.001 4	0.001 1±0.000 4	0.001 0±0.000 0	0.000 0±0.000 0	0.000 0±0.000 0
V	0.000 6±0.001 9	0.000 0±0.000 0	0.000 1±0.000 0	0.000 0±0.000 0	0.000 0±0.000 0	0.000 0±0.000 0	0.000 0±0.000 2	0.000 0±0.000 0	0.000 0±0.000 0
Cr	0.000 3±0.000 3	0.000 1±0.000 4	0.000 6±0.000 3	0.000 1±0.000 0	0.000 0±0.000 0	0.000 0±0.000 0	0.000 1±0.000 2	0.000 0±0.000 0	0.000 0±0.000 0
Mn	0.000 2±0.000 2	0.000 2±0.000 8	0.000 7±0.000 2	0.000 3±0.000 4	0.000 0±0.000 0	0.000 0±0.000 0	0.000 2±0.000 0	0.000 0±0.000 0	0.000 0±0.000 0
Fe	0.016 4±0.014 6	0.001 8±0.008 5	0.019 5±0.004 8	0.015 7±0.005 2	0.003 4±0.001 9	0.002 7±0.003 4	0.011 8±0.006 2	0.000 0±0.000 0	0.000 0±0.000 0
Co	0.000 0±0.000 0	0.000 0±0.000 0	0.000 0±0.000 0	0.000 0±0.000 0	0.000 0±0.000 0	0.000 0±0.000 0	0.000 0±0.000 0	0.000 0±0.000 0	0.000 0±0.000 0
Ni	0.000 8±0.000 1	0.000 0±0.000 1	0.000 0±0.000 1	0.000 1±0.000 0	0.000 0±0.000 0	0.000 0±0.000 0	0.000 1±0.000 1	0.000 0±0.000 0	0.000 0±0.000 0
Cu	0.000 5±0.000 1	0.000 0±0.000 1	0.000 0±0.000 0	0.000 0±0.000 0	0.000 0±0.000 0	0.000 0±0.000 0	0.000 8±0.000 2	0.000 0±0.000 0	0.000 0±0.000 0
Zn	0.000 2±0.000 2	0.000 2±0.000 2	0.000 0±0.000 0	0.000 0±0.000 0	0.000 0±0.000 0	0.000 0±0.000 0	0.002 2±0.000 3	0.000 0±0.000 0	0.000 0±0.000 0
As	0.000 0±0.000 0	0.000 0±0.000 0	0.000 0±0.000 0	0.000 0±0.000 0	0.000 0±0.000 0	0.000 0±0.000 0	0.000 0±0.000 0	0.000 0±0.000 0	0.000 0±0.000 0
Cd	0.000 0±0.000 0	0.000 0±0.000 0	0.000 0±0.000 0	0.000 0±0.000 0	0.000 0±0.000 0	0.000 0±0.000 0	0.000 0±0.000 0	0.000 0±0.000 0	0.000 0±0.000 0
Pb	0.000 1±0.000 1	0.000 1±0.000 1	0.000 1±0.000 0	0.000 1±0.000 0	0.000 0±0.000 0	0.000 0±0.000 0	0.000 0±0.000 0	0.000 0±0.000 0	0.000 0±0.000 0
OC	0.068 0±0.014 2	0.030 1±0.023 2	0.059 4±0.018 1	0.055 6±0.018 0	0.046 9±0.018 1	0.075 3±0.017 0	0.316 8±0.056 8	0.000 0±0.000 0	0.000 0±0.000 0
EC	0.039 1±0.020 4	0.102 7±0.032 5	0.004 8±0.008 2	0.015 1±0.000 0	0.000 0±0.000 0	0.009 1±0.007 5	0.301 9±0.033 0	0.000 0±0.000 0	0.000 0±0.000 0
NH$_4^+$	0.000 4±0.001 0	0.000 1±0.000 3	0.000 0±0.000 0	0.000 0±0.000 0	0.006 1±0.023 0	0.000 0±0.000 0	0.001 0±0.000 1	0.273 0±0.027 3	0.225 0±0.022 5
NO$_3^-$	0.000 9±0.001 4	0.002 1±0.012 3	0.000 1±0.000 4	0.000 1±0.000 0	0.000 7±0.001 4	0.003 4±0.001 9	0.038 7±0.030 1	0.000 0±0.000 0	0.775 0±0.077 5
SO$_4^{2-}$	0.163 2±0.011 3	0.056 5±0.054 6	0.001 3±0.001 2	0.002 2±0.000 2	0.005 6±0.008 9	0.102 5±0.029 1	0.004 0±0.010 8	0.727 0±0.072 7	0.000 0±0.000 0

3.5 颗粒物化学组成时空分布特征

3.5.1 南宁市颗粒物浓度的时空分布

3.5.1.1 PM₁₀颗粒物浓度

采样期间，各监测点位不同季节和整个监测期间的 PM_{10} 浓度见表 3-34 和图 3-55。从不同季节来看，一般秋季 PM_{10} 浓度最高（市监测站点位冬季浓度最高），夏季最低（仅市监测站点位有夏季数据）。不同点位 PM_{10} 浓度的季节分布存在细微差异，这可能与污染物的季节性排放及周围环境的影响有关。秋季、冬季各污染源类排放强度增大，污染物排放较多，从而导致秋季、冬季污染程度大。此外，南宁市秋季、冬季风力条件较差，降水较少，也会导致南宁秋季、冬季 PM_{10} 浓度较高。

表 3-34　南宁市不同季节环境空气中 PM_{10} 浓度　　　　　　　单位：$\mu g/m^3$

点位	整个监测期间	春季	夏季	秋季	冬季
北湖	133.5	87.2	—	178.7	140.9
仙葫	98.5	69.9	—	145.2	89.5
英华嘉园	133.6	81.5	—	209.6	124.4
市监测站	84.4	71.7	54.4	91.8	105.8
沙井	80.3	76.0	—	97.9	68.5
全市	106.1	77.3	54.4	144.7	105.8

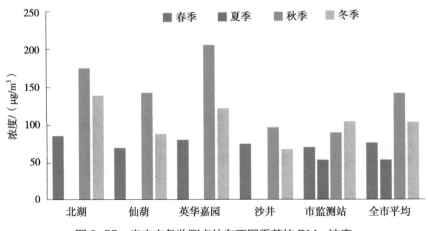

图 3-55　南宁市各监测点位在不同季节的 PM_{10} 浓度

从空间分布来看，英华嘉园采样点 PM_{10} 浓度最高，其次为北湖采样点，而仙葫采样点和沙井采样点的 PM_{10} 浓度较低。这与点位所处地理位置以及功能区相关。英华嘉园位于城市南边，采样期间受到城市地铁围挡施工和物流运输的影响显著，可能会造成其 PM_{10} 的污染；北湖位于城市北边与县区接壤处，周边交通频繁，并受到周边建筑施工的影响，也可能会影响到其 PM_{10} 的污染浓度；而仙葫位于城市东边，虽然是背景清洁对照点，但其处于拆迁的村落附近，拆迁施工以及裸露地表会导致该地 PM_{10} 浓度有所升高；市监测站位于城市中心（商住混合区），PM_{10} 污染较轻。

3.5.1.2　$PM_{2.5}$ 颗粒物浓度

采样期间，各监测点位不同季节和整个监测期间的 $PM_{2.5}$ 浓度见表 3-35 和图 3-56。除英华嘉园外，其余各点位在春季、秋季和冬季采样，市监测站在四季均采样。如表 3-35 所示，各监测点位 $PM_{2.5}$ 浓度季节分布较为复杂。北湖和英华嘉园监测点位浓度较高，整个监测期间 $PM_{2.5}$ 浓度分别为 62.3 $\mu g/m^3$ 和 56.7 $\mu g/m^3$。仙葫以及市监测站点位的 $PM_{2.5}$ 浓度较低，整个监测期间的平均浓度分别为 50.2 $\mu g/m^3$ 和 42.8 $\mu g/m^3$。$PM_{2.5}$ 点位分布差异与各采样点所处地理位置和功能区有关，英华嘉园位于城市南边，采样期间受到城市地铁围挡施工和物流运输的影响显著；北湖位于城市北边与县区接壤处，周边交通频繁，并受到周边建筑施工的影响；而仙葫位于城市东边，处于拆迁的村落附近；市监测站位于城市中心（商住混合区），人流和机动车活动较为频繁。从各点位的季节差异来看，北湖、仙葫、英华嘉园监测点位在秋季、冬季 $PM_{2.5}$ 浓度都较高，春季浓度最低；沙井监测点春季 $PM_{2.5}$ 浓度最高，冬季最低；市监测站点位冬季 $PM_{2.5}$ 浓度最高，夏季浓度最低。

表 3-35　南宁市不同季节环境空气中 $PM_{2.5}$ 浓度　　　　单位：$\mu g/m^3$

点位	整个监测期间	春季	夏季	秋季	冬季
北湖	62.3	39.6	—	73.4	72.1
仙葫	50.2	36.2	—	59.3	54.8
英华嘉园	56.7	38.1	—	62.7	66.4
市监测站	42.8	34.8	27.6	43.5	57.3
沙井	53.3	60.4	—	57.3	41.8
全市	53.1	41.8	27.6	59.2	58.5

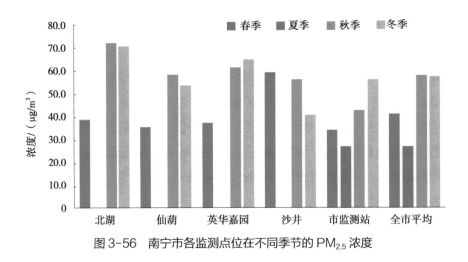

图 3-56　南宁市各监测点位在不同季节的 $PM_{2.5}$ 浓度

3.5.2　受体 PM_{10} 和 $PM_{2.5}$ 全年平均化学组成

本书对环境受体颗粒物中化学组分的分析主要包括无机元素、水溶性离子以及碳组分。南宁市环境受体颗粒物中主要化学组分的年均浓度和百分含量见表 3-36 和表 3-37、图 3-57。未能测出的化学组分主要包括 H_2O 以及与 OC 和 EC 结合的氢（H）与氧（O）、与地壳元素以及部分微量元素结合的氧，以及本书中未测出的其他化学组分等。

表 3-36　南宁市 PM_{10} 和 $PM_{2.5}$ 中各主要组分的浓度和百分含量情况

	PM_{10} 浓度 / (μg/m³)	PM_{10} 百分含量 / %	$PM_{2.5}$ 浓度 / (μg/m³)	$PM_{2.5}$ 百分含量 / %
Na^+	0.69 ± 0.70	1.13 ± 1.05	0.43 ± 0.43	0.84 ± 0.69
Mg^{2+}	0.15 ± 0.19	0.22 ± 0.21	0.06 ± 0.12	0.11 ± 0.21
Al	1.56 ± 1.59	1.74 ± 1.06	0.41 ± 0.39	0.78 ± 0.88
Si	6.05 ± 4.67	6.04 ± 3.01	1.03 ± 0.84	1.94 ± 1.37
K^+	1.00 ± 1.19	0.92 ± 0.66	0.65 ± 1.06	1.22 ± 0.82
Ca	5.69 ± 4.45	5.90 ± 2.49	0.90 ± 0.95	1.71 ± 1.65
Ti	0.05 ± 0.07	0.05 ± 0.06	0.01 ± 0.04	0.02 ± 0.08
V	0.00 ± 0.00	0.00 ± 0.00	0.00 ± 0.00	0.01 ± 0.00
Cr	0.02 ± 0.03	0.02 ± 0.03	0.01 ± 0.07	0.03 ± 0.10
Mn	0.06 ± 0.04	0.06 ± 0.02	0.03 ± 0.03	0.05 ± 0.03
Fe	1.38 ± 1.02	1.34 ± 0.50	0.27 ± 0.41	0.50 ± 0.59
Co	0.00 ± 0.00	0.00 ± 0.00	0.00 ± 0.01	0.00 ± 0.01
Ni	0.00 ± 0.00	0.00 ± 0.00	0.00 ± 0.01	0.00 ± 0.03

续表

	PM$_{10}$ 浓度 / （μg/m³）	PM$_{10}$ 百分含量 / %	PM$_{2.5}$ 浓度 / （μg/m³）	PM$_{2.5}$ 百分含量 / %
Cu	0.02 ± 0.02	0.02 ± 0.02	0.01 ± 0.01	0.02 ± 0.02
Zn	0.17 ± 0.13	0.16 ± 0.09	0.12 ± 0.10	0.21 ± 0.12
As	0.01 ± 0.01	0.01 ± 0.01	0.01 ± 0.01	0.02 ± 0.01
Cd	0.00 ± 0.00	0.00 ± 0.00	0.00 ± 0.01	0.01 ± 0.01
Pb	0.05 ± 0.04	0.05 ± 0.03	0.04 ± 0.03	0.07 ± 0.04
OC	16.49 ± 13.74	15.24 ± 4.17	9.05 ± 8.25	17.05 ± 11.03
EC	4.70 ± 3.25	4.28 ± 2.15	3.50 ± 3.98	6.77 ± 3.69
NH$_4^+$	4.42 ± 3.03	4.65 ± 2.87	4.82 ± 3.02	9.09 ± 3.30
NO$_3^-$	6.10 ± 5.74	5.30 ± 3.94	2.44 ± 4.07	4.65 ± 4.43
SO$_4^{2-}$	15.38 ± 9.42	16.64 ± 5.46	12.44 ± 8.26	23.48 ± 7.15

表 3-37　南宁市四季 PM$_{10}$ 和 PM$_{2.5}$ 中化学组成情况

	PM$_{10}$/%				PM$_{2.5}$/%			
	春季	夏季	秋季	冬季	春季	夏季	秋季	冬季
Na$^+$	1.36 ± 1.11	1.96 ± 1.81	0.44 ± 0.51	0.51 ± 0.71	1.09 ± 0.83	1.07 ± 0.93	0.64 ± 0.56	0.54 ± 0.43
Mg^{2+}	0.19 ± 0.13	0.38 ± 0.35	0.18 ± 0.30	0.11 ± 0.10	0.06 ± 0.08	0.21 ± 0.14	0.12 ± 0.37	0.05 ± 0.09
Al	1.34 ± 0.97	2.02 ± 1.21	1.80 ± 0.78	1.39 ± 1.20	0.57 ± 0.38	1.2 ± 1.60	0.71 ± 0.51	0.64 ± 0.85
Si	6.94 ± 2.99	5.99 ± 2.29	6.07 ± 2.21	5.14 ± 2.73	1.77 ± 1.13	2.07 ± 1.82	1.88 ± 1.12	2.04 ± 1.52
K$^+$	0.86 ± 0.44	0.89 ± 0.28	0.75 ± 0.31	0.98 ± 0.95	1.13 ± 0.60	1.24 ± 0.85	1.21 ± 0.45	1.30 ± 1.10
Ca	4.84 ± 2.29	5.84 ± 2.60	6.02 ± 2.16	5.69 ± 2.72	1.55 ± 1.21	1.47 ± 1.89	1.76 ± 1.09	2.05 ± 1.31
Ti	0.04 ± 0.04	0.06 ± 0.03	0.06 ± 0.05	0.05 ± 0.09	0.01 ± 0.04	0.01 ± 0.01	0.02 ± 0.07	0.04 ± 0.11
V	0.01 ± 0.00	0.01 ± 0.00	0.00 ± 0.00	0.00 ± 0.00	0.01 ± 0.00	0.01 ± 0.01	0.00 ± 0.00	0.00 ± 0.00
Cr	0.02 ± 0.04	0.00 ± 0.01	0.01 ± 0.03	0.02 ± 0.03	0.06 ± 0.17	0.00 ± 0.01	0.03 ± 0.07	0.02 ± 0.04
Mn	0.06 ± 0.03	0.06 ± 0.02	0.05 ± 0.02	0.06 ± 0.02	0.05 ± 0.03	0.05 ± 0.02	0.05 ± 0.04	0.06 ± 0.03
Fe	1.44 ± 0.59	1.30 ± 0.61	1.24 ± 0.47	1.07 ± 0.35	0.31 ± 0.31	0.43 ± 0.29	0.79 ± 1.01	0.47 ± 0.29
Co	0.00 ± 0.00	0.00 ± 0.00	0.00 ± 0.00	0.00 ± 0.00	0.00 ± 0.00	0.00 ± 0.00	0.00 ± 0.01	0.00 ± 0.00
Ni	0.00 ± 0.01	0.00 ± 0.01	0.00 ± 0.00	0.00 ± 0.00	0.00 ± 0.00	0.00 ± 0.00	0.00 ± 0.03	0.00 ± 0.01
Cu	0.02 ± 0.02	0.02 ± 0.02	0.02 ± 0.02	0.02 ± 0.03	0.02 ± 0.02	0.01 ± 0.02	0.02 ± 0.02	0.02 ± 0.02
Zn	0.17 ± 0.11	0.14 ± 0.09	0.16 ± 0.07	0.15 ± 0.08	0.20 ± 0.13	0.19 ± 0.13	0.25 ± 0.13	0.18 ± 0.09
As	0.01 ± 0.01	0.01 ± 0.01	0.01 ± 0.01	0.01 ± 0.01	0.01 ± 0.01	0.02 ± 0.01	0.01 ± 0.02	0.02 ± 0.01
Cd	0.00 ± 0.00	0.00 ± 0.00	0.00 ± 0.00	0.00 ± 0.00	0.00 ± 0.00	0.01 ± 0.01	0.01 ± 0.02	0.00 ± 0.00
Pb	0.04 ± 0.03	0.05 ± 0.03	0.04 ± 0.02	0.06 ± 0.03	0.06 ± 0.04	0.08 ± 0.04	0.07 ± 0.03	0.08 ± 0.04

	PM$_{10}$/%				PM$_{2.5}$/%			
	春季	夏季	秋季	冬季	春季	夏季	秋季	冬季
OC	12.23 ± 3.40	14.44 ± 2.71	14.99 ± 3.21	16.00 ± 4.46	14.85 ± 3.91	16.72 ± 4.88	18.15 ± 4.65	18.54 ± 5.24
EC	3.60 ± 1.38	3.14 ± 2.88	4.00 ± 1.52	5.41 ± 2.41	5.63 ± 2.46	4.43 ± 2.78	8.83 ± 3.56	7.52 ± 3.00
NH$_4^+$	4.60 ± 2.89	3.95 ± 4.72	3.68 ± 2.26	5.32 ± 2.63	10.16 ± 3.55	8.74 ± 3.06	8.95 ± 2.75	8.56 ± 3.23
NO$_3^-$	3.86 ± 2.72	3.53 ± 1.86	4.65 ± 2.56	7.96 ± 4.57	3.11 ± 2.84	2.68 ± 2.51	3.98 ± 3.09	8.67 ± 4.42
SO$_4^{2-}$	14.73 ± 5.14	18.22 ± 8.04	15.72 ± 5.38	14.20 ± 4.93	22.47 ± 7.20	28.48 ± 8.98	24.65 ± 6.52	18.50 ± 4.97

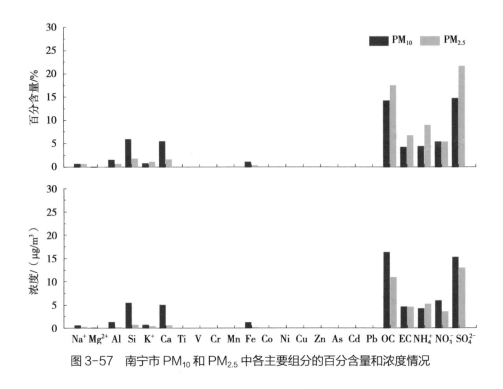

图 3-57　南宁市 PM$_{10}$ 和 PM$_{2.5}$ 中各主要组分的百分含量和浓度情况

　　PM$_{10}$ 和 PM$_{2.5}$ 中 OC、SO$_4^{2-}$、NO$_3^-$、NH$_4^+$、EC、Si 和 Ca 的含量明显高于其他组分的含量，其中 PM$_{2.5}$ 中各组分的百分含量大小依次为 SO$_4^{2-}$、OC、NH$_4^+$、EC、NO$_3^-$、Si、Ca、Al、K$^+$、Fe、Na$^+$、Mg^{2+}、Zn、Pb、Ti、Mn、Cu、As、Cr、Ni、V 等。PM$_{10}$ 中各组分的百分含量大小依次为 SO$_4^{2-}$、OC、Si、Ca、NO$_3^-$、NH$_4^+$、EC、Al、Cl$^-$、Fe、K$^+$、Mg^{2+}、Na$^+$、Zn、Ti、Pb、Mn、Cu、As、Cr、Ni、V 等。

　　物质重构（质量闭合）通过对测定组分组成物质的化学结构间接计算并获得颗粒物中的主要构成物质及占比，将其浓度之和与由称重法确定的颗粒物质量浓度比较，也能对分析结果的可靠性进行检验（物质浓度之和＜颗粒物质量浓度）。

　　颗粒物的物质重构主要分为 OM、元素碳（EC）、地壳类元素（矿物尘）、微量元素、硫酸盐以及硝酸盐。以上组分中，除 EC 和微量元素由直接测定浓度值推算外，其他物质均由相应组分的浓度测定值为基础进行折算得到。通常以 OM=$k \times$OC 计算出包括未测出的 H、S、N、O 在内的有机物含量，转化系数 k 的取值一般为 1.2～2.4，本书中取值 1.6 作为南宁市 OC 的转化系数；地壳类物质以构成大陆地壳物质最主要的化合物（SiO_2、Al_2O_3、Fe_2O_3、CaO、K_2O、Na_2O、MgO、Ti_2O、MnO）的相应元素进行换算得到；硫酸盐和硝酸盐的含量基于颗粒相的 SO_4^{2-} 和 NO_3^- 在大气中主要以（NH_4）$_2SO_4$ 和 NH_4NO_3 形式存在的假设计算得出。

按照以下物种对颗粒物的质量进行重构：OM、EC、硫酸盐、硝酸盐、地壳类物质（也称矿物尘、土壤尘）和其他未鉴别部分。

南宁市环境受体 PM_{10} 的主要物质的全年构成占比：地壳类物质为 26.79%，颗粒态有机物为 23.06%，硫酸盐为 21.61%，硝酸盐为 6.45%，EC 为 4.04%。$PM_{2.5}$ 的主要物质的全年构成占比：硫酸盐为 32.45%，颗粒态有机物为 27.24%，地壳类物质为 9.28%，硝酸盐为 6.00%，EC 为 6.15%。由于有机物、EC 粒径较小，其在 $PM_{2.5}$ 中的占比高于在 PM_{10} 中，而地壳物质多为粗颗粒模态，其在 $PM_{2.5}$ 中的占比小于在 PM_{10} 中的占比（图 3-58）。

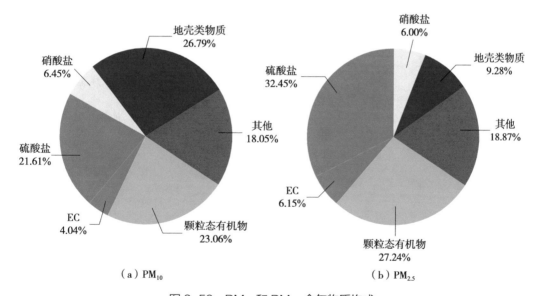

图 3-58　PM_{10} 和 $PM_{2.5}$ 全年物质构成

3.5.3　$PM_{2.5}$ 和 PM_{10} 中化学组分的时间分布特征

3.5.3.1　无机元素

南宁市 $PM_{2.5}$ 和 PM_{10} 中无机元素百分含量和浓度的季节变化见图 3-59 和图 3-60、表 3-37。$PM_{2.5}$ 和 PM_{10} 中地壳类元素（Al、Si、Fe、Zn 等）的百分含量普遍高于同期其

他无机元素（Zn、Cu、Pb 等）。PM$_{2.5}$ 中，Si 和 Al、Ca 表现为夏季和冬季占比较高；Fe
和 Zn 表现为秋季占比较高。

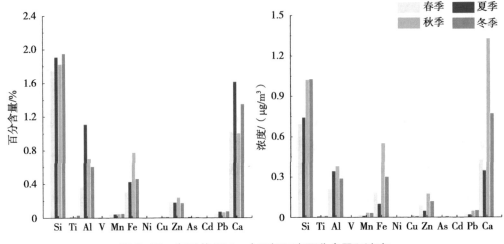

图 3-59　各季节 PM$_{2.5}$ 中无机元素百分含量和浓度

在 PM$_{10}$ 中，Si 和 Fe 表现为春季占比最高，冬季占比最低。而 Al 在夏季占比最高，
春季占比最低。Ca 在秋季占比最高，春季占比最低。

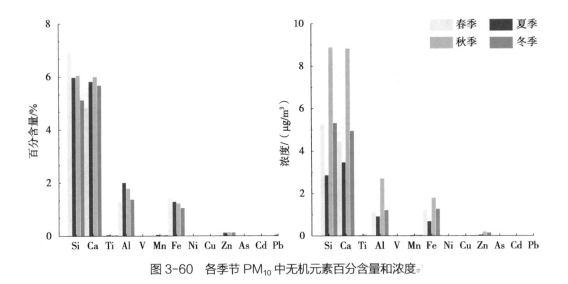

图 3-60　各季节 PM$_{10}$ 中无机元素百分含量和浓度

3.5.3.2　水溶性离子和碳组分

南宁市 PM$_{2.5}$ 中水溶性离子和碳组分的季节变化如图 3-61 所示，从百分含量来看，
OC 表现为冬季最高、春季最低，冬季 OC 含量是春季的 1.2 倍；EC 的百分含量在秋季最
高、夏季最低，秋季 EC 的含量是夏季的 2.6 倍，季节差异显著，这与南宁市榨糖季节性

作业有关，南宁市秋季糖厂开始工作，到次年春季停止，同时燃烧大量生物质作为燃料，会排放较多的 EC；SO_4^{2-} 在夏季最高、冬季最低，这是由于夏季雨热同期的高温高湿条件有利于 SO_2 向 SO_4^{2-} 转化；NO_3^- 在秋冬季较高，夏季最低，这是由于颗粒物中的硝酸盐主要是由 NO_x 均相氧化形成气态 HNO_3 后与 NH_3 气体反应生成 NH_4NO_3 粒子，或与已有颗粒物发生反应生成粗粒子模态硝酸盐，在夏季高温条件下二次颗粒物 NH_4NO_3 易分解成气态硝酸和氨，导致其在夏季浓度较低。

从浓度来看，$PM_{2.5}$ 中 NH_4^+、SO_4^{2-}、OC、EC 的浓度均表现出秋季＞冬季＞春季＞夏季的季节变化趋势，NO_3^- 的浓度表现出冬季＞秋季＞春季＞夏季的季节变化趋势。SO_4^{2-} 和 OC 秋季浓度分别为夏季的 1.9 倍和 2.6 倍，NO_3^- 冬季浓度为夏季的 10.0 倍。

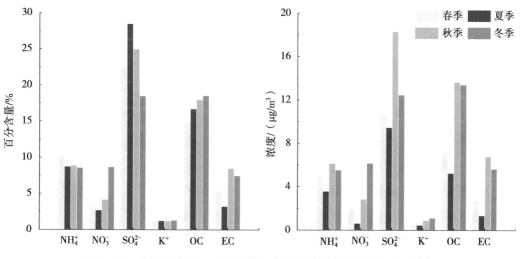

图 3-61　各季节 $PM_{2.5}$ 中碳组分和主要水溶性离子百分含量和浓度

如图 3-62 所示，南宁市 PM_{10} 中各主要化学组分的季节变化与 $PM_{2.5}$ 基本一致，OC 的百分含量表现为冬季高、春季低；EC 含量在冬季高、夏季低，冬季含量为夏季的 1.7 倍；SO_4^{2-} 的百分含量在夏季最高，在冬季最低；NO_3^- 的含量在冬季最高，夏季最低。从浓度来看，PM_{10} 中 NH_4^+、SO_4^{2-}、OC、EC 的浓度均表现出秋季＞冬季＞春季＞夏季的季节变化趋势，NO_3^- 的浓度表现出冬季＞秋季＞春季＞夏季的季节变化趋势。SO_4^{2-} 和 OC 秋季浓度分别为夏季的 2.2 倍和 3.0 倍，NO_3^- 冬季浓度为夏季的 4.5 倍。

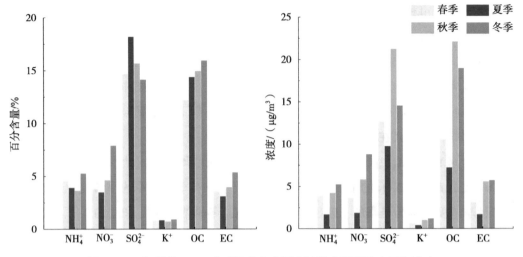

图 3-62　各季节 PM$_{10}$ 中碳组分和主要水溶性离子百分含量和浓度

3.5.3.3　物质构成

不同季节 PM$_{2.5}$ 的物质构成如图 3-63 所示。地壳物质的占比表现为夏季＞冬季＞秋季＞春季，这与南宁市建筑施工频繁有关，春季施工较少，其他季施工较多。此外，还与南宁市四季气象条件有关，南宁市夏季风速较高，也容易引起扬尘污染；有机物在 PM$_{2.5}$ 组成中的占比也有明显的季节性差异，即冬季＞秋季＞夏季＞春季；EC 也表现出明显的季节分布，即秋季＞冬季＞春季＞夏季，EC 的季节分布与有机物不同的原因主要是受到秋季、冬季制糖行业燃烧生物质的影响；SO$_4^{2-}$ 占比表现为夏季＞秋季＞春季＞冬季，SO$_4^{2-}$ 是夏季 PM$_{2.5}$ 中占比最大的组分；而 NO$_3^-$ 占比为冬季＞秋季＞春季＞夏季，夏季最低可能受 NH$_4$NO$_3$ 在高温下极不稳定、易于挥发有关。

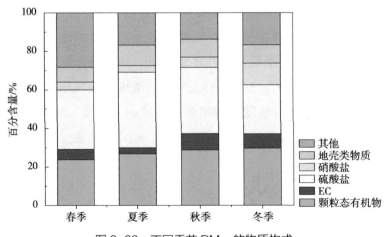

图 3-63　不同季节 PM$_{2.5}$ 的物质构成

不同季节 PM_{10} 的物质构成如图 3-64 所示。地壳物质的占比最高，地壳物质的占比在夏季、秋季较高。这与南宁市建筑施工频繁有关，春季施工较少，夏季、秋季施工较多。此外，还与南宁市四季气象条件有关，南宁市夏季风速较高，也容易引起扬尘污染；有机物在 PM_{10} 组成中的占比也有明显的季节性差异，即冬季>秋季>夏季>春季；EC 也表现出明显的季节分布，即冬季>秋季>春季>夏季，EC 的季节分布与有机物不同的原因主要是受到秋季、冬季制糖行业燃烧生物质的影响；SO_4^{2-} 占比表现为夏季>秋季>春季>冬季；而 NO_3^- 占比为冬季>秋季>春季>夏季，夏季最低可能受 NH_4NO_3 在高温下极不稳定、易于挥发有关。

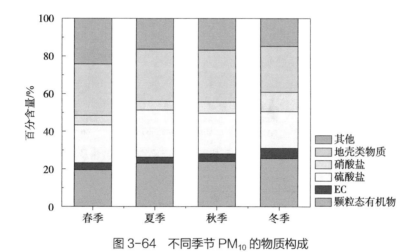

图 3-64　不同季节 PM_{10} 的物质构成

3.5.4　$PM_{2.5}$ 和 PM_{10} 中化学组分的空间分布特征

3.5.4.1　无机元素

采样期间南宁市受体 $PM_{2.5}$ 和 PM_{10} 中无机元素百分含量和浓度的空间分布见图 3-65 和图 3-66。

$PM_{2.5}$ 和 PM_{10} 中 Si、Al、Fe 和 Ca 的百分含量在沙井点位明显高于其他点位，可能是沙井点位位于城市西边，周围受到建筑施工影响和周边裸露地面风沙的影响；市监测站点位 Si、Al 均较低，是因为市监测站位于市中心，附近无明显施工活动影响。

3.5.4.2　水溶性离子和碳组分

南宁市大气颗粒物 $PM_{2.5}$ 和 PM_{10} 中水溶性离子和碳组分百分含量和浓度情况见图 3-67 和图 3-68。

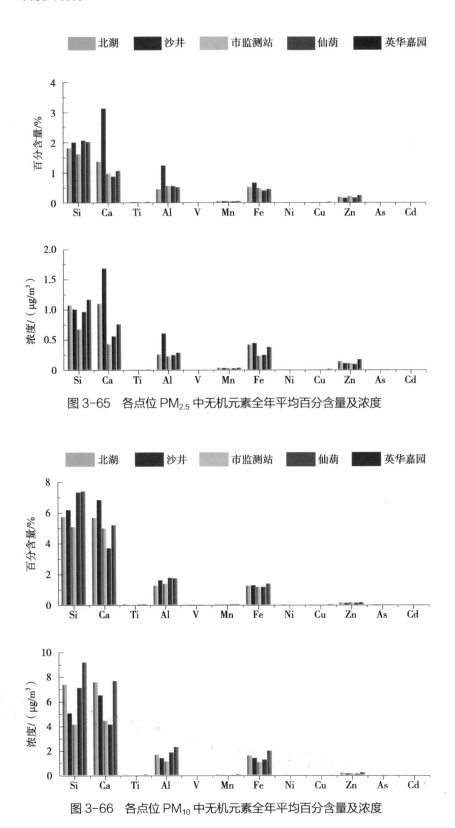

图 3-65　各点位 $PM_{2.5}$ 中无机元素全年平均百分含量及浓度

图 3-66　各点位 PM_{10} 中无机元素全年平均百分含量及浓度

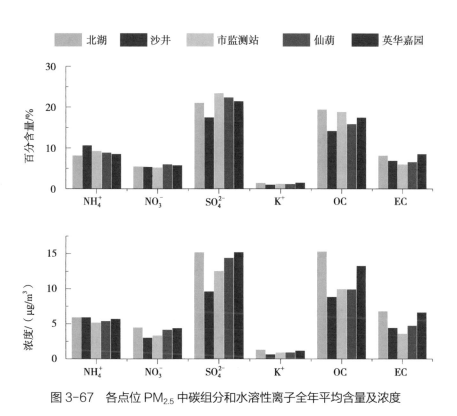

图 3-67　各点位 PM$_{2.5}$ 中碳组分和水溶性离子全年平均含量及浓度

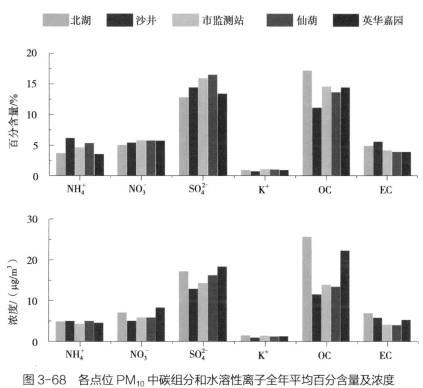

图 3-68　各点位 PM$_{10}$ 中碳组分和水溶性离子全年平均百分含量及浓度

对于$PM_{2.5}$而言，北湖、市监测站、英华嘉园3个点位的SO_4^{2-}和OC的百分含量和浓度均较高，OC百分含量和浓度高可能是受到机动车排放的影响，沙井点位SO_4^{2-}、NO_3^-、OC的百分含量和浓度均位于较低水平，这是由于沙井点位位于城市西边，周围无工业污染源。市监测站点位SO_4^{2-}和OC的百分含量较高，但是浓度较低，这是由于市监测站点位位于城市中心商住混合区，除机动车外，周围无其他污染源。

对于PM_{10}而言，市监测站、英华嘉园2个点位的SO_4^{2-}、OC的百分含量和浓度均较高，OC百分含量和浓度高可能是受到机动车排放的影响，沙井点位SO_4^{2-}、NO_3^-、OC和K^+的百分含量和浓度均位于较低水平，这是由于沙井点位位于城市西边，周围无工业污染源。市监测站点位SO_4^{2-}和OC的百分含量较高，但是浓度较低，这是由于市监测站点位位于城市中心商住混合区，除机动车外，周围无其他污染源。

3.5.4.3 物质构成

各点位$PM_{2.5}$中颗粒态有机物含量均高于其他化学物质，其中市监测站点位颗粒态有机物含量最高，达30.2%，沙井点位有机物含量最低（22.9%），其他点位差异不大。硫酸盐在市监测站点位的含量最高，在沙井点位含量最低，在其他点位含量相差不大。地壳类物质的含量在沙井点位含量最高，达到13.1%，在其他点位含量差异不大。EC、硝酸盐在市监测站点位含量最低，在其他各点位的含量相差不大，见图3-69。

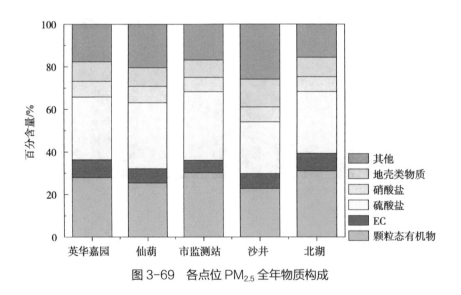

图3-69 各点位$PM_{2.5}$全年物质构成

除市监测站点位外的各点位PM_{10}中地壳类物质含量均高于其他化学物质，其中英华嘉园点位的地壳类物质含量最高，达到29.5%。颗粒态有机物含量在北湖点位最高，在沙井点位最低。硫酸盐、硝酸盐和EC在各点位间含量差异不明显。

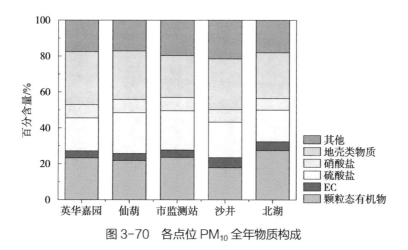

图 3-70　各点位 PM$_{10}$ 全年物质构成

3.5.5　PM$_{2.5}$ 和 PM$_{10}$ 中化学组分的比值特征

3.5.5.1　OC/EC 比值

OC/EC 比值常用来评估研究区域内二次有机气溶胶（Secondary organic aerosol，SOA）的污染情况，一般认为使用热光反射法（TOR）测得碳组分含量在 OC/EC>2 时存在 SOA 的生成，该比值越高，说明 SOA 的污染越严重。研究期间，南宁市全年 PM$_{2.5}$ 和 PM$_{10}$ 中 OC/EC 均值分别为 2.3 和 3.5，可见南宁市存在二次有机气溶胶污染。图 3-71 为颗粒物中 OC/EC 比值的季节性变化，图中显示，PM$_{2.5}$ 中，SOA 的生成潜势按季节排序：夏季>春季>冬季>秋季。PM$_{10}$ 中，SOA 的生成潜势按季节排序：夏季>秋季>春季>冬季。

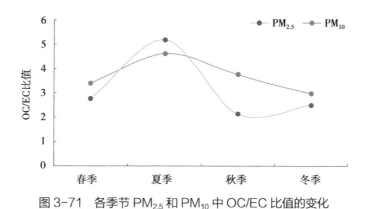

图 3-71　各季节 PM$_{2.5}$ 和 PM$_{10}$ 中 OC/EC 比值的变化

图 3-72 为不同点位颗粒物的 OC/EC 比值，对于 PM$_{2.5}$，在市监测站点位 SOA 生成潜势最大；对于 PM$_{10}$，SOA 在英华嘉园监测点位生成潜势较大，在沙井点位最小。

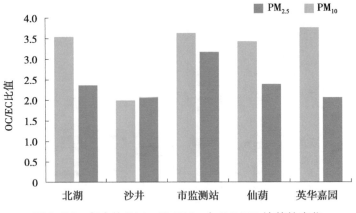

图 3-72　各点位 PM$_{2.5}$ 和 PM$_{10}$ 中 OC/EC 比值的变化

3.5.5.2　SO$_4^{2-}$/NO$_3^-$ 浓度比值

由于相当一部分 SO$_4^{2-}$ 来自气态前体物 SO$_2$ 在大气中由复杂的化学反应生成，SO$_2$ 主要来自化学燃料（煤）的燃烧排放，而 NO$_3^-$ 的气态前体物 NO$_x$ 不仅来自燃煤排放，还得到机动车排放的贡献。因此，SO$_4^{2-}$ 与 NO$_3^-$ 的比值能较好地反映出固定源和移动源之间的变化趋势。采样期间 PM$_{2.5}$ 和 PM$_{10}$ 中 SO$_4^{2-}$/NO$_3^-$ 浓度比值分别为 3.6、2.5，反映出相对于移动源，固定源仍是重要的贡献源类。SO$_4^{2-}$/NO$_3^-$ 浓度比值在夏季最高，在冬季最低，这可能与夏季高温高湿环境有利于硫酸盐的生成而硝酸盐易挥发损失有关（图 3-73）。从点位分布来看，如图 3-74 所示，各点位 SO$_4^{2-}$/NO$_3^-$ 浓度比值均大于 1，固定源在各点位仍是重要污染源。

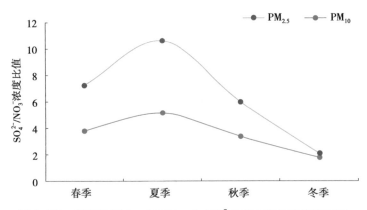

图 3-73　各季节 PM$_{2.5}$ 和 PM$_{10}$ 中 SO$_4^{2-}$/NO$_3^-$ 浓度比值的变化

3.5.6　颗粒物与降水中主要离子组分变化趋势

PM$_{2.5}$ 与 PM$_{10}$ 中各主要离子浓度月际变化情况较为一致，由图 3-75 和图 3-76 可知，2 月、4 月和 10 月颗粒物的离子浓度高于其他月份，但 SO$_4^{2-}$/NO$_3^-$ 浓度比值在 5 月、6 月和 9 月有所上升。

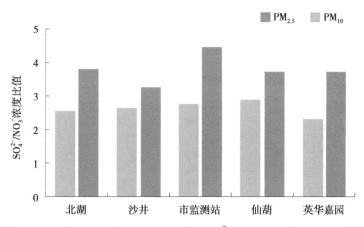

图 3-74　各点位 $PM_{2.5}$ 和 PM_{10} 中 SO_4^{2-}/NO_3^- 浓度比值的变化

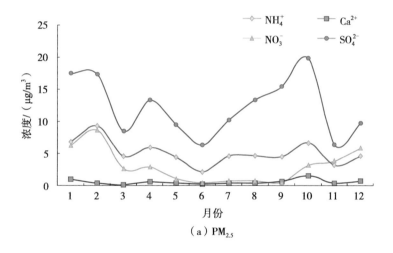

（a）$PM_{2.5}$

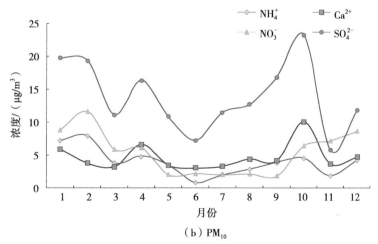

（b）PM_{10}

图 3-75　南宁市 $PM_{2.5}$ 和 PM_{10} 中主要离子浓度月际变化情况

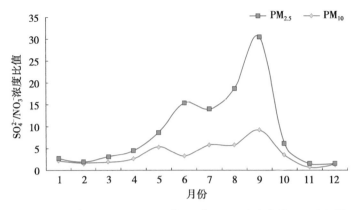

图 3-76　南宁市 $PM_{2.5}$ 和 PM_{10} 中 SO_4^{2-}/NO_3^- 浓度比值月际变化情况

降水中 SO_4^{2-}/NO_3^- 浓度比值在 1 月和 10 月有所上升，与颗粒物中的离子比值月际变化情况略有差异，这种差异产生的原因是降水中的酸根浓度主要受区域尺度的影响，而颗粒物主要受本地排放源和二次生成过程的影响。从颗粒物中的 SO_4^{2-}/NO_3^- 浓度比值变化来看，比值在春季末、夏季初和秋季升高的原因主要与高温高湿环境有利于硫酸盐的生成而硝酸盐易挥发损失有关。

将南宁市市监测站点位监测期间（冬季包括 1 月、12 月，秋季包括 10 月）颗粒物中 SO_4^{2-}/NO_3^- 浓度比值与自动监测 SO_2/NO_2 浓度比值变化进行对比发现（图 3-77），SO_4^{2-}/NO_3^- 与 SO_2/NO_2 浓度比值变化趋势较为一致，但是秋季 SO_4^{2-}/NO_3^- 浓度比值较 SO_2/NO_2 浓度比值升高明显，主要是秋季高温高湿条件有利于硫酸盐的生成而硝酸盐易挥发损失。

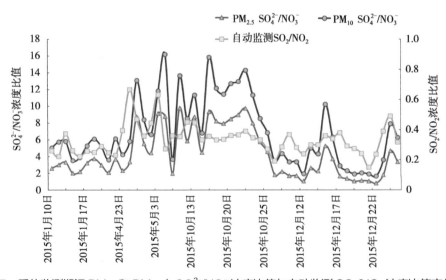

图 3-77　受体监测期间 $PM_{2.5}$ 和 PM_{10} 中 SO_4^{2-}/NO_3^- 浓度比值与自动监测 SO_2/NO_2 浓度比值变化的对比

3.5.7　污染过程分析

大气污染物浓度既受污染源排放的直接影响，又与气象条件密不可分，天气形势和气象要素影响着污染物在大气环境中的传输、累积、转化、扩散以及干湿沉降等过程。本节通过对典型污染过程中污染物的变化及其与气象条件之间的关系，探讨污染形成机制和成因，分析污染过程中的污染源构成及变化，为重污染的防控提供科学依据。

3.5.7.1　冬季典型污染过程分析（中度污染）

南宁市冬季静稳天气相对较多，风速较低，使垂直对流受到抑制，不利于污染物扩散，加之冬季工业生产活动较为频繁，因此南宁市冬季容易出现中度甚至是重度污染天气。2015 年 2 月 10—14 日和 2 月 19 日凌晨 1—5 时，南宁市共出现两次中度污染过程，中度污染期间气象要素的变化如图 3-78 所示，中度污染期间主要污染物的小时浓度值及相关比值情况如图 3-79、图 3-80 所示，主要污染物的日平均值浓度变化如表 3-38 所示。

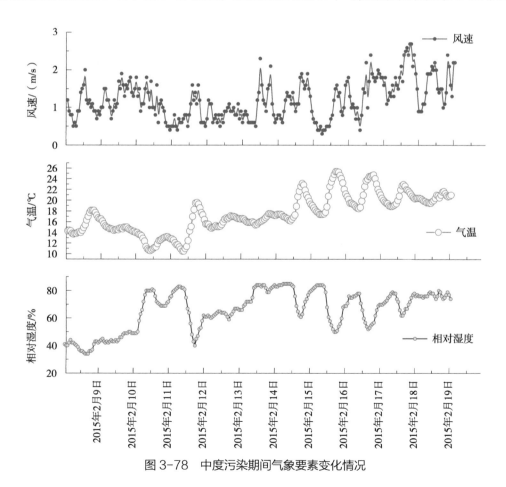

图 3-78　中度污染期间气象要素变化情况

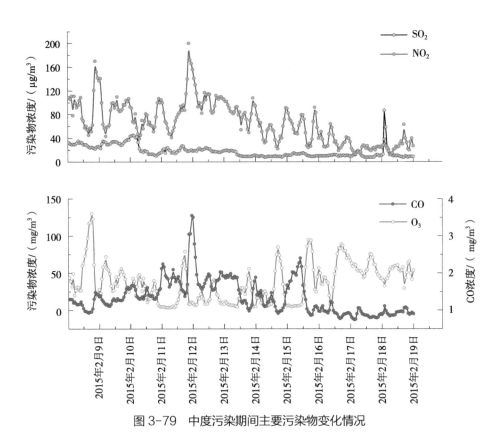

图 3-79　中度污染期间主要污染物变化情况

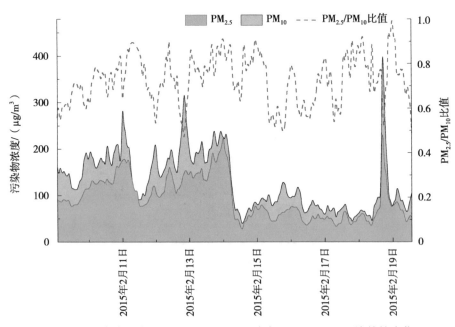

图 3-80　中度污染期间 PM$_{2.5}$ 和 PM$_{10}$ 浓度及 PM$_{2.5}$/PM$_{10}$ 比值的变化

表 3-38 主要污染物的日平均值浓度变化

日期	SO₂/ （μg/m³）	NO₂/ （μg/m³）	PM₁₀/ （μg/m³）	CO/ （mg/m³）	O₃/ （μg/m³）	PM₂.₅/ （μg/m³）	SO₂/ NO₂	PM₂.₅/ PM₁₀
2015 年 2 月 9 日	28	97	145	1.2	100	92	0.29	0.63
2015 年 2 月 10 日	33	86	181	1.3	53	137	0.39	0.76
2015 年 2 月 11 日	21	71	150	1.5	37	119	0.3	0.79
2015 年 2 月 12 日	20	96	189	2.1	46	124	0.21	0.66
2015 年 2 月 13 日	19	103	198	1.8	29	154	0.18	0.78
2015 年 2 月 14 日	13	83	125	1.6	35	104	0.16	0.83
2015 年 2 月 15 日	9	54	90	1.2	59	62	0.17	0.69
2015 年 2 月 16 日	12	55	92	1.5	74	58	0.22	0.63
2015 年 2 月 17 日	11	35	69	0.9	81	50	0.31	0.72
2015 年 2 月 18 日	11	22	65	0.9	66	51	0.5	0.78
2015 年 2 月 19 日	16	16	129	1	58	90	0.59	0.7

中度污染和重度污染期间湿度较高，风速较小，气象条件不利于污染物的扩散。2015 年 2 月 10—14 日污染期间（中度到重度污染），南宁市平均湿度为 64.6%，平均风速仅为 1.0 m/s，平均气温为 14.8℃，其中在 2 月 13 日重度污染当天，风速低至 0.5 m/s，气象条件不利于污染物扩散；而在第二次中度污染期间，即 2 月 19 日凌晨 1—5 时，南宁市平均湿度为 76.3%，平均风速为 1.3 m/s，平均气温 20.2℃。两次污染期间有持续 4 天的优良天气，即 2 月 15—18 日，该期间的平均湿度为 71.3%，平均风速为 1.35 m/s，平均气温为 20.5℃。

中度污染期间，PM₂.₅ 和 PM₁₀ 浓度均明显上升。第一次中度污染期间，即 2015 年 2 月 10—14 日，PM₂.₅ 的浓度为 76～231 μg/m³，PM₁₀ 的浓度为 91～334 μg/m³，PM₂.₅/PM₁₀ 平均比值为 0.76，高于全年平均比值，因此可以判断此次中至重度污染主要由该时段内风速较低、温度较高以及湿度较大等不利气象条件造成。第二次中度污染期间，即 19 日凌晨 1—5 时，PM₂.₅ 和 PM₁₀ 浓度均明显上升，之后显著下降，凌晨 2 时浓度均达到最大，该污染时段 PM₂.₅ 浓度为 103～249 μg/m³，PM₁₀ 的浓度为 161～444 μg/m³，该时段内 PM₂.₅/PM₁₀ 平均比值为 0.78，略高于全年平均比值，因此可以判断该段污染主要是由于新年燃放烟花爆竹排放大量颗粒物导致。两次中度污染过程中，除 O₃ 外，其他主要大气污染物浓度均有明显升高，污染消散后 SO₂、NO₂ 和 CO 的浓度开始下降。

3.5.7.2 夏季臭氧污染过程

夏季采样期间，虽未出现重污染天气，但是臭氧污染问题突出。南宁市 2015 年 7 月 13—15 日出现 1 次臭氧的连续污染过程。污染过程中主要污染物的日平均浓度及其相关比值变化如表 3-39 所示，PM$_{2.5}$/PM$_{10}$ 变化情况及主要污染物的小时浓度值及相关比值情况如图 3-81 和图 3-82 所示。

表 3-39　主要污染物的日平均值浓度及其相关比值变化

日期	SO$_2$/ （μg/m³）	NO$_2$/ （μg/m³）	PM$_{10}$/ （μg/m³）	CO/ （mg/m³）	O$_3$–8 h/ （μg/m³）	PM$_{2.5}$/ （μg/m³）	SO$_2$/ NO$_2$	PM$_{2.5}$/ PM$_{10}$
2015 年 7 月 11 日	13	35	45	1.0	65	27	0.37	0.60
2015 年 7 月 12 日	15	51	98	1.2	91	48	0.29	0.49
2015 年 7 月 13 日	11	64	108	1.5	141	61	0.17	0.56
2015 年 7 月 14 日	11	43	81	1.1	169	56	0.26	0.69
2015 年 7 月 15 日	11	27	59	0.8	118	36	0.41	0.61
2015 年 7 月 16 日	8	38	43	0.8	90	27	0.21	0.63
2015 年 7 月 17 日	13	44	44	0.8	45	28	0.30	0.64

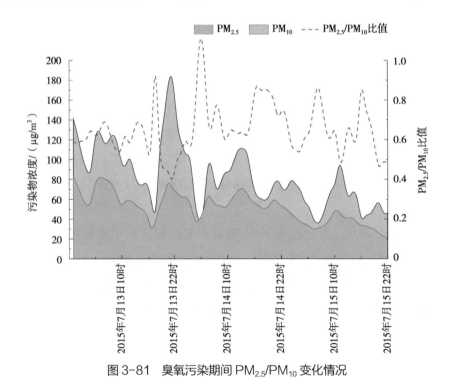

图 3-81　臭氧污染期间 PM$_{2.5}$/PM$_{10}$ 变化情况

本次污染过程中 O$_3$ 为首要污染物，O$_3$–8 h 浓度日平均值在整个污染过程明显高于非污染期。SO$_2$ 和 NO$_2$ 的日平均值浓度在整个污染过程变化不明显，CO 在污染过程中浓度略高于非污染期。PM$_{10}$ 和 PM$_{2.5}$ 的趋势基本一致，但在 7 月 14 日污染当天 PM$_{2.5}$/PM$_{10}$ 比值明显升高。由图 3-83 看出，污染当天，气温略有升高，可能是导致臭氧污染的因素之一。此外，污染前期，风速较低，最低达到 0.4 m/s，该不利气象条件会导致污染物的积累，也可能是造成本次臭氧污染的因素之一。

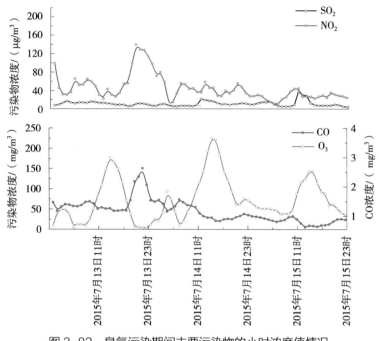

图 3-82　臭氧污染期间主要污染物的小时浓度值情况

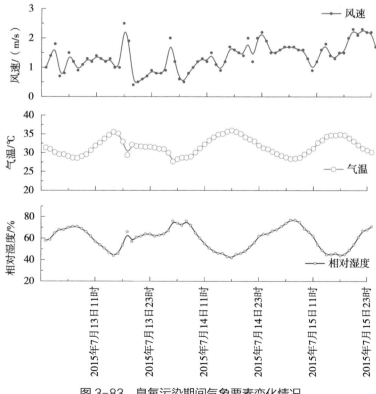

图 3-83　臭氧污染期间气象要素变化情况

整个臭氧污染过程中，$PM_{2.5}$ 和 PM_{10} 重构结果如图 3-84 所示。$PM_{2.5}$ 中硫酸盐的百分含量高于其他物质，硫酸盐对 $PM_{2.5}$ 的贡献率为 59.7%，高于全市平均硫酸盐贡献率（32.5%）；硝酸盐对 $PM_{2.5}$ 的贡献率为 11.4%，高于全市平均硝酸盐贡献率（6.0%）；PM_{10} 中有机物（OM）的百分含量相对较高，其对 PM_{10} 的贡献率为 66.8%，高于全市平均有机物贡献率（23.1%）。综合以上分析，污染过程中硫酸盐、硝酸盐贡献率较高可能是由于臭氧浓度较高，高氧化性的大气环境以及夏季高温高湿的气象条件使得二次反应随之加重。

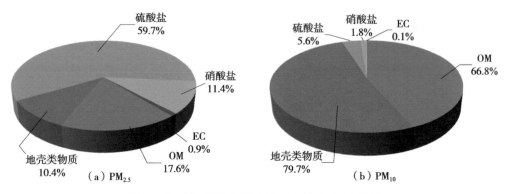

图 3-84　臭氧污染期间 $PM_{2.5}$ 和 PM_{10} 重构结果

第 4 章
大气遥感影像的处理和信息提取方法

DI-SI ZHANG

DAQI YAOGAN YINGXIANG DE CHULI HE

XINXI TIQU FANGFA

4.1 数据源

4.1.1 RapidEye 卫星及数据波段信息

RapidEye 卫星是德国的商用卫星，由加拿大 MDA 公司为德国 RapidEye AG 公司设计，整个系统包含 5 颗载有相同传感器的卫星，运行状况良好，日覆盖范围达 400 万 km^2 以上，能在 15 天内覆盖中国区域，影像获取能力强。卫星数据具有覆盖范围大、重访率高、分辨率高等优势，空间分辨率达到 5 m，如图 4-1 所示。

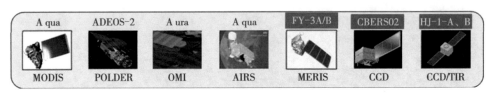

图 4-1　遥感卫星与数据源示意图

卫星单个波段所包含的信息量有限，融合后的数据既具有高分辨率特征又有多光谱数据特征，更利于目标物的提取。研究将 RapidEye 卫星的 5 个波段数据进行融合，充分利用数据波段信息，如表 4-1 所示。

表 4-1　RapidEye 数据波段信息

波段号	波段名称	波谱范围 /nm	波段主要用途
1	蓝	440～510	浅海水地形研究、水体浑浊度、水系浅海水域制图
2	绿	520～590	植被类别识别、植物生产力评价
3	红	630～685	植被类型、覆盖度区分、植被生长状况判断
4	红边	690～730	植被状况监测、植被生长异常检测
5	近红外	760～850	植被识别分类、水体边界勾绘

4.1.2 MODIS 传感器及数据波段信息

MODIS 是 Terra 和 Aqua 卫星上搭载的主要传感器之一。Terra 和 Aqua 两颗星相互配合，每 1～2 天可重复观测整个地球表面，得到 36 个波段的观测数据，这些数据将有助于我们深入理解全球陆地、海洋和低层大气内的动态变化过程，因此，MODIS 在发展地球系统模式及其预测全球变化中起着重要的作用，其精确预测将有助于决策者制定与环境保护相关的重大决策，MODIS 数据波段信息如表 4-2 所示。

表 4-2　MODIS 数据波段信息

波段号	分辨率 /m	波段范围 /nm	主要应用	频谱强度	要求的信噪比
1	250	0.620～0.670（红）	植被叶绿素吸收	21.8	128
2	250	0.841～0.876	云和植被覆盖变换	24.7	201
3	500	0.459～0.479（蓝）	土壤植被差异	35.3	243
4	500	0.545～0.565（绿）	绿色植被	29.0	228
5	500	1.230～1.250	叶面 / 树冠差异	5.4	74
6	500	1.628～1.652	雪 / 云差异	7.3	275
7	500	2.105～2.155	陆地和云的性质	1.0	110
8	1 000	0.405～0.420	叶绿素	44.9	880
9	1 000	0.438～0.448	叶绿素	41.9	838
10	1 000	0.483～0.493	叶绿素	32.1	802
11	1 000	0.526～0.536	叶绿素	27.9	754
12	1 000	0.546～0.556	沉淀物	21.0	750
13	1 000	0.662～0.672	沉淀物，大气层	9.5	910
14	1 000	0.673～0.683	叶绿素荧光	8.7	1 087
15	1 000	0.743～0.753	气溶胶性质	10.2	586
16	1 000	0.862～0.877	气溶胶 / 大气层性质	6.2	516
17	1 000	0.890～0.920	云 / 大气层性质	10.0	167
18	1 000	0.931～0.941	云 / 大气层性质	3.6	57
19	1 000	0.915～0.965	云 / 大气层性质	15.0	250
20	1 000	3.660～3.840	洋面温度	0.45	0.05
21	1 000	3.929～3.989	森林火灾 / 火山	2.38	2.00
22	1 000	3.929～3.989	云 / 地表温度	0.67	0.07
23	1 000	4.020～4.080	云 / 地表温度	0.79	0.07
24	1 000	4.433～4.498	对流层温度 / 云片	0.17	0.25
25	1 000	4.482～4.549	对流层温度 / 云片	0.59	0.25
26	1 000	1.360～1.390	红外云探测	6.00	150
27	1 000	6.535～6.895	对流层中层湿度	1.16	0.25
28	1 000	7.175～7.475	对流层中层湿度	2.18	0.25
29	1 000	8.400～8.700	表面温度	9.58	0.05
30	1 000	9.580～9.880	臭氧总量	3.69	0.25
31	1 000	10.780～11.280	云 / 表面温度	9.55	0.05
32	1 000	11.770～12.270	云高和表面温度	8.94	0.05

波段号	分辨率 /m	波段范围 /nm	主要应用	频谱强度	要求的信噪比
33	1 000	13.185～13.485	云高和云片	4.52	0.25
34	1 000	13.485～13.785	云高和云片	3.76	0.25
35	1 000	13.785～14.085	云高和云片	3.11	0.25
36	1 000	18.085～14.385	云高和云片	2.08	0.35

4.1.3　OMI 传感器及数据波段信息

OMI 是美国国家航空航天局（NASA）于 2004 年 7 月 15 日发射的 Aura 地球观测系统卫星上携带的传感器之一。OMI 由荷兰和芬兰与 NASA 合作制造，是 GOME 和 SCIAMACHY 的继承仪器，轨道扫描幅为 2 600 km，空间分辨率为 13 km × 24 km，1 天覆盖全球 1 次。OMI 有 3 个通道，波长覆盖为 270～500 nm，平均光谱分辨率为 0.5 m。该传感器主要监测大气中的臭氧柱浓度、风和温度廓线、气溶胶、云和紫外辐射以及其他痕量气体浓度，如 NO_2、SO_2、HCHO、BrO 和 OC10 浓度。OMI 产品等级分为 Level 1B、Level 2、Level 2G 和 Level 3。特别指出的是 OMI 可以区分多种气溶胶类型，例如烟雾、粉尘和硫酸盐，OMI 二级（Level 2）气溶胶产品分为 OMAERO 和 OMAERUV，产品参数包含气溶胶光学厚度、单次散射反照率、气溶胶指数等数据，OMI 仪器基本情况见表 4-3。

表 4-3　OMI 仪器基本情况

器件	通道	光谱范围 /nm	光谱分辨率 /nm	空间分辨率 /km × km	数据产品
CCD1	UV-1	264～311	0.42	13 × 48	臭氧廓线，臭氧柱总量，Bro，OCLO，SO_2
	UV-2	307～383	0.45	13 × 24	HCHO，气溶胶，地表反射率，云顶气压，云量
CCD2	VIS	365～500	0.63	13 × 24	NO_2，气溶胶，OCLO，地表反射率，云顶气压，云量

4.1.4　AIRS 传感器及数据波段信息

AIRS（Atmospheric Infrared Sounder）是与中分辨率成像光谱仪（MODIS）、先进微波扫描辐射计（AMSR-E）、先进微波探测器（AMSU）、云和地球辐射能量系统（CERES）、微波湿度探测器（HSB）等一同安装于 EOS PM-1 卫星上的新型红外遥感仪，其监测资料始于 2002 年 8 月。AIRS 提供了更新、更准确的陆地、海洋和大气红外光谱数据，主要应用于探测大气温度和湿度以推动全球气候研究和天气预报的进展。其最大的特色在于拥有 2 378 个连续红外光谱通道（3.7～15.4 μm），所提供的高光谱、高精度大气温度、湿度、云、地表、臭氧等资料被美国各科研和业务机构广泛应用于全球气候变化研究和预报。它极大地提高了对流层温度廓线和大气湿度测量的准确度，使 1 km 对流层温度准确度达到 1 K，在晴空或部分云覆盖条件下大气湿度廓线准确度达到 10%，同时使地表温度反演的平均准确度达到 0.5 K。Aqua 卫星一日过境两次，AIRS 可提供地球上每一点白天和夜间的大气三维结构数据，AIRS 的光谱通道主要特征见表 4-4。

表 4-4 AIRS 的光谱通道主要特征

通道号范围	光谱范围 / cm^{-1}	光谱分辨率 / cm^{-1}	灵敏度 /K NEDT（280 K）	通道数	探测内容
1～130	649.6～681.99	0.41～0.46	0.321～0.697	130	温度
131～274	687.6～728.44	0.47～0.53	0.211～0.365	143	温度
275～441	728.0～781.88	0.55～0.63	0.219～1.113	166	表面
442～608	789.2～852.43	0.65～0.76	0.246～1.285	166	表面
609～769	851.4～903.78	0.57～0.64	0.125～0.544	160	表面
770～936	911.2～974.29	0.65～0.75	0.081～1.512	166	表面
973～1 103	973.82～1 046.20	0.76～0.88	0.072～0.266	166	臭氧
1 104～1 262	1 056.1～1 136.66	0.9～1.04	0.108～0.869	158	地表、臭氧
1 263～1 368	1 216.9～1 272.59	0.95～1.04	0.076～0.33	105	水汽
1 369～1 462	1 284.3～1 338.86	1.06～1.16	0.101～0.278	93	水汽、甲烷
1 463～1 654	1 338.1～1 443.07	0.95～1.11	0.072～0.148	191	水汽
1 655～1 760	1 460.2～1 527.00	1.15～1.25	0.071～0.22	105	水汽
1 761～1 864	1 541.1～1 613.86	1.28～1.41	0.12～0.46	103	水汽
1 865～2 014	2 181.5～2 325.06	1.75～1.98	0.086～0.248	149	温度、CO
2 015～2 144	2 299.8～2 422.85	1.74～1.94	0.13～0.243	129	温度
21 455～2 260	2 446.2～2 569.75	1.98～2.18	0.177～0.58	115	表面
2 261～2 378	2 541.9～2 665.24	1.94～2.13	0.302～1.026	117	表面

4.1.5 MERIS 传感器及数据波段信息

MERIS（Medium Resolution Imaging Spectrometer）传感器是搭载在 ENVISAT 卫星上的中等分辨率成像光谱仪，于 2003 年 5 月投入使用，主要任务是监测海洋和沿海地区的海水颜色，并测量海水中叶绿素浓度、悬浮物浓度、大气气溶胶和有关的生物地质化学特性。MERIS 在可见光近红外波谱范围内设置有 15 个波段，带宽为 3.75～20 nm，可见光光谱的平均带宽仅为 10 nm。它的优势不仅在于合理的波段和精细的带宽，而且为了适应不同应用尺度设置了不同空间分辨率，这个性能使得 MERIS 传感器具有更高的利用价值，MERIS 数据波段信息见表 4-5。

表 4-5 MERIS 数据波段信息

波段号	中心波长 /nm	波谱范围 /nm	波段主要用途
1	412.5	407.5～417.5	黄色物质与碎屑
2	442.5	437.5～447.5	叶绿素吸收最大值
3	490	485～495	叶绿素等
4	510	505～515	悬浮泥沙、赤潮
5	560	555～565	叶绿素吸收最小值
6	620	615～625	悬浮泥沙
7	665	660～670	绿素吸收与荧光性
8	681.25	677.5～685	叶绿素荧光峰
9	708.75	703.75～713.75	荧光性·大气校正
10	753.75	750～757.5	植被、云
11	760.625	758.75～762.5	O_2 吸收带
12	778.75	771.25～786.25	大气校正
13	865	855～875	植被、水汽
14	885	885～895	大气校正
15	900	895～905	水汽、陆地

4.1.6 CCD 传感器及数据波段信息

电荷耦合器件 CCD 是一种新型的半导体成像器件，是在大规模集成电路工艺基础上研制而成的一种新型 MOS 型集成电路芯片。它能存储由光或电激励产生的信号电荷，当对它施加特定时序的脉冲时，其存贮的信号电荷便能在 CCD 内做定向传输而实现自扫描。CCD 在图像传感、工业控制与测量、光谱分析、机器人视觉等领域具有广泛的应用，CCD 数据波段信息见表 4-6。

表 4-6　CCD 数据波段信息

段号	波段名称	波谱范围 /nm
1	蓝	452～518
2	绿	528～609
3	红	626～693
4	近红外	776～904

4.2　遥感数据预处理

由于各种因素的影响，遥感影像存在着一定的几何畸变、大气消光、辐射量失真等现象。这些畸变和失真现象影响了影像的质量并限制了其应用的广度，为此需要对遥感影像进行校正的预处理。

4.2.1　几何校正

遥感卫星在拍摄过程中即采集遥感影像时，传感器高度和姿态角的变化、大气折光、地球曲率、地形起伏、地球自身的旋转和传感器本身结构性能等因素都会引起影像的几何变形。几何变形使得影像产生几何形状或位置的失真，主要表现为位移、旋转、缩放、仿射、弯曲，或表现为像元相对地面实际位置产生挤压、伸展、扭曲或偏移，为消除上述误差的影响，遥感影像需要做几何校正。研究采用 ERDAS 几何纠正的正射校正模块进行遥感影像预处理。有理函数模型（RFM）是传感器几何模型的一种更广义的表达形式，能适用于各类传感器，由于引入较多定向参数，其模拟精度很高，但模型解算复杂，运算量大，并且要求控制点数目相对较多。有理函数模型将像点坐标 (r,c) 表示为以相应地面点空间坐标 (X,Y,Z) 为自变量的多项式的比值：

$$\begin{cases} r_n = \dfrac{p_1(X_n,Y_n,Z_n)}{p_2(X_n,Y_n,Z_n)} \\ c_n = \dfrac{p_3(X_n,Y_n,Z_n)}{p_4(X_n,Y_n,Z_n)} \end{cases}$$

式中，r_n, c_n 和 X_n, Y_n, Z_n——像素坐标 (r,c) 与地面点坐标 (X,Y,Z) 经平移和缩放后的标准化坐标。

多项式中每一项的各个坐标分量 X、Y、Z 的幂最大不超过 3，每一项各个地面坐标分量的幂的总和也不超过 3，每个多项式的形式为

$$p = \sum_{i=0}^{m_1} \sum_{j=0}^{m_2} \sum_{k=0}^{m_3} \alpha_{ijk} X^i Y^j Z^k = \alpha_0 + \alpha_1 Z + \alpha_2 Y + \alpha_3 X + \alpha_4 ZY + \alpha_5 ZX + \alpha_6 YX + \alpha_7 Z^2 + \alpha_8 Y^2 +$$

$$\alpha_9 X^2 + \alpha_{10} ZYX + \alpha_{11} Z^2 Y + \alpha_{12} Z^2 X + \alpha_{13} ZY^2 + \alpha_{14} Y^2 X + \alpha_{15} ZX^2 + \alpha_{15} ZX^2 + \alpha_{16} YX^2 +$$

$$\alpha_{17} Z^3 + \alpha_{18} Y^3 + \alpha_{18} X^3$$

式中，a_{ijk}——待求解的多项式系数。

RFM 模型是在 RPC 系数已知的情况下即与地形无关的解算。通过在待校正影像和控制影像上选取同名控制点，并利用影像范围内的数字高程模型（DEM）数据，对影像同时进行倾斜改正和投影差改正，将影像重采样生成正射影像。经过正射校正后，影像改正了因地形起伏和传感器误差而引起的像点位移，同时具有丰富的信息和高精度。

4.2.2　影像分割

利用高分辨影像进行面向对象的信息提取时，首先要分割影像生成分类对象。分割算法能将整幅影像的像素层或已有的分割对象进行分组，形成分割对象层或新的分割对象。

（1）棋盘分割。

棋盘分割是一种简单的分割算法，将一幅影像或一个父级对象分割成许多正方形的对象，[Object Size] 是关键参数，表示正方形网格的边长。

（2）四叉树分割。

四叉树分割是一种基于均匀性检测的图像分割方法，在灰度均匀分布的区域内，灰度的标准方差较小，而在灰度非均匀分布的区域内标准方差较大。其基本原理为把一幅影像等分成 4 个区域，某个子区域符合一致性标准（区域内各像素的灰度差不超过设定的阈值），则该区域不再往下分割；否则把该区域再分割成 4 个子区域，这样递归地分割，直到每个区域都符合一致性标准为止，具有分块灵活性高、计算速度快等优点，但同时存在对噪声敏感、分割过细等缺点。

（3）阈值分割。

阈值分割是基于区域的图像分割技术，按照灰度级别选取一个或多个阈值对像素集合进行划分，分割得到的各个区域内部具有一致的属性。其基本原理为通过设定不同的特征阈值（来自原始图像的灰度或彩色特征或由原始灰度或彩色值变换得到的特征），把影像像素分成若干类。阈值分割算法具有计算简单、运算效率较高、计算量小、性能较稳定等优点，可以极大地压缩数据量，简化分析和处理过程，成为图像分割中最基本和应用最广泛的分割技术。

（4）光谱差异分割。

光谱差异分割根据相邻对象的波段亮度值的平均值来合并对象，若相邻对象的平均亮度值小于设置的最大光谱差异，则合并相邻的对象，其只能基于对象层来进行运算，不能基于像素层来创建新的影像对象层。

（5）多尺度分割。

多尺度分割采用自下而上的算法，将对象与相邻对象的特征进行运算，若相邻两个对象的异质性指标小于用户设置的阈值，则这两个对象合并成一个对象，否则不合并。一轮合并结束后，以上一轮生成的对象为基本单元，继续分别与它的相邻对象进行计算，这个过程将一直持续到在用户指定的尺度上已经不能再进行任何对象的合并为止。多尺度分割算法的关键在于针对不同的目标地物设置合理的合并和停止合并的规则，一般把异质性指数作为判断继续或停止对象分割的指标。空间对象的光谱信息（光谱异质性）和空间信息（形状异质性）的加权和构成了异质性指标，度量形状的差异性有光滑度和紧致度两个因子，光滑度是指对象合并后形成的对象区域边界的光滑程度，而紧致度则是合并后的对象的紧凑程度。这两个因子是相对的，构成了形状特征的度量。异质性指数 f 计算公式为

$$f = \omega_1 x + (1 + \omega_1) y$$

式中，ω_1——权重值，$0 \leqslant \omega_1 \leqslant 1$；

x——光谱异质性；

y——形状异质性，x, y 的计算公式为

$$x = \sum_{i=1}^{n} p_i \sigma_i$$

$$y = \omega_2 u + (1 + \omega_2) v$$

式中，σ_i——第 i 影像层光谱值的标准差；

p_i——第 i 影像层的权重；

u——影像区域整体紧致度；

v——影像区域边界光滑度；

ω_2——权重，$0 \leqslant \omega_2 \leqslant 1$。$u$、$v$ 的计算公式为

$$u = \frac{E}{\sqrt{N}}$$

$$v = \frac{E}{\sqrt{N}}$$

式中，E——影像区域实际的边界长度；

N——影像区域的像元总数；

L——包含影像区域边界的矩形边界总长度。

当合并相邻的两个小影像区域时，合并新生成的更大影像区域的异质性 f' 计算公式为

$$f' = \omega_1 x' + (1 + \omega_1) y'$$

式中，x', y'——合并新生成的更大影像区域的光谱异质性和形状异质性，计算公式为

$$x' = \sum_{i=1}^{n} \left[N'\sigma_i' - \left(N_1 \sigma_i^1 + N_2 \sigma_i^2 \right) \right]$$

$$y' = \omega_2 u' + (1 + \omega_2) v'$$

式中，N', σ_i'——合并新生成的更大影像区域的像元总数和其所在 i 影像层光谱值的标准差；

N_1, σ_i^1——合并前相邻影像区域 1 的像元总数和其所在 i 影像层光谱值的标准差；

N_2, σ_i^2——合并前相邻影像区域 2 的像元总数和其所在 i 影像层光谱值的标准差，u' 和 v' 的计算分别为

$$u' = N'\frac{E'}{\sqrt{N'}} - \left[N_1 \frac{E_1}{\sqrt{N_1}} + N_2 \frac{E_2}{\sqrt{N_2}} \right]$$

$$v' = N'\frac{E'}{L'} - \left[N_1 \frac{E_1}{L_1} + N_2 \frac{E_2}{L_2} \right]$$

式中，E' 和 L'——合并新生成的更大影像区域的实际边界长度和包含该新生成影像区域的矩形边界总长度；

E_1, L_1——合并前的相邻影像区域 1 的实际边界长度和包含该影像区域范围的矩形边界总长度；

E_2, L_2——合并前的相邻影像区域 2 的实际边界长度和包含该影像区域范围的矩形边界总长度。多尺度分割流程如图 4-2 所示。

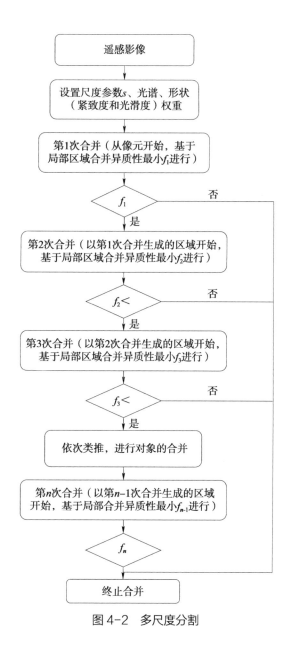

图 4-2　多尺度分割

　　传统的分割方法只能使用一种分割尺度，并不利于地物信息的提取，多尺度的分割算法打破了这种局限，允许同一幅影像采用大小不等的分割尺度，同时还可以利用不同分类之间的上下层关系。尺度参数与生成的分割区域尺度大小紧密相关。调整尺度参数的大小可间接地影响生成的影像对象大小，大的尺度参数对应生成大的影像对象，小的尺度参数对应生成小的影像对象。在分割算法执行中，除了设置尺度参数控制阈值外，还可设置每个影像层的权重、光谱（颜色）、形状异质性计算的权重值、紧致度和光滑度的权重来控制分割算法的分割结果。研究基于 eCognition 平台，利用多尺度分割算法分割影像获得分类对象，经过试验，光谱因子权重为 0.9、光滑度因子为 0.7 时，影像分割效果较好，结果如图 4-3 所示。

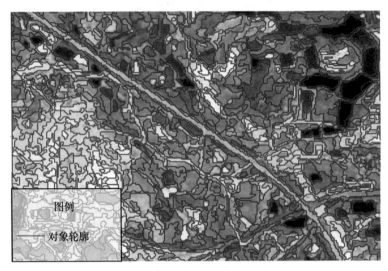

图 4-3　多尺度分割结果

4.3　大气污染源遥感信息提取

遥感影像由若干行和若干列像素组成，传统的分类方法是基于图像像素进行分类，随着遥感传感器的快速发展，高分辨率影像的获取变得更为容易。近年来，为满足高分辨率影像的发展需求，更充分地利用高分辨率影像上丰富的空间信息、几何结构和纹理信息，面向应用对象的遥感分类方法应运而生。

4.3.1　面向对象分类方法

面向对象分类方法的原理为将影像划分为若干个有意义的同质对象（区域），利用对象代替像素作为影像分类的基本单元，并充分挖掘和利用对象的光谱、纹理、形状、语义、拓扑关系等特征。基于像元的传统分类方法仅仅利用了遥感地物的光谱信息，分类精度往往只达到 70%～80%，分类结果中存在"椒盐"效应。而面向应用对象的遥感分类方法充分利用高分辨影像所具有丰富的空间、纹理、几何结构信息，更利于提取目标地物的属性特征（如纹理、形状、层次、图层值等），分类精度可达到 90% 及以上，可有效地解决传统分类方法存在的"椒盐"效应问题，满足实际应用的需求。面向应用对象的遥感分类流程见图 4-4。

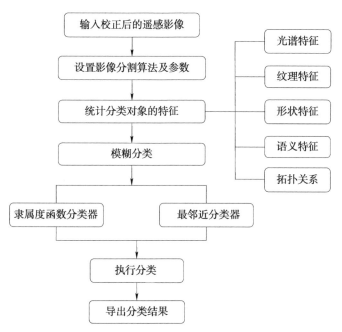

图 4-4　面向应用对象的遥感分类流程

　　模糊分类方法是根据对象的分类特征赋予其归属于某一类的隶属度，然后进行模糊规则推理，将各类特征隶属度组成隶属度元组，根据对象的隶属度元组将其归于某类目标地物。一种方法是接近原则识别法（最邻近分类器），即将对象归类于与样本隶属度最接近的类别，另一种方法是最大隶属度原则识别法（隶属度函数分类器），即将对象归类于最大隶属度的类别。

　　最邻近分类的原理为对于每一个影像对象，在特征空间中寻找最近的样本对象，通过隶属度函数进行计算，影像对象在特征空间中与 A 类样本对象的距离越小，则属于 A 类样本的隶属度越大。影像对象属于哪一类，由隶属度来确定，当每一类的隶属度小于设置的最小隶属度时，则该影像对象不被分类。影像对象 O 与样本对象 s 之间的距离计算公式为

$$d=\sqrt{\sum_f \left[\frac{v_f^{(s)}-v_f^{(o)}}{\sigma_f} \right]^2}$$

d 通过所有特征值的标准差而得到归一化，基于距离 d 的多维度指数隶属函数为

$$z(d)=\mathrm{e}^{-kd^2}$$

$$k=\ln\left(\frac{1}{\text{functionslop}}\right)$$

式中，functionslop=z（1）。

隶属度函数可以精确定义对象属于某一类的标准，1 个隶属度函数是一维，是基于 1 个特征的，同时也可以通过将各种特征组合起来识别类别，建立语义层次结构，综合各种特征对影像对象进行分类。算法与最邻近法相似，对于每一个特征，计算特征值，选择适当的隶属度函数，将其归属到［0～1］的隶属度。

4.3.2 解译指标库建立

建筑工地与其他非建设用地类（如各类植被、水体等）的差异较为明显，且对于太阳光的发射较强，在遥感影像上其亮度通常比其他地类的亮度要高，在遥感影像上呈亮白色，目视解译建立建筑工地指标库（图 4-5）。

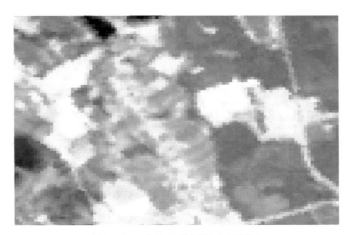

图 4-5　建筑工地指标库示意图

4.3.3 建筑工地分类规则集构建

规则集的建立是面对对象分类方法中的关键技术，一般通过选取特征参数进行构建。特征选取的目的是选用尽可能少的特征组成规则，尽可能多地提供有关类别的信息。如何选择最优特征参数、确立有效参数组合、实现最佳分类是研究的关键。基于 e-Cognition 平台，利用隶属度函数分类器，构建建筑工地分类规则集如图 4-6 所示。执行面向对象分类后，将建筑工地的分类结果导出，由于分类结果中存在少许的错分、漏分现象，为此需要进行人工辅助修正。

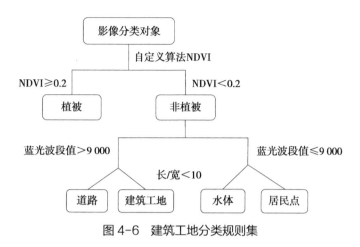

图 4-6 建筑工地分类规则集

第 5 章
大气颗粒物遥感模型构建与分析

DI-WU ZHANG

DAQI KELIWU YAOGAN MOXING

GOUJIANYU FENXI

5.1 建模思路

大气中颗粒物具有组成复杂、易吸附有毒有害物质以及在大气中滞留时间长等特点，对人体健康、气候和天气过程产生重要影响，是造成南宁市城市空气污染的重要原因之一。监测南宁市大气颗粒物的空时分布，对于研究南宁市大气中颗粒物污染传输和气候变化具有重大的意义。

目前，大气颗粒物观测方式有地面监测与遥感监测两种。地面监测具有精度高、实时响应及时间连续的优点，但观测结果仅代表站点所在地区的大气状况，偏远地区因站点数量有限且空间分布不均匀，难以获取地形复杂的偏远地区观测数据。遥感监测是气溶胶遥感产品进一步估算大气颗粒物质量浓度，又分地基遥感观测及卫星遥感观测。地基遥感观测主要是利用地面太阳光度计探测整层大气气溶胶，再与影响大气颗粒物质量浓度的相关因素建立回归模型，估算大气颗粒物质量浓度。地基遥感观测的气溶胶产品具有精度高、时间连续的优点，常被应用于验证与校正卫星遥感气溶胶产品。其中，全球气溶胶自动观测（AERONET）网络是由世界大量研究机构联合建立的地基气溶胶监测网络，AERONET 产品已被大量用于揭示气溶胶光学特性的时空变化，评估卫星和模型气溶胶产品。但 AERONET 的空间覆盖有限，运行成本高，且不全面，特别是在人口较少的地区。相比之下，卫星遥感观测具有覆盖范围广、监测成本低、处理速度快、可长时间持续动态监测及受限制条件少等优势，可观测到大尺度的大气污染物的时空分布特征，能弥补地面监测手段在区域尺度上的不足。而气溶胶光学厚度（Aerosol Optical Depth，AOD）为介质的消光系数在垂直方向上的积分，描述的是气溶胶对光的消减作用。AOD 是气溶胶最重要的参数之一，表征大气浑浊程度的关键物理量，也是确定气溶胶气候效应的重要因素。AOD 为量纲一，取值范围可以自由设定，常取 0～1。当前气溶胶厚度变化较大，可取＞1 的数（如 1.5），可以拉宽阈值，使得变化趋势更明显。通常较高的 AOD 值预示着气溶胶纵向积累的增长，因此导致了大气能见度的降低。卫星遥感反演大气颗粒物的基本原理主要是通过大气辐射传输模型从大气顶部（TOA）反射率中分离出气溶胶光学厚度（AOD），利用气溶胶光学厚度 AOD 与地面观测的颗粒物 $PM_{2.5}$、PM_{10} 质量浓度的相关性，通过对遥感反演的气溶胶光学厚度进行垂直和湿度校正，建立校正后的 AOD 与颗粒物 $PM_{2.5}$、PM_{10} 的关系模型，实现大气中颗粒物质量浓度反演，如图 5-1 所示，被称为基于物理模型的方法。

目前，基于物理模型的方法主要有两种。第一种是将遥感反演的气溶胶光学厚度 AOD 与地面观测的 $PM_{2.5}/PM_{10}$ 浓度直接关联，建立统计模型反演大气颗粒物；第二种方

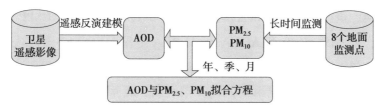

图 5-1　$PM_{2.5}$、PM_{10} 遥感反演流程

案是将气溶胶遥感数据（AOD 与气溶胶垂直廓线信息）与化学传输模式结合，间接反演大气颗粒物质量浓度。气溶胶光学厚度（AOD）表征大气浑浊度及大气中气溶胶总量，能在一定程度上反映大气污染状况，因而是大气颗粒物 $PM_{2.5}$/PM_{10} 遥感估算非常重要的参数之一。但是，尽管目前已有多种 AOD 反演算法，但受遥感观测数据缺口突出、信噪比低、局部研究时空分辨率不足、频带漂移和转换等诸多因素的影响，高精度气溶胶光学厚度仍然是定量遥感中的难点问题。气溶胶垂直廓线主要应用于气溶胶光学厚度的垂直订正，提高大气颗粒物卫星遥感模型反演的精度。

几乎所有的大气颗粒物遥感估算方法均需要卫星气溶胶光学厚度产品。最新研究表明，在深度学习架构中建立 $PM_{2.5}$、卫星 TOA 反射率、观测角度和气象因素之间的关系，也可在没有物理模型的情况下直接利用卫星顶部反射率来估算地表 $PM_{2.5}$，获得较好的精度，在未来大气环境监测应用中极具潜力。

5.2　工作平台及数据选用

5.2.1　工作平台

大气颗粒物卫星遥感反演工作平台需要软件与硬件平台的共同支持。目前，国际上已有不同研究团队开展特定传感器地表参数定量反演研究，提供专业地表参数反演结果，比较有代表性的遥感反演工作平台有 IMAPP、CSPP、CLAVR-X、NWP SAF 及极轨卫星数据处理系统、环境卫星空气质量遥感应用系统。

IMAPP（International MODIS/AIRS Processing Package）及 CSPP 是 20 世纪 80 年代初由美国威斯康星大学麦迪逊分校、NOAA 和 NASA 组建的一个联合研究中心 CIMSS（Cooperative Institute for Meteorological Satellite Studies）开发的。IMAPP 是一个免费发放的平台，主要在 Linux 上运行，在 Windows 和 MacOSX 等系统安装虚拟机也可以运行 IMAPP。CSPP 也是一款免费开源软件，支持极轨卫星和地球同步卫星数据直播用户的数据处理和区域实时应用。CSPP 可对可见光红外成像辐射仪 VIIRS、先进微波探测器 ATMS、跨轨迹红外探测器 CrIS（Cross-track Infrared Sounder）数据进行辐射定标及地理定位，数据转换、重投影及地表和云反演等环境参数反演。同时，CSPP 还具备 Suomi-NPP 的 VIIRS、AT MS、CrIS 和 AQUA 与 TERRA 卫星 HYDRA2 多波段数据分析工具包，该分析工具包能为研究者提供快速、灵活的接口，实现检验和显示不同传感器观测和波段之间关系，如对应的位置和时间以光谱线图、截面图、散点图、多波段联合或者色彩增强等方式实现。CSPP 的 NOAA / NESDIS/ STAR 的微波集成反演系统（MlRS）支持 Suomi NPP 的 ATMS、NOAA 18/19 的 AMSU- A 和 MHS Ll B 产品、MetOp-A 和 MetOp-B 的 AMSU-A 和 MHS Ll B 产品等数据反演大气廓线和地表参数。CLAVR-X 支持 VIIRS、MODIS、AVHRR（POES and MetOp）数据的辐射定标、云检测及云高、气溶胶光学厚度地表温度、降雨率等陆地参数反演，也是一款免费的软件。

NWP SAF（European Organization for the Exploitation of eorological Satellites）是欧洲气象卫星组织为了改进卫星数值天气预报的接口而建立的一个研究中心，中心成员包括英国国家气象局、欧洲中期天气预报中心、皇家荷兰气象研究协会和法国气象局，研究中心由英国国家气象局负责。与 CIMSS 相比，NWP SAF 的重点是天空数值天气预报中的卫星数据同化过程，遥感参数反演的软件系统主要集在大气方面，如一维变分反演包（1D-Var），其他地表参数遥感反演软件系统则很少。

极轨卫星数据处理系统是商业公司开发的软件，被我国气象部门广泛使用。极轨卫星数据处理系统能对 MODIS、NOAA、FY-3、NPP 等卫星影像数据进行自动处理并加工成统一的开放性的存储格式；也能基于多源遥感数据结合实际的气象观测参数、污染物指标监测值以及城市及周边地区的不同比例尺的基础地理空间数据，建立城市气溶胶光学厚度等指标的反演模型，提供逐日区域范围多种空间尺度的 AOD、NQ、SQ、PM_{10}、$PM_{2.5}$ 浓度的时空分布图；对灰霾等大气污染浓度分布的成因进行溯源，定量评估周边地区对目标地区污染物输送贡献以及本地排放的贡献；反演 CALIPSO 气溶胶垂直分布廓线遥感产品。

环境卫星空气质量遥感应用系统以环境与灾害监测预报小卫星星座为主要数据源，结合气象卫星、海洋卫星、资源卫星等，以满足我国环境与灾害监测预报小卫星星座的应用需求而开发的一套天地统筹的国家环境监测系统。该系统可在 MODIS、HJ-CCD、HJ-HSI、HJ-IRS、CBERS-CCD、OMI、AIRS、AVHRR 等传感器数据的基础上，进行颗粒物污染监测、雾霾覆盖及污染监测、沙尘遥感监测、秸秆焚烧遥感监测、污染气体遥感监测、环境空气质量评价等功能。

除此之外，遥感专业软件 ENVI、ERDAS 等或 GIS 软件 ArcGIS 等提供的二次开发环境及 C++\C# 或 Java、javascript、IDL、python 等编程语言，也可作为大气颗粒物卫星遥感反演的工作平台。本研究使用 ENVI 4.6 作为遥感数据处理平台，采用 IDL+ENVI、

ArcGIS 编程实现气溶胶及 $PM_{2.5}$/PM_{10} 反演，运用 ArcGIS10.0 对遥感数据进行空间分析和制图，并结合 SPSS17.0 进行反演结果分析。

5.2.2　数据选用

最早的卫星遥感反演 AOD 产品出现在 1980 年。近年来，卫星遥感技术的快速发展为反演气溶胶光学厚度信息提供了十分丰富的数据源。目前，应用于 AOD 反演的卫星主要有极轨道卫星和地球同步卫星两类。极轨道卫星能提供具有空间覆盖广、空间分辨率高的 AOD 产品，但每天仅有 1 次或 2 次过境。受限于卫星空间分辨率和时间分辨率上的相互制约，极轨道卫星无法同时产生更高的时间分辨率和更高的空间分辨率的图像。地球同步卫星可提供高时间分辨率的 AOD 产品，捕捉 AOD 的动态变化，在连续监测森林火灾和烟雾气溶胶排放等应用中具有重要的意义，但其产品的空间分辨率很低，无法满足精细化的大气环境质量监测的要求，所以遥感数据时空融合技术将可能有助于该问题的解决。

目前，常用的大气颗粒物卫星遥感监测的传感器见图 5-2。光学传感器如 EOS MODIS（中分辨率成像光谱仪）和 ESA MERIS（中分辨率成像光谱仪）、Landsat 8、VIIRS、Himawari、GF-4、HJ-1 CCD 等；多角度传感器如 EOS MISR（多角度成像光谱－辐射仪）；极化传感器如 ADEOS POLDER/PARASOL；激光雷达传感器如 NASA 和 CNES CALIPSO。常用的气溶胶监测卫星载荷参数见表 5-1。在实际工作中，需要根据研究目标、数据可获取性及时空分辨率要求等，选择适合的传感器数据。

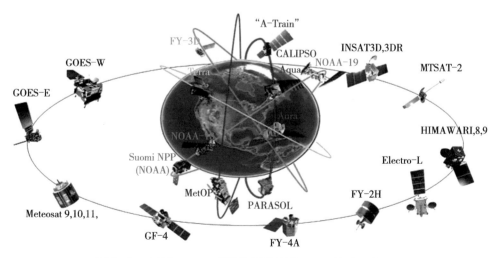

图 5-2　应用于 AOD 反演的极地轨道卫星和地球同步卫星

表 5-1 常用的气溶胶监测卫星载荷参数

卫星	平台	任务期（年）	时间分辨率	光谱范围 / μm	气溶胶产品
AVIIRR	TIROS-N	1978—1981	d	0.58~12.5	AAI[①]，AOD
	NOAA-7	1978—1985			
	NOAA-15	1998—			
	METOP-A，B，C	2006/2012/2018—			
TOMS	Nimbus-7	1978—1994	d	0.98~1.02	AOD，aerosol type
	TOMS-EP	1996—2006			
SeaWIFS	SeaStar	1997—2010	d	0.41~0.86	AOD，a[②]
GOME	ERS-2	1995—2003	d	0.24~0.79	AA，AOD
AATSR-2	ERS-2	1995—2003	d	0.55~1.2	AOD
POLDER-1/2	ADEOS Ⅰ	1996—1997	15 d	0.44~0.91	AOD，a
	ADEOS Ⅱ	2003—2003			
AATSR	Envisat	2002—2007	d	0.55~1.12 1.6~1.2	AOD，a
MERIS	Envisat	2002—2007	35 d	0.39~1.04	AOD，a
SEVIRI	MSG 8，9	2004—2007	d	0.81 或 0.55	AOD
	MSG10	2012—			
MODIS	Terra	2000—	d	0.4~14.4	AOD，a，η[③]
	Aqua	2002—			
MISR	Terra	2000—	16 d	0.44~0.86	AOD
SCIAMACHY	Envisat	2002—	12 d	0.23~2.3	AOD，aerosol type
OMI	Aura	2004—	d	0.17~0.5	AOD
POLDER-3	PARASOL	2005—	15 d	0.44~0.91	AOD，a
GOME-2	MetOp-A	2006—2012—	d	0.24~0.79	AOD，SSA[④]
	MetOp-B				
CALOIP	CALOIP	2006—	—	0.53~1.06	Aerosol profile and layer
OMPS	NPP	2011—	d	0.33~0.39	AOD，AAI
VIIRS	NOAA	2013—	d	0.3~14	AOD，SSA
ABI	GOES-W（17）	2018—2016—	15 min	0.45~13.6	AOD，smoke，dust
	GOES-E（16）		15 min		
AHI	Himawair-8/9	2014/2016—	10 min	0.43~13.4	AOD，a

注：①吸收性气溶胶指数；② Angstrom 波长指数；③细颗粒气溶胶；④单次散射反照率．

本研究的卫星数据选用 2014 年 1 月 14—16 日以及 2014 年 10 月 6—9 日的 MODIS 影像、HJ-1 CCD 影像；地面监测数据来自 ARONET 网站公布的气溶胶光学厚度值。

中分辨率成像光谱仪（MODIS）是美国国家航空航天局研制的大型空间遥感仪器。MODIS 探测器每天覆盖全球 1 次，扫描宽度达 2 330 km，具有从可见光、近红外到红外的 36 个光谱通道，分布在 0.4～14 μm 波谱范围内，空间分辨率包括 250 m（1～2 波段）、500 m（3～7 波段）和 1 000 m（8～36 波段），为反演陆地、云、气溶胶、水汽、臭氧等产品提供了丰富的信息。TERRA 卫星和 AQUA 卫星都是太阳同步极轨卫星，TERRA 卫星过境时间在上午，AQUA 卫星过境时间在下午。TERRA 与 AQUA 上都搭载了 MODIS 探测器，可以得到每天不少于 2 次白天和 2 次黑夜的 MODIS 更新数据，具有高时间分辨率的优点。

"环境一号"卫星由 2 颗光学小卫星（代号 HJ-1A、HJ-1B）和 1 颗合成孔径雷达小卫星（代号 HJ-1C）组成。其中 HJ-1A 卫星配备有 2 台宽覆盖多光谱 CCD 相机和 1 台超光谱成像仪（HIS）；HJ-1B 卫星搭载了 2 颗与 HJ-1A 卫星相同的 CCD 相机和 1 台红外相机（IRS），A、B 双星实现 48 h 的重返周期。扫描幅宽达 360 km，两台组合可以达 700 km 以上，星下点分辨率为 30 m，波谱范围为 0.43～0.52 μm、0.52～0.60 μm、0.63～0.69 μm、0.76～0.90 μm。

5.3　反演基本原理

在卫星数据反演气溶胶研究方面，国内外开展了大量的工作，研究了多种气溶胶光学厚度反演算法。其中应用最广泛的是暗像元算法，其原理是：密集植被在红（0.62～0.67 μm）和蓝（0.459～0.47 μm）波段反射率低，红、蓝波段的地表反射率与近红外波段的表观反射率在植被密集地区甚至在较暗土壤地区都呈现了良好的线性相关性，并且近红外通道的观测基本不受气溶胶的影响。

因此以近红外通道（2.1 μm）反射率将其判识为暗像元，并利用 $\rho_{red}=\rho 2.1/2$ 和 $\rho_{blue}=\rho 2.1/4$ 的经验关系，计算相应的可见光通道的地表反照率，此后确定合理的气溶胶模型，就可以由卫星观测表观反射率来获取气溶胶光学厚度。

首先假设陆地表面为均匀朗伯面，大气垂直均匀变化，卫星接收到的辐射值，即表观反射率 $L(\mu_v)$ 表达式为

$$L(\mu_v) = Lo(\mu_v) + \frac{r}{1-rS}\mu_s FoT(\mu_s) \cdot T(\mu_v)$$

式中，$\mu_s = \cos\theta s$，$\mu_v = \cos\theta v$

θs 与 θv——太阳天顶角与观测天顶角；

Lo（μ_v）——观测方向的路径辐射项；

r——朗伯体地表反射率；

S——大气下界的半球反射率；

T——大气透过率；

μ_sFo——大气层顶与太阳光垂直方向的辐射通量密度。

利用入射太阳辐射项 Fo μ_s 对上式进行归一化可得大气顶部反射率 ρ_{TOA} 的表达式为

$$\rho_{TOA}（\mu_s, \mu_v, \Phi）= \rho_o（\mu_s, \mu_v, \Phi）+ \frac{T(\mu_s)T(\mu_v)\rho_s(\mu_s,\mu_v,\phi)}{[1-\rho_s(\mu_s,\mu_v,\phi)S]}$$

式中，ρ_o——大气路径辐射项等效反射率；

ρ_s——地表二向反射率，当地表为朗伯体时为 r；

Φ——相对方位角。

从上式中可以明显看出，ρ_s、S、ρ_o 和 $T（\mu_s）\cdot T（\mu_v）$ 等参数是未知量。S、ρ_o 和 $T（\mu_s）\cdot T（\mu_v）$ 参数本身是气溶胶函数，ρ_s 的估算直接影响地表反射噪声的去除。

为了从表观反射率反演气溶胶光学厚度，需要合理假定气溶胶模型，以提供单次散射反照率值和气溶胶函数。结合大气辐射传输模型，在确定了气溶胶模式和地表反射率后，根据上述公式，可以从表观反射率反演得到气溶胶光学厚度。

大气辐射传输模型用于模拟大气与地表信息之间耦合作用的结果，其过程可描述为地表光谱信息与大气耦合以后在遥感传感器上所获得的信息。现在比较常用的辐射传输模型有 6S、LowTRAN 和 MoDTRAN 等。本研究采用 6S 模型。

6S 模型估计了 0.25～4.0 μm 波长电磁波在晴空无云条件下的辐射特性，是在 Tanre 等提出的 5S 基础上发展而来的。其假定大气情况是均匀无云的，考虑了水汽、CO_2、CH_4、O_2 和 O_3 等气体的吸收作用、大气分子和气溶胶粒子的散射作用以及非均一地表和双向反射率的问题，解释 BRDF 作用和邻近效应，增加了两种吸收气体的计算，并采用 SOS 方法计算散射作用以提高精度。

5.4 6S 模型参数

6S 模型是 Vermote E F 等在法国里尔科技大学大气光学实验室 Tanr 等提出的简化大气辐射传输方程 5S 模型基础上改进的大气辐射传输模型。6S 模型是在假定无云大气的情况下，考虑了水汽、CO_2、O_3 和 O_2 的吸收、分子和气溶胶的散射以及非均一地面和双向反射率的问题（图 5-3），计算 0.25～4 μm 太阳反射光谱波段的大气传输参数。6S 解决的是反问题，给出大气层顶辐射（也称表观反射率），计算地表的反射率。与 5S 模型相比，6S 模型有以下优势：一是光谱积分的步长从 5 nm 提高到 2.5 nm；二是可模拟机载观测、设置目标高程、能解释 BRDF 作用和临近效应，增加了两种吸收气体的计算（CO、N_2O）；三是采用 SOS 方法计算散射作用，使太阳光谱波段的散射计算精度比 5S 有所提高。但是，6S 模型无法处理球形大气和临边观测。2005 年 5 月 6S 模型团队公开 6SV1.0 版代码，2015 年 6 月公布了最新版的 6SV2.1 代码，关于新闻和更新的信息在 6S 网站上发布。该网站还载有有关 6S 模型出版物及用户使用手册。

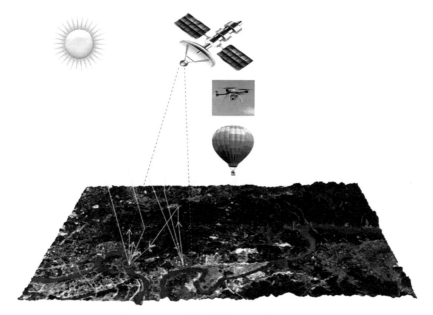

图 5-3　6S 模型模拟太阳辐射传输机

6S 描述了大气如何影响辐射在太阳—地表—遥感器之间的传输。需要输入五大类参数，即：①几何参数；②大气模式参数；③气溶胶类型参数；④辐射条件、观测波段和海拔高度；⑤地表反射率。6S 预先设置了 50 多种波段模型，包括 MODIS、AVHRR、TM 等常见传感器的可见光近红外波段。

5.4.1　观测几何参数

6S 模型中自带了一些基本卫星的几何参数，如 Meteosat 卫星、GOES 卫星、AVHRR NOAA 卫星等。也可自定义几何参数，包括遥感器类型、成像年月日和经纬度，设置如下：

参数限制：无；

参数名称：igeom；

取值范围：0～7；

igeom=0：用户自己选择观测几何参数；

所需参数有：

太阳天顶角（度）、太阳方位角（度）、卫星天顶角（度）、卫星方位角（度）、月（1—12）、日（1—31）；

igeom=1～7 分别代表以下卫星的观测：

igeom=1：Meteosat 卫星；

所需参数有：

月、日、世界时（十进制）；

列数、行数（图像最大尺度为 5 000×2 500 像素）；

igeom=2：GOES（东）卫星；

所需参数有：

月、日、世界时（十进制）；

列数、行数（图像最大尺度为 17 000×12 000 像素）；

igeom=3：GOES（西）卫星；

所需参数有：

月、日、世界时（十进制）；

列数、行数（图像最大尺度为 17 000×12 000 像素）；

igeom=4：AVHRR，下午 NOAA 卫星；

所需参数有：

月、日、世界时（十进制）；

列数（1～2 048）、经度、穿越赤道时间；

igeom=5：AVHRR，上午 NOAA 卫星；

所需参数有：

月、日、世界时（十进制）；

列数（1～2 048）、经度、穿越赤道时间；

igeom=6：HRV（SPOT）；

所需参数有：

月、日、世界时（十进制）、经度、纬度；

igeom=7：TM（LANDSAT）；

所需参数有：

月、日、世界时（十进制）、经度、纬度。

注：对 HRV 和 TM，经纬度代表图像中心位置。

5.4.2　大气模式参数

大气模式参数包括主要大气模式及大气中的水和臭氧浓度。

参数限制：无；

参数名称：idatm；

取值范围：0～9；

idatm=0：无气体吸收；

idatm=1：热带大气；

idatm=2：中纬度夏大气；

idatm=3：中纬度冬季；

idatm=4：亚北极区夏季；

idatm=5：亚北极区冬季；

idatm=6：美国标准大气（1962 年）；

idatm=7：用户定义大气廓线（34 层无线电探空数据）；

包括高度（km）、气压（mb）、温度（K）、水汽密度（g/m^3）、臭氧密度（g/m^3）；

idatm=8：输入水汽和臭氧总含量；

水汽（g/cm^2）、臭氧（cm-atm）；

idatm=9：读入无线电探空数据文件。

5.4.3　气溶胶浓度参数

（1）气溶胶类型参数。

参数限制：无；

参数名称：iaer；

取值范围：0～12；

iaer=0：无气溶胶；

iaer=1：大陆型气溶胶；

iaer=2：海洋型气溶胶；

iaer=3：城市气溶胶；

iaer=5：沙漠型气溶胶；

iaer=6：生物质燃烧型；

iaer=7：平流层模式；

iaer=4：用户自己输入以下 4 种粒子所占体积百分比（0～1）：

c（1）：灰尘；

c（2）：水溶型；

c（3）：海洋型；

c（4）：烟灰；

气溶胶模型的选择，对提高 AOT 的反演有很大的作用：

iaer=8～10：用户自己按照尺度分布类型定义气溶胶模型；

iaer=8：多峰对数正态分布；

iaer=9：改进的 gamma 分布；

iaer=10：Junge 幂指数律分布；

iaer=11：按太阳光度计测量结果定义气溶胶模型；

需要输入参数有：粒子半径（μm）、粒径分布、[dV/d（log$r$），cm³/cm²/micron] 和复折射指数的实部和虚部谱；

iaer=12：利用事先计算的结果给出文件名。

（2）气溶胶含量参数。

参数限制：能见度必须大于 5 km；

参数名称：v；

取值范围：

v= 能见度（km）；

v=0：输入 550 nm 气溶胶光学厚度；

taer55=550 nm 气溶胶光学厚度；

v=-1：没有气溶胶；

AOT 的实测数据可根据太阳光度计或者 Aerosol 中国站点数据获取。

5.4.4 辐射条件、观测波段和海拔高度

（1）目标高度参数。

参数限制：无；

参数名称：xps；

取值范围：

xps≥0：目标在海平面高度；

xps＜0：绝对值代表目标高度（km）。

（2）传感器高度参数。

参数限制：无；

参数名称：xpp；

取值范围：

xpp=-1 000：卫星观测；

xpp=0：地面观测；

-100＜xpp＜0：飞机观测，绝对值代表飞机相对于目标的高度（km）。

对于飞机观测，必须输入飞机和地面之间的水汽，臭氧含量和 550 nm 气溶胶光学厚度，如无数据则输入负值，水汽和臭氧根据 1962 年美国标准大气内差，气溶胶则根据 2 km 指数廓线计算。

（3）光谱参数。

参数限制：虽然在整个波段计算气体透射率和散射函数，但处理强吸收波段吸收与散射的相互作用不精确，因此不适合强吸收带。

参数名称：iwave；

取值范围：-2～70；

iwave=-2～1，用户自己定义光谱条件；

iwave=-2：用户输入光谱范围的下限和上限（μm），滤光片函数为 1，输出文件中给出单色结果；

iwave=-1：单色计算，用户给出单色波长（μm）；

iwave=0：用户输入光谱范围的下限和上限（μm），滤光片函数为 1；

iwave=1：用户输入光谱范围的下限和上限（μm）并输入滤光片函数（间隔为 0.002 5 μm）；

iwave=2～70：选择下列卫星通道（表 5-2）。

表 5-2　6S 模型中的卫星通道

序号	传感波段范围	序号	传感波段范围
2	vis band of meteosat（0.350～1.110）	6	2nd band of avhrr（noaa6）（0.690～1.120）
3	vis band of goes east（0.490～0.900）	7	1st band of avhrr（noaa7）（0.500～0.800）
4	vis band of goes west（0.490～0.900）	8	2nd band of avhrr（noaa7）（0.640～1.170）
5	1st band of avhrr（noaa6）（0.550～0.750）	9	1st band of avhrr（noaa8）（0.540～1.010）

序号	传感波段范围	序号	传感波段范围
10	2nd band of avhrr（noaa8）（0.680～1.120）	41	7th band of MAS（ER2）（3.580 0～3.870 0）
11	1st band of avhrr（noaa9）（0.530～0.810）	42	MODIS band 1（0.610 0～0.685 0）
12	2nd band of avhrr（noaa9）（0.680～1.170）	43	MODIS band 2（0.820 0～0.902 5）
13	1st band of avhrr（noaa10）（0.530～0.780）	44	MODIS band 3（0.450 0～0.482 5）
14	2nd band of avhrr（noaa10）（0.600～1.190）	45	MODIS band 4（0.540 0～0.570 0）
15	1st band of avhrr（noaa11）（0.540～0.820）	46	MODIS band 5（1.215 0～1.270 0）
16	2nd band of avhrr（noaa11）（0.600～1.120）	47	MODIS band 6（1.600 0～1.665 0）
17	1st band of hrv1（spot1）（0.470～0.650）	48	MODIS band 7（2.057 5～2.182 5）
18	2nd band of hrv1（spot1）（0.600～0.720）	49	1st band of avhrr（noaa12）（0.500～1.000）
19	3rd band of hrv1（spot1）（0.730～0.930）	50	2nd band of avhrr（noaa12）（0.650～1.120）
20	pan band of hrv1（spot1）（0.470～0.790）	51	1st band of avhrr（noaa14）（0.500～1.110）
21	1st band of hrv2（spot1）（0.470～0.650）	52	2nd band of avhrr（noaa14）（0.680～1.100）
22	2nd band of hrv1（spot1）（0.590～0.730）	53	POLDER band 1（0.412 5～0.477 5）
23	3rd band of hrv1（spot1）（0.740～0.940）	54	POLDER band 2（non polar）（0.410 0～0.522 5）
24	pan band of hrv1（spot1）（0.470～0.790）	55	POLDER band 3（non polar）（0.532 5～0.595 0）
25	1st band of tm（landsat5）（0.430～0.560）	56	POLDER band 4 P1（0.630 0～0.702 5）
26	2nd band of tm（landsat5）（0.500～0.650）	57	POLDER band 5（non polar）（0.745 0～0.780 0）
27	3rd band of tm（landsat5）（0.580～0.740）	58	POLDER band 6（non polar）（0.700 0～0.830 0）
28	4th band of tm（landsat5）（0.730～0.950）	59	POLDER band 7 P1（0.810 0～0.920 0）
29	5th band of tm（landsat5）（1.502 5～1.890）	60	POLDER band 8（non polar）（0.865 0～0.940 0）
30	7th band of tm（landsat5）（1.950～2.410）	61	FY-1C band 1（0.580 0～0.680 0）
31	1st band of mss（landsat5）（0.475～0.640）	62	FY-1C band 2（0.840 0～0.890 0）
32	2nd band of mss（landsat5）（0.580～0.750）	63	FY-1C band 3（3.550 0～3.390 0）
33	3rd band of mss（landsat5）（0.655～0.855）	63	FY-1C band 4（10.300 0～11.300 0）
34	4th band of mss（landsat5）（0.785～1.100）	64	FY-1C band 5（11.500 0～12.500 0）
35	1st band of MAS（ER2）（0.502 5～0.587 5）	65	FY-1C band 6（1.580 0～1.640 0）
36	2nd band of MAS（ER2）（0.607 5～0.700 0）	66	FY-1C band 7（0.430 0～0.480 0）
37	3rd band of MAS（ER2）（0.830 0～0.912 5）	67	FY-1C band 8（0.480 0～0.530 0）
38	4th band of MAS（ER2）（0.900 0～0.997 5）	68	FY-1C band 9（0.530 0～0.580 0）
39	5th band of MAS（ER2）（1.820 0～1.957 5）	69	FY-1C band 10（0.900 0～0.960 0）
40	6th band of MAS（ER2）（2.095 0～2.192 5）		

如果利用 MODIS 数据反演 AOD，可以选择 42（红光波段）和 44（蓝光波段），IDL 调用 6S 模型，分别生成两张查找表，用这两个查找表分别反演 550 nm 处的气溶胶光学厚度，然后用波段运算做一个平均，提高气溶胶反演的精度。

5.4.5 地表覆盖类型及地表反射率

（1）地表覆盖类型。

地表覆盖类型有两种选择：一是选择地表均一，二是选择地表不均一，也可选择地表为郎伯体或双向反射。6S 给出了 9 种比较成熟的 BRDF 模式供用户选择，也可自定义 BRDF 函数（输入各角度的反射率及入射强度）。

（2）地表反射率。

参数限制：用户可以选择"补丁"结构的地表情况，即输入一个半径为 rad 的圆形目标的反射率 roc 和周围环境的反射率 roe；

参数名称：inhomo；

取值范围：0，1；

inhomo=0：均匀表面；

所需参数：

idirec=0：无方向效应；

输入均匀朗伯表面的反射率 igroun（roc=roe）；

idirec=1：有方向效应；

ibrdf=0：输入太阳天顶角为 thetas 时 10 个观测天顶角（0～80° 间隔 10° 和 85°）和 30 个观测方位角（0～360° 间隔 30°）下的反射率；

同样，输入观测天顶角为 thetav 时各太阳入射角度下的反射率；

地表半球反射率；

在所选的观测条件下（太阳天顶角、观测天顶角和相对方位角）的反射率；

ibrdf=1～9：选择模式中储存的模式：

    ibrdf=1：hapke model；

    ibrdf=2：verstraete et al. model；

    ibrdf=3：Roujean et al. model；

    ibrdf=4：walthall et al. model；

    ibrdf=5：minnaert model；

    ibrdf=6：Ocean；

    ibrdf=7：Iaquinta and Pinty model；

ibrdf=8: Rahman et al. model；

ibrdf=9: Kuusk's multispectral CR model。

对于上述每种地面反射率模式，还分别需要输入各自所需的参数，主程序有详细的说明。地表反射率的输入暂时有 6 种形式，0 为反射率不随波长变化，1 为以 2.5 nm 步长输入反射率，2 为绿色植被的平均光谱反射率，3 为清水，4 为沙地，5 为湖水。1 为各向异性构建 BRDF（双向反射分布函数），其中的 ibrdf4 walthall model 在不少论文中被使用。

5.4.6　激活大气订正方式

取值范围：rapp<-1、rapp>0、-1<rapp<0。取 rapp<-1 时，代表不激活大气订正方式；取 rapp>0 时，代表反演出的地面反射率满足大气层顶的辐射亮度并等于 rapp；取 -1<rapp<0 时，表示反演出的地面反射率满足表观反射率并等于 rapp。本研究中模拟需得到研究区的表观反射率，故不需要激活大气订正方式。

5.5　验证方法

将反演的结果与 AERONET 国际气溶胶监测网站 Bac_Giang 站、MuKdahan 站和 Hongkong_poly 站的观测数据进行精度验证。选取 0.55 μm 处的光学厚度值进行比较，用卫星过境前后半小时地基观测结果的平均值作为标准值，并以地基站点为中心在该站点位置 0.5°×0.5° 区域范围内的卫星数据反演结果的空间平均值作为反演结果样本进行对比。

5.6　基于 MODIS 数据气溶胶光学厚度反演

MODIS 传感器分别搭载在美国 NASA 于 1999 年和 2002 年成功发射的 TERRA 卫星和 AQUA 卫星上，主要用于观测全球生物和物理过程，获取有关海洋、陆地、冰雪圈和太阳动力系统等信息，进行土地利用和土地覆盖研究、气候季节和年际变化研究、自然灾害监测和分析研究、长期气候变率的变化以及大气臭氧变化研究等，进而实现对大气和地球环境变化的长期观测和研究的总体目标。其中，TERRA 为上午星，过境时间为上午 10:30，AQUA 为下午星，过境时间为下午 13:30，MODIS 传感器具有 36 个波段，波谱值域范围为 450～2 100 nm，其中，热红外波段有 8 个，共有 250 m、500 m 和 1 km 3 种空间分辨率。每天 2 次观测地球表面，能满足连续地面监测的要求。MODIS 数据波段范围广、数据接收简单和更新频率高，同时受益于 MODIS 数据及其产品免费分发的政策，因此，MODIS 数据及其产品已成为全球、洲际及区域尺度陆地生态系统、大气和地球环境变化长期监测的重要数据源。

MODIS 传感器，拥有完善的星上定标系统，同时具有多光谱、宽覆盖和分辨率高等特点，其扫描幅宽达 2 330 km，拥有专门用于气溶胶探测的 6 个波段，每天两次过境，被广泛用于大气气溶胶监测。但是，MODIS 传感器在成像过程中，受传感器扫描角度、传感器姿态及地球表面曲率、地形起伏和运动中自射抖动等多种因素的影响，MODIS L1B 数据存在几何畸变，俗称"蝴蝶结"效应。同时，MODIS 传感器观测目标的反射或辐射能量时，传感器的性能因为不完备会引起失真，导致 MODIS 测量值与目标的光谱反射率或光谱辐亮度等物理量并不一致。因此，使用 MODIS 像数据反演大气气溶胶之前，需要对遥感影像进行预处理，包括条带噪声去除、辐射定标与"蝴蝶结"效应的去除、大气校正、云检测处理、暗像元选取、建立查找表等。图 5-4 是利用 MODIS L1B 1 km 数据反演 AOD 的技术路线图。

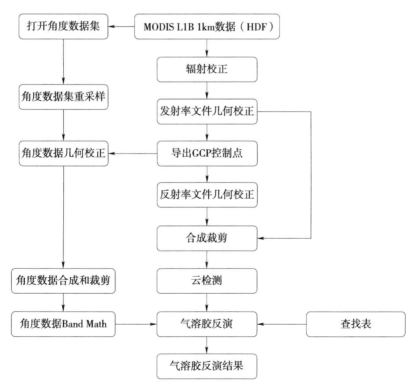

图 5-4　MODIS L1B 数据反演 AOD 技术路线

由于 MODIS 数据分辨率 1 km 覆盖范围达 2 000 多 km，因此受云层干扰的程度较大，所以在做气溶胶光学厚度反演之前，要尽量选取少云影像，并且在数据处理时，要进行云检测。

5.6.1 去除条带噪声

MODIS L1B 影像存在明显条带现象，其原因如下：MODIS 探测器的扫描形式为被动式摆动扫描，横向扫描角度为 ±55°，其扫描幅宽为 2 330 km。受地球曲率影响，扫描线实际跨度为 2 340 km，相邻两扫描行之间便存在 10 km 的重叠现象。同时由于地形起伏、地球表面的曲率、MODIS 对地球观测视野的几何特性和 MODIS 探测器在运动过程中的抖动现象等因素的共同影响，导致 MODIS 数据存在几何畸变现象，特别是 MODIS 数据的扫描条带之间错位现象非常严重，从而产生"双眼皮"现象。

由于噪声并不是产生条带现象的主要原因，因此不能简单采用信号处理过程中的滤波方法来解决条带问题。目前为止，遥感影像中常用的几种去除条带方法为多项式拟合方法、基于均衡曲线的补偿消除方法、直方图匹配法、矩匹配方法和空间–频率域的滤波方法等。本研究采用的去除条带方法为基于均衡曲线的补偿消除方法，其基本原理为依据一定标准选定基准探测器，并将其他探测器输出值订正为基准探测器的信号水平。

5.6.2 辐射定标

MODIS L1B 1km 数据的 HDF 包括 250 m 和 500 m 两个通道的资料，其余所有通道的分辨率均为 1 000 m，HDF 的科学数据集包含的波段及波段类型见表 5-3。

表 5-3　HDF 数据集波段类型

名称	分辨率 /m	光谱波段
EV_250_RefSB	250	1，2
EV_500_RefSB	500	3，4，5，6，7
EV_1km_RefSB	1 000	8~19，26
EV_1km_Emissive	1 000	20~25，27~36

根据 MODIS 数据的这个特点以及相应的参数，对太阳反射波段和热辐射波段分别进行辐射定标，将 DN 值转为真实物理值。相应公式如下：

太阳辐射波段经辐射定标后转为辐射率：

$$L = \text{ra\_scale\_B}(DN - \text{ra\_offsetB})$$

热辐射波段经辐射定标后转为反射率：

$$R = \text{re\_scaleB}(DN - \text{re\_offsetB})$$

式中，DN——某波段某像素点的计数值。

ra_scaleB、ra_offsetB、re_scaleB 和 re_offsetB——相应波段数据集的属性阈。

5.6.3　几何校正

几何校正的目的是消除遥感影像中存在的畸变现象，把影像转换到特定的地理空间中，从而可以最大限度地保证校正后的影像精度和质量。由于 MODIS 数据空间分辨率较低，很难通过选取控制点进行精确的几何校正，但是 MODIS 数据轨道参数已知，根据其轨道参数可建立图像校正的 PRC 模型并对图像进行校正。方法原理为，首先求得每个像元的经纬度坐标，然后对图像进行重采样得到几何校正结果。通过对比几何校正后的 MODIS 影像和 Google 地图影像，两者地理位置信息相差在 MODIS 数据的 2 个像元以内，可以证明利用 MODIS 数据自带的经纬度信息进行几何校正较为准确。

几何校正可分为粗校正和精校正。几何粗校正是根据产生误差的原因，推导其产生误差的过程，以及在这过程中发生的像元位置的变化规律，根据该规律将像元位置反推计算出其实际位置的一个过程。由于在该过程中难以获得较精确的反推公式和参数，因此只是粗略地校正。几何精校正则是指在实际目标物上建立控制点，且最好均匀分布，密度适中，再在影像上找出对应目标物所在位置，建立同一个点在实际与影像中位置的关系式，通过该关系式达到将影像位置精准地校正至实际位置，校正之后的精度与控制点密度、分布情况等有关。

由于 MODIS 影像存在几何畸变现象，因此需要进行几何校正处理。具体来说，几何校正就是使采样点数据与遥感影像进行精准匹配。本研究采用 ENVI 自带的模块函数 Georeference by Sencer，从 MODIS 数据的 HDF 头文件中读取经纬度信息，进行几何校正，从而自动转化为 GCP，而不需要人工选取 GCP，大大提高了几何校正的速度。具体操作如下：打开 MODIS 数据文件，ENVI 自动读取头文件信息，加载数据文件；从 Georeference by Sence 下选择 Georeference MODIS 校正模型；设置输出参数（图 5-5），包括投影信息、选择"去蝴蝶结效应"的选项，完成 MODIS 数据几何校正（图 5-6）。

5.6.4　大气校正

大气校正的目的就是消除大气与光照等因素对地物表面反射的影响，获得地表温度、地物反射率及辐射率等真实的物理模型参数，还包括消除大气中氧气、臭氧、二氧化碳、水蒸气和甲烷等的影响，消除气溶胶和大气分子散射对地物反射的影响。多数情况下，大气校正同时也可作为反演地物真实反射率的过程。

本研究大气校正采用 ENVI 4.6 自带的 FLAASH 大气校正模块，FLAASH 是基于 MODTRAN4 的辐射传输模型，本次研究大气校正的参数信息设置如下。

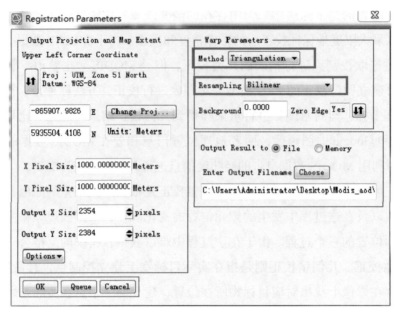

图 5-5　ENVI 几何校正参数设置

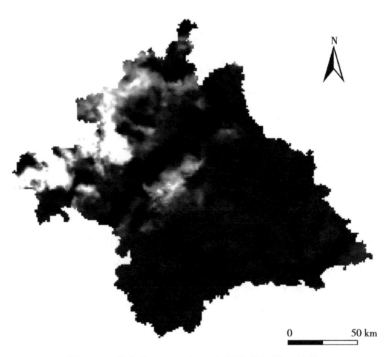

图 5-6　南宁市 MODIS L1B 影像几何校正结果

传感器类型：默认 MODIS；

传感器高度：705；

海拔高程：0.05；

能见度：40；

气溶胶类型：Urban；

大气模型：中纬度夏季。

5.6.5　角度数据处理

MODIS 角度数据处理包括角度数据合成、重采样与角度数据集的几何校正、角度数据波段运算与裁剪 3 个步骤。

角度数据合成包括角度数据加载、角度数据次序调整与合成。具体操作如下：

（1）在 ENVI 5.1 中，打开 MOD03*.hdf 数据文件，在列表中选择 MODIS_Swath_Type_GEO，Data Fields，单击"+"按钮添加 4 个栅格图层，选中图层和数据，点按钮将 4 个角度数据集即卫星天顶角（SensorZenith）、卫星方位角（SensorAzimuth）、太阳天顶角（SolarZenith）、太阳方位角（SolarAzimuth）分别加入 4 个栅格图层。选择 Open Raster 按钮显示在 ENVI 视图中。

（2）选择 Raster Management New File Builder，单击 Import File 按钮，选择打开的 4 个角度数据，单击 Reorder Files 按钮，拖动文件调整其顺序为卫星天顶角、卫星方位角、太阳天顶角、太阳方位角。

（3）选择结果文件输出位置，单击"OK"按钮，得到角度数据合成结果。

若合成角度数据集的行列号与影像行列号相同，可直接转到下一步，进行几何校正。如果合成角度数据集的行列号与影像行列号不同，需要在几何校正之前，重新采样角度数据集。在 ENVI 中，利用 Resize Data 工具，打开要重新采样的角度数据集，选择 Cubic Convolution 完成重采样。IDL 编程可利用 CONGRID 函数重采样。

角度数据集几何校正，包括 GCP 控制点文件选择、投影参数与分辨率设置、几何校正方法及重新采样方法选择。

①在 ENVI 工具箱中"Geometric Correction → Registion Warp from GCPs：Image to Map Registration"，打开"GCP 控制点"文件的对话框，选择在发射率文件几何校正过程中保存的 GCP 控制点文件。

②在弹出的"Image to Map Registion"对话框中，设置投影参数和输出分辨率，点击"OK"按钮。

③在"Input Warp Image"对话框中选择合成后的角度数据，单击"OK"按钮进入

Registration Parameters 对话框，在对话框中设置参数，选择几何校正与重采样方法，与发射率校正结果匹配。单击"OK"按钮，得到几何校正后的角度数据集结果。

角度数据波段运算与裁剪可在 ENVI 遥感处理软件或 IDL 编程实现，在 ENVI 软件中手工操作步骤如下：

①查看几何校正后的角度数据集，若发现其扩大了 100 倍，需要将角度数据乘以0.01。在 TOOLBOX 工具箱中，选择"Band Algebra → Band Math"，输入"float（b1）*0.01"，单击"OK"按钮。

②在参数面板中单击"Map Variable to Input File"，选择角度数据几何校正结果，单击"OK"按钮。

③单击"Spatial Subset"按钮，在弹出的面板中单击"ROI/EVF"，选择"NANNING.SHP"进行裁剪。

④选择结果文件的输出位置后，单击"OK"按钮，得到结果（图 5-7）。

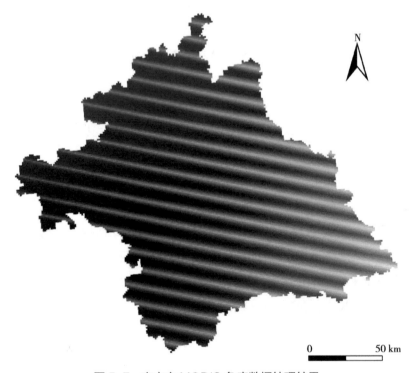

图 5-7　南宁市 MODIS 角度数据处理结果

5.6.6　云检测

由于影像分辨率以及覆盖范围的影响，云干扰程度较大使反演结果出现极高值，目前还没有研究出针对云像元的气溶胶光学厚度反演算法。因此，在反演前先进行云像元的识别与剔除。本研究采用多光谱综合云检测方法，从可见光反射率、红外波段亮温值等方面考虑，逐步建立云检测掩膜。

首先，云在可见光和红外波段的反射率明显高于其他下垫面介质（植被、土壤、水域等），并随着云层厚度、高度的变化而变化，一般高于 30%，而其他介质的反射率均不超过 16%。热红外波段处于较强的水汽吸收波段，下垫面介质的反射由于水汽吸收难以到达传感器，而反射率较低，而卷云上方的水汽对云的反射值削弱较少，可用此波段来进行卷云检测。根据云检测原理，结合 MODIS 各通道的波谱特性、大气窗口以及云的辐射传输特点，选择可见光到热红外 6 个通道进行云检测，见表 5-4。

表 5-4　MODIS 云检测的特征波段及应用领域

波段	光谱范围 /nm
B1	620～670
B6	1 628～1 652
B8	405～420
B26	1 360～1 390

具体波段组合以及判断条件如图 5-8 所示。

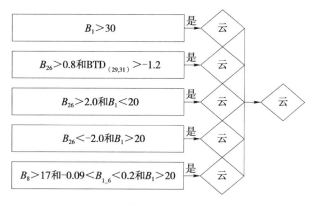

图 5-8　云检测波段组合及判断条件

其中，B_i 代表第 i 通道的反射率或者亮温值；$B_{1\text{-}6}$ 代表 B_1 和 B_6 的差和比值，即 $(\rho_{645}-\rho_{1\,640})/(\rho_{645}+\rho_{1\,640})$。该算法首先通过对不同波段或波段组合分别进行云像元判断，并逐一建立云掩膜，然后将所有判断为云的像元再合并起来，得到一个最终的云检测结果。

采用 ENVI 中的 band math 或用 IDL 编程，可以实现云检测，具体采用的判段条件如下。图 5-9 是南宁市 MODIS 影像去云检测后的结果。

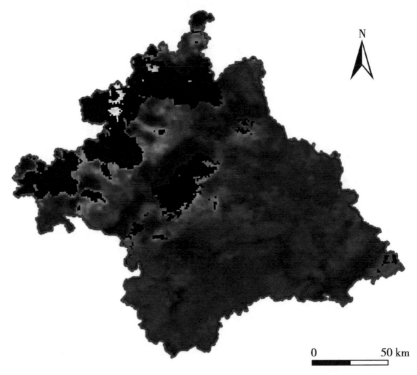

图 5-9　南宁市 MODIS 影像去云检测后结果

5.6.7　暗像元选取

　　暗目标法的关键在于获得相应波段的地表反射贡献。根据 Kanfman 提出的理论，对于密集植被地表（暗目标），红、蓝波段有较小的反射率，并且红、蓝、短波红外波段三者反射率具有很好的线性关系，并且在透过大气层过程中，受到的气溶胶影响较小，传感器接收到的表观反射率可以直接确定为该波段的地表反射率。因此，可以根据可见光波段与近红外波段的线性关系确定出红、蓝波段的地表反射率。

$$\rho^s_{red}=k\rho^s_{blue}$$

式中，ρ^s_{red}、ρ^s_{blue}——红光和蓝光波段浓密植被（暗目标）处的地表反射率；

　　　　k——红、蓝地表反射率比率，根据探测器的特征，结合地面观测数据设定。

　　　　　一般取：

$$\rho^s_{red}=\rho^s_{swir}/2，\ \rho^s_{blue}=\rho^s_{swir}/4$$

其中，ρ^s_{swir}——近红外波段。

5.6.8　建立查找表

由于一个地区的气溶胶类型取决于气溶胶源涉及的气溶胶类型，因此关键要考虑气团在运动到反演区域之前所在地区的地面状况。根据国际气象与大气物理协会定义的标准辐射大气中的气溶胶类型，对流层由水溶性、沙尘性、海洋性、煤烟性 4 种基本气溶胶组分组成，同时根据 4 种组分百分比含量的不同，定义了大陆型、城市型及海洋型 3 种气溶胶类型。图 5-10 为标准辐射大气气溶胶模式及各组分粒子的含量。

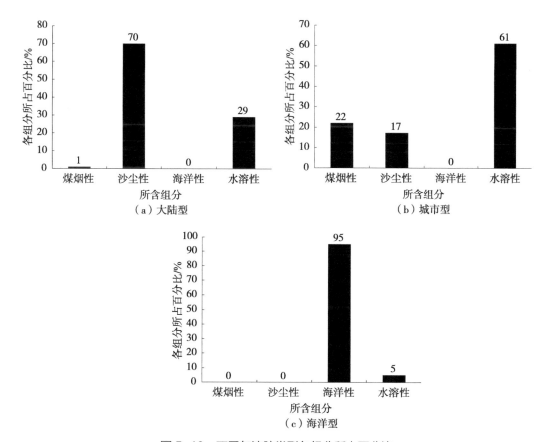

图 5-10　不同气溶胶类型各组分所占百分比

由于南宁市地处北部湾，西临越南，南与南海相连，被中越两国陆地与中国南海岛环抱，特殊的地理位置使得南宁市四季气候变化以及大气活动极为频繁。考虑大气活动对气溶胶空间分布的影响，本研究对南宁市四季采用大陆型气溶胶模式进行反演。

确定所需的大气参数，然后根据不同的太阳入射角和卫星观测角以及其他参数建立查找表。本研究中，利用 6S 模型建立查找表。查找表的构建首先需要确定大气气溶胶参数，包括太阳天顶角、卫星天顶角、相对方位角、气溶胶光学厚度、波长，将这几项参数赋予不同的取值，然后将不同的参数组合输入 6S 传输软件中以构建所需查找表。

设置参数分别为：

气溶胶光学厚度（taer=0.0-1.2，step=0.2）；

太阳天顶角（asol=0-60，setp=12）；

卫星天顶角（avis=0-60，step=12）；

卫星和太阳相对方位角（phiv=0-180，setp=24）；

太阳模式（iastm=2，为中纬度夏季）；

光谱参数（iwave=45）。

使用 IDL 调用 6S 模型生成查找表，主要参数设置如下：

igeom=0；自定义几何条件；

phi0=0；卫星方位角；

month=1；月份；

day=21；日期；

idatm=2；大气模式；

iaer=1；气溶胶模式大陆型；

v=0；能见度；

xps=0；目标物高度；

xpp=-1 000；星测；

iwave=45；选择波段范围；

inhomo=0；地表反射率均一地表；

idirect=0；无方向效应；

igroun=1；绿色植被；

rapp=-2；无大气校正；

tao=[0.1，0.3，0.5，0.7，0.9，1.2]；设置 5.50 μm 处反演值；

asol=[0，12，24，36，48，60]；设置太阳天顶角；

avis=[0，12，24，36，48，60]；设置卫星天顶角；

phiv=[0，24，48，72，96，120，144，168，180]；设置太阳方位角。

设置循环过程：

FOR a=0，2 DOBEGIN；蓝、红两个通道；

FOR b=0，5DOBEGIN；气溶胶反演值 0～1.2 循环；

FOR c=0，5DOBEGIN；太阳天顶角 0～60 循环；

FOR d=0，5DOBEGIN；卫星天顶角 0～60 循环；

FOR e=0，8 DOBEGIN；太阳方位角 0～180 循环。

最终得出查找表如图 5-11 所示。第 1 列为地表反射率（公式中 r 参数），第 2 列为大气透过率（公式中 T 参数），第 3 列为大气下界半球反照率（公式中 s 参数），第 4 列为太阳天顶角，第 5 列为卫星天顶角，第 6 列为相对方位角、第 7 列为气溶胶光学厚度。表中 1、2、3 列为辐射大气参数，4、5、6 列为几何参数，按照之前设置的几何角度以及步长循环罗列。第 4、5 列为 0，12，24，36，48，60 循环；第 6 列为 0，24，48，72，96，120，144，168，180 循环；第七列为 0.1，0.3，0.5，0.7，0.9，1.2 循环。

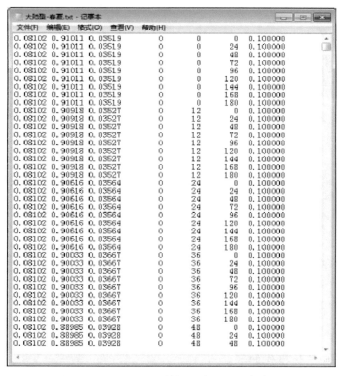

图 5-11　MODIS 数据反演 AOD 查找表

5.7　基于 HJ-1 CCD 数据气溶胶光学厚度反演

本研究利用 HJ-1 CCD 数据高时间分辨率（2d）、高空间分辨率（可见光波段 30 m）、宽覆盖度（单个相机 360 km）的特点，结合 CCD 数据自带的卫星观测角度文件生成逐像元角度合成数据的方法，进行南宁市气溶胶光学厚度反演。

利用 HJ 星数据进行气溶胶光学厚度的反演时，需要对采集的原始图像进行预处理，主要包括两个方面的工作：重采样和辐射定标。HJ 星的 CCD 探测器的星下点分辨率为 30 m，对于反演大气气溶胶来说分辨率过细，不仅给反演带来较大的噪声，而且会大大减缓反演速度。因此，为加快运算速度和提高信噪比，需要对 CCD 相机原始图像进行 10×10 像元的合成，重新采样成为 300 m 分辨率的图像。

5.7.1 获取表观反射率

将 HJ-1 CCD 卫星数据转换为表观反射率，需要进行逐波段的辐射定标（表 5-5），然后利用公式计算各波段的表观反射率。HJ-1 CCD 卫星的空间分辨率为 30 m，为了提高信噪比和减少几何校正误差，将 HJ-1 CCD 卫星 30 m 分辨率图像重新采样成 100 m 分辨率，然后将研究区的数据进行辐射定标处理，获取表观辐亮度图像。

表 5-5　HJ-1 CCD 辐射定标系数

卫星	传感器	增益	参数	定标系数			
				Band1	Band2	Band3	Band4
HJ1A	OCD1	1	$DN/W \times m^{-2} \times sr^{-1} \times \mu m^{-1}$	0.547 59	0.524 5	0.681 83	0.736 76
			$W \times m^{-2} \times sr^{-1} \times \mu m^{-1}$	9.318 3	9.175 8	7.507 2	4.148 4
	OCD2	1	$DN/W \times m^{-2} \times sr^{-1} \times \mu m^{-1}$	0.633 57	0.572 92	0.802 75	0.880 33
			$W \times m^{-2} \times sr^{-1} \times \mu m^{-1}$	7.557 5	7.094 4	4.131 9	1.223 2
HJ1B	OCD1	1	$DN/W \times m^{-2} \times sr^{-1} \times \mu m^{-1}$	0.523 98	0.530 04	0.718 44	0.735 21
			$W \times m^{-2} \times sr^{-1} \times \mu m^{-1}$	1.614 6	4.005 2	6.219 3	2.830 2
		2	$DN/W \times m^{-2} \times sr^{-1} \times \mu m^{-1}$	0.892 55	0.924 8	1.270 34	1.325 69
			$W \times m^{-2} \times sr^{-1} \times \mu m^{-1}$	3.008 9	4.448 7	3.214 4	2.560 9
	OCD2	1	$DN/W \times m^{-2} \times sr^{-1} \times \mu m^{-1}$	0.569 6	0.494 52	0.725 67	0.744 28
			$W \times m^{-2} \times sr^{-1} \times \mu m^{-1}$	3.460 8	5.876 9	8.006 9	8.858 3

获取表观反射率具体操作如下：

第一步，在 ENVI 中用 RESIZE 将 HJ-1 CCD 30 m 分辨率图像重新采样成 100 m 分辨率。

第二步，分别计算各个波段每个像元的辐射亮度 L 值（L 值与波段有关，不用的波段有其相应的值）。

$$L = Gain \times DN + Bias$$

由于光学传感器器件性能的退化，定标参数增益（Gain）和偏移（Bias）也在改变。如果没有定标参数 Gain 和 Bias 的资料，某一波段的 L 可以根据以下公式计算。

$$L = \frac{L_{max} - L_{min}}{QCAL_{max} - QCAL_{min}} \times (QCAL - QCAL_{min}) + L_{min}$$

式中，QCAL——某一像元的 AN 值，即 QCAL=DN；

QCAL$_{min}$——像元最小值，可以取 255；

QCAL$_{max}$——像元最大值。

第三步，根据以下公式求取表观反射率 ρ。

$$\rho = \frac{\pi \times L \times D^2}{\mathrm{ESUN} \times \cos\theta}$$

式中，ρ——大气层顶（TOA）表观反射率，量纲一；

π——常量（球面度 sr）；

L——大气层顶进入卫星传感器的光谱辐射亮度，W/（m^2 · sr · μm）；

D——日地之间距离（天文单位）；

ESUN——大气层顶的平均太阳光谱辐照度，W/（m^2 · μm），数值见表 5-6；

θ——太阳的天顶角。

实际上，L 是来自地物和大气辐射亮度的总和，因此，大气层顶的表观反射率 ρ 也是地面反射率 ρ_G 和大气反射率 ρ_A 的总和，即

$$\rho = \rho_G + \rho_A$$

表 5-6 　 HJ-1 CCD 卫星各波段的太阳辐射度

传感器	波段 1	波段 2	波段 3	波段 4
HJ-1A CCD1	1 914.324	1 825.419	1 542.664	1 073.826
HJ-1A CCD2	1 929.81	1 831.144	1 549.824	1 078.317
HJ-1B CCD1	1 902.188	1 833.626	1 566.714	1 077.085
HJ-1B CCD2	1 922.897	1 823.985	1 553.201	1 074.544

5.7.2 　 角度数据处理

HJ-1 CCD 卫星数据只记录了中心点的太阳天顶角和太阳方位角，以及每一个像元的观测天顶角和观测方位角。由于一景数据采用一个天顶角和方位角会使得角度数据的反演误差逐像元累计，使得反演结果的精确度大大降低，因此本次研究通过读取每一个像元的观测天顶角和观测方位角以及相关计算参数来推算逐像元的太阳天顶角和太阳方位角。

太阳高度角是指地球表面上某点和太阳的连线与地平线之间的夹角，相关公式如下：

$$\sin h = \sin\varphi \times \sin\delta + \cos\varphi \times \cos\delta \times \cos t$$

$$\cos t = -\mathrm{tg}\varphi \times \mathrm{tg}\delta$$

$$t = 15°(n-12)$$

式中，h——太阳高度角，范围在 [-90，90]；

$\quad\quad\quad\varphi$——地理纬度；

$\quad\quad\quad\delta$——太阳赤纬角；

$\quad\quad\quad t$——时角，是指单位时间地球自转的角度；

$\quad\quad\quad n$——时间（24 h 制）。

太阳赤纬角的近似公式为：

$$\delta = 23.45° \times \sin[(N-80.25) \times (1-N/9\ 500)]$$

式中，N——从元旦到计算日的总天数，天。

根据上述公式，可以求得太阳天顶角 β：

$$\beta = \cos^{-1}(\sin\varphi\sin\delta + \cos\varphi\cos\delta\cos t)$$

$$\delta = 0.409\sin\left(\frac{2\pi}{365}J - 1.39\right)$$

$$t = \pi\frac{N-12}{12}$$

太阳方位角是太阳至地面上某给定地点的连线在地面上的投影与当地子午线之间的夹角。从正午算起，上午为负值，下午为正值。方位角 A 计算如下：

$$\cos A = (\sin h \times \sin\varphi - \sin\delta)/(\cos h \times \cos\varphi)$$

以此逐步求出每个像元的太阳天顶角、太阳方位角，然后将得到的 4 个角度数据进行插值，最后生成含有 4 个波段的角度合成数据。

5.7.3　暗像元选取

暗目标法的关键在于获得相应波段的地表反射贡献。根据 Kanfman 提出的理论，对于密集植被地表（暗目标），红、蓝波段有较小的反射率，并且红、蓝、短波红外波段三者反射率具有很好的线性关系。因此，可以从红、蓝波段的表观反射率去除地表贡献，获得大气参数 S、ρ_0、$T(\mu_s)$ $T(v)$，进而得到 AOD。

$$\rho^s_{red} = k\rho^s_{blue}$$

式中，ρ^s_{red}、ρ^s_{blue}——红光和蓝光波段浓密植被（暗目标）处的地表反射率；

$\quad\quad\quad k$——红、蓝地表反射率比率，根据探测器的特征，结合地面观测数据设定。

而 CCD 相机中缺少短波红外波段，其近红外波段包含大气影响，很难准确获得地表暗目标，所以本研究引入归一化植被指数（NDVI）来进行暗目标识别。

$$\text{NDVI} = \frac{\rho_{\text{nir}} - \rho_{\text{red}}}{\rho_{\text{nir}} + \rho_{\text{red}}}$$

式中，ρ_{nir}、ρ_{red}——CCD 相机第 4 波段和第 3 波段的反射率。

NDVI 能够较好地反映地表植被分布状况，且能够去除部分的大气影响。当 NDVI<0 时，表明陆地表面上主要覆盖云、水和雪等在可见光波段反射比在红外波段的反射较强的地物，将其判为非暗像元；当 NDVI>0 则表明有植被覆盖，且其值随着覆盖度的增大而增大，最后选定阈值作为筛选暗像元的条件。通过监测产品和地面同步观测数据的验证对比，同时考虑大气影响，将 NDVI 的阈值设为 0.3。

5.7.4 建立查找表

大气校正系数查找表的构建精度直接影响到大气校正结果的精度。因此，在构建查找表时，基于以下初始设置进行了敏感性分析：大气顶层反射率为 0.3；太阳天顶角为 50°；观测天顶角为 20°；相对方位角为 90°；大气模式为中纬度夏季；气溶胶类型为大陆型；550 nm 处的气溶胶光学厚度为 0.5。

根据几何参数、传感器参数、波段特性以及其他参数建立查找表，确定了以下取值范围：

太阳天顶角设为 6、12、18、24、30、36、48、54、60、66；

卫星天顶角设为 3、6、9、12、15、18、21、24、27、30、33、36、39；

相对方位角：12、24、36、48、60、72、84、96、108、120、132、144、156、168、180；

气溶胶光学厚度：0.0、0.1、0.3、0.5、0.7、0.9、1.2。

本研究使用 IDL 语言调用 6S 模型源码，生成相应查找表，主要参数设置的 IDL 语言如下：

igeom=0；自定义几何条件；

phi0=0；卫星方位角；

month=7；月份；

day=29；日期；

idatm=2；大气模式为中纬度夏季；

iaer=1；气溶胶模式大陆型；

v=0；能见度；

xps=0；目标物高度；

xpp=-1 000；星测；

iwave=1；选择波段范围；

inhomo=0；地表反射率均一地表；

idirect=0；无方向效应；

igroun=1；绿色植被；

rapp=-2；无大气校正；

w=[[0.43，0.52]，[0.63，0.69]]；

tao=[0.0，0.1，0.3，0.5，0.7，0.9，1.2]；550 nm 气溶胶光学厚度；

asol=[0，6，12，18，24，30，36，48，54，60，66]；太阳天顶角；

avis=[0，3，6，9，12，15，18，21，24，27，30，33，36，39]；卫星天顶角；

phiv=[0，12，24，36，48，60，72，84，96，108，120，132，144，156，168，180]；相对方位角。

设置循环过程：

FOR a=0，1 DO BEGIN；蓝、红两个通道；

FOR b=0，7 DO BEGIN；AOD 值 0～1.2 循环输入；

FOR c=0，11 DO BEGIN；太阳天顶角 0～66 循环；

FOR d=0，13 DO BEGIN；卫星天顶角 0～39 循环；

FOR e=0，15 DO BEGIN；太阳方位角 0～180 循环。

得出查找表如图 5-12 所示。第 1 列为地表反射率（公式中 r 参数），第 2 列为大气透过率（公式中 T 参数），第 3 列为大气下界半球反照率（公式中 s 参数），第 4 列是太阳天顶角，第 5 列为卫星天顶角，第 6 列为相对方位角，第 7 列为气溶胶光学厚度。表中第 1、2、3 列为辐射大气参数，第 4、5、6 列为几何参数，按照之前设置的几何角度以及步长循环罗列。

第 4 列为 0，6，12，18，24，30，36，48，54，60，66 循环；第 5 列为 0，3，6，9，12，15，18，21，24，27，30，33，36，39 循环；第 6 列为 0，12，24，36，48，60，72，84，96，108，120，132，144，156，168，180 循环；第 7 列为 0.1，0.3，0.5，0.7，0.9，1.2 循环。

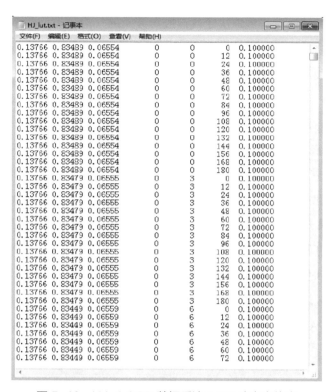

图 5-12　HJ-1 CCD 数据反演 AOD 建立查找表

5.8　气溶胶反演结果及精度验证对比

5.8.1　北部湾年际气溶胶厚度反演

环北部湾是一个跨省份、跨国界的新兴经济圈，整个环北部湾大致呈半封闭大海湾，受季风、洋流影响显著，有着独特的气候条件。本研究以北部湾以及越南东北部为研究区域，利用 MODIS 数据反演气溶胶光学厚度在时间、空间上的分布。

本研究以 2004 年、2006 年、2008 年和 2010 年为研究时段，研究范围为 103°43′E～115°24′E，22°35′～18°20′N。气溶胶光学厚度反演的基础数据来源于国际科学数据服务平台下载的 MOD021kM TERRA 卫星 1B（1 km × 1 km）对地观测数据。并利用 ARONET 地基气溶胶观测网站上公布的 2008 年 Bac_Giang 站、MuKdahan 站和 Hongkong_poly 站 L2.0 级 550 nm 陆上气溶胶光学厚度监测值对反演结果进行精度验证。ARONET 监测网以法国 CEMEL 公司的 CE318 太阳光度计为观测仪器，计算得出气溶胶光学厚度（AOT）。它的反演精度可以达到 0.01～0.02，足以作为真值用于检验卫星反演的 AOT 值。

由于一个地区的气溶胶类型取决于气溶胶源涉及的气溶胶类型，因此关键要考虑气团在运动到反演区域之前所在地区的地面状况。根据国际气象与大气物理协会定义的标准辐射大气中的气溶胶类型，对流层由水溶性、沙尘性、海洋性、煤烟性4种基本气溶胶组分组成，同时根据4种组分百分比含量的不同，定义了大陆型、城市型和海洋型3种气溶胶类型（王雪松和李金龙）。

由于北部湾西临越南，南与南海相连，被中越两国陆地与中国南海岛环抱，这特殊的地理位置使得四季气候变化以及大气活动极为频繁。考虑大气活动对气溶胶空间分布的影响，本研究对北部湾地区四季分别采用城市型、大陆型、海洋型大气模式进行反演。

将反演的结果与AERONET国际气溶胶监测网站Bac_Giang站、MuKdahan站和Hongkong_poly站的观测数据进行精度验证。选取0.55 μm处的光学厚度值进行比较，用卫星过境前后半小时地基观测结果的平均值作为标准值，并以地基站点为中心在该站点位置0.5°×0.5°区域范围内的卫星数据反演结果的空间平均值作为反演结果样本，如表5-7～表5-10将AERONET网站上3个站点的四季观测平均值与MODIS反演的四季平均值进行对比。

表5-7　春季 AERONET 观测数据与反演结果平均值对比

站点	AERONET	城市型	误差/%	大陆型	误差/%	海洋型	误差/%
Bac_Giang	1.364	1.108	18.77	1.174	13.93	0.914	32.99
Hongkong_poly	0.531	0.864	62.71	0.587	10.55	0.457	5.43
MuKdahan	0.752	0.603	19.81	0.685	8.91	0.669	11.04

表5-8　夏季 AERONET 观测数据与反演结果平均值对比

站点	AERONET	城市型	误差/%	大陆型	误差/%	海洋型	误差/%
Bac_Giang	1.258	1.033	17.89	0.959	23.77	0.992	21.15
Hongkong_poly	0.435	0.752	72.87	0.383	11.95	0.383	11.95
MuKdahan	0.517	0.451	12.77	0.360	30.37	0.48	7.2

表5-9　秋季 AERONET 观测数据与反演结果平均值对比

站点	AERONET	城市型	误差/%	大陆型	误差/%	海洋型	误差/%
Bac_Giang	0.956	0.933	2.41	0.975	1.99	0.805	15.79
Hongkong_poly	0.295	0.644	118.31	0.375	27.11	0.44	49.15
MuKdahan	0.434	0.765	76.27	0.56	29.03	0.66	53.23

表 5-10 冬季 AERONET 观测数据与反演结果平均值对比

站点	AERONET	城市型	误差 /%	大陆型	误差 /%	海洋型	误差 /%
Bac_Giang	0.972	0.306	68.52	0.385	60.39	0.244	74.89
Hongkong_poly	0.338	0.147	56.51	0.386	14.2	0.245	27.51
MuKdahan	0.523	0.257	50.86	0.42	19.69	0.361	30.98

可看出大陆型和海洋型气溶胶模式的反演结果与 AERONET 网站公布的观测结果有一定的相似性。主要是因为大陆型气溶胶由乡村气溶胶组成，而海洋型气溶胶由海盐粒子和乡村气溶胶组成，两者的组成成分中绝大部分相同，而城市型气溶胶反演的结果与前两者相差很大，这是因为城市型气溶胶中沙尘类占了很大一部分。

分别对四季反演的多天数据进行一元线性回归分析，反演结果与观测站值的相关系数与拟合优度值统计如表 5-11 所示。

表 5-11 四季气溶胶光学厚度反演值与 AERONET 观测数据一元线性拟合统计结果

季节	城市型		大陆型		海洋型	
	相关系数	拟合优度	相关系数	拟合优度	相关系数	拟合优度
春	0.138	0.019	0.817	0.668	0.535	0.286
夏	0.229	0.053	0.496	0.246	0.571	0.327
秋	0.150	0.023	0.702	0.493	0.218	0.048
冬	0.134	0.018	0.400	0.160	0.270	0.073

春、秋、冬季使用大陆型气溶胶模式反演结果与 AERONET 网站公布的数据拟合度是 3 类气溶胶模式中最高的，说明北部湾地区受乡村类气溶胶影响较大。这是由于北部湾及周边地区的社会经济发展状况使得实际存在的大气污染物类型和含量多属于沙尘型，极少量的煤烟型，并且受到海水环流、气旋以及降水等因素的影响，使得水溶性粒子增加。

夏季海洋型气溶胶模式反演结果与观测数据相关性最高，说明北部湾夏季受海盐粒子等海风影响较大。这是由于夏季北部湾地区降水强，风从热带海上来，多为西南风，并受热带气旋影响，进入北部湾后强度增加，同时还产生多次回旋的气流，使得海盐粒子扩散。

运用上述的反演方法对 2004 年、2006 年、2008 年以及 2010 年北部湾地区气溶胶光学厚度反演的结果进行对比。选择一年中云量较少的天数合成的影像数据作为研究对象。春、秋、冬季气溶胶模式选择大陆型，夏季选择海洋型。反演结果如图 5-13～图 5-14 所示。

对比年际反演结果可看出，广西南部的气溶胶光学厚度高值区在 2006 年有南移的现象，并在 2008 年和 2010 年呈向周边扩散的趋势。从反演结果可以看出防城港、钦州以及北海地区为较高值区，尤其与越南交界处的东兴、凭祥等地的气溶胶光学厚度值由 2004—2012 年不断增大。而百色南部、贵港南部均为低值区。广东湛江的气溶胶也呈扩散趋势，

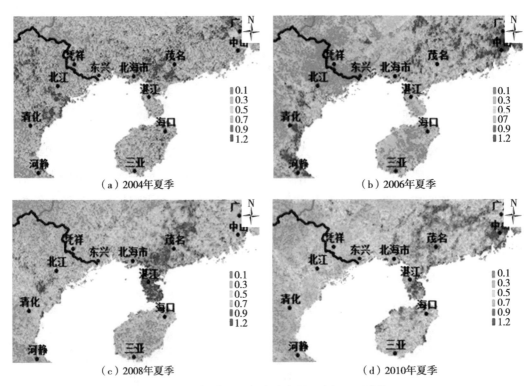

图 5-13　北部湾夏季气溶胶光学厚度年际反演结果

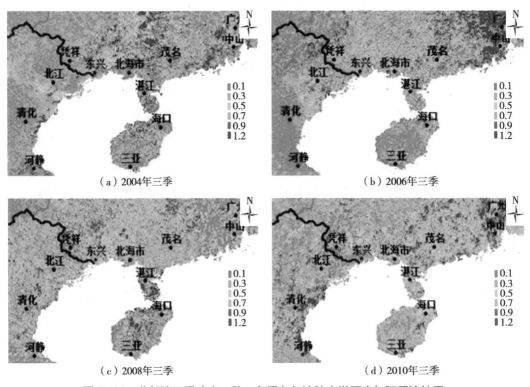

图 5-14　北部湾三季（春、秋、冬季）气溶胶光学厚度年际反演结果

而东部的广州、中山一带为高值区。海南省的海口、三亚地区的气溶胶光学厚度增加也较明显。越南北部与我国接壤的部分地区，尤其是北江及周边区域在 2006 年明显呈现小范围的高值区，而在 2010 年高值范围明显扩散至越南高平、宣光等省。越南沿海地区的清化、河静的气溶胶光学厚度值增加地也非常迅速。这是由于近年北部湾经济区的飞速发展，与包括越南、老挝、泰国在内的周边国家进行大量进出口贸易从而推动了各国经济的迅速增长，促进了城市化进程，加快了工业化，各种燃料加大了消耗、废气排放等。

5.8.2　2013 年南宁市四季气溶胶厚度反演

按照上述基于 MODIS 数据的气溶胶光学厚度反演步骤与方法，从 2013 年全年 MODIS 数据中挑选出少云的影像，按照月份反演气溶胶光学厚度，并合成南宁市四季气溶胶厚度分布情况，结果如图 5-15 所示。

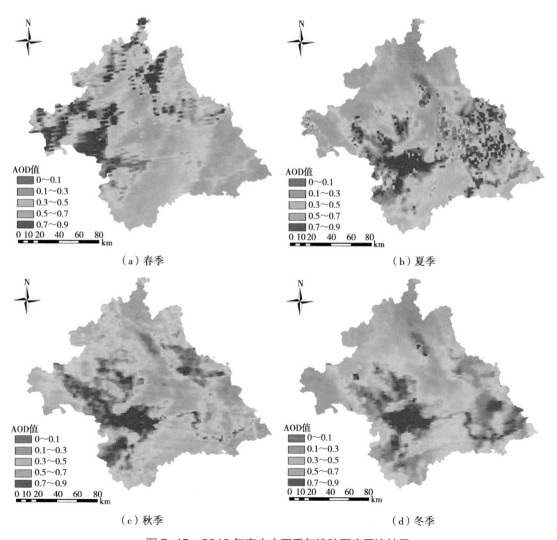

图 5-15　2013 年南宁市四季气溶胶厚度反演结果

5.8.3　南宁市特定天气溶胶反演

（1）2014年1月14—16日气溶胶反演。

2014年1月14日、15日、16日CCD数据与MODIS数据对南宁市气溶胶光学厚度反演结果如图5-16、图5-17所示。从MODIS卫星反演结果可以明显看出，14日南宁东北部灰霾较多，而中部较少，15日整个市的灰霾情况均较为严重，尤其东南部，气溶胶光学厚度大部分在0.9以上，到16日灰霾情况有所减缓。从HJ-1卫星反演的结果看，灰霾变化情况整体上与CCD数据反演结果一致，但整体的空间分布特征没有MODIS数据反演结果明显。

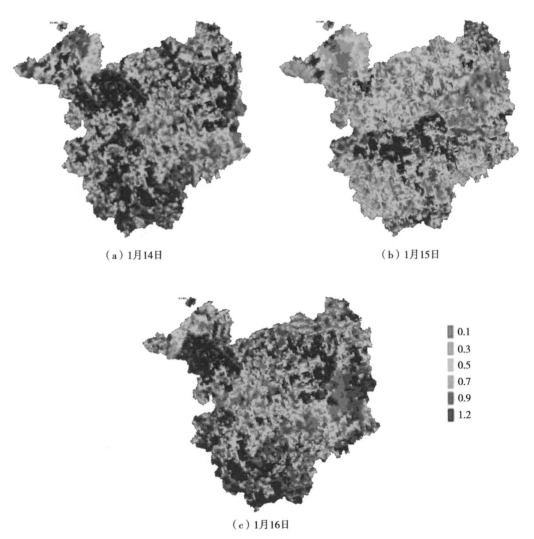

（a）1月14日　　　　　　　　　　　　　（b）1月15日

（c）1月16日

图5-16　2014年1月14日、15日、16日基于MODIS数据的AOD反演结果

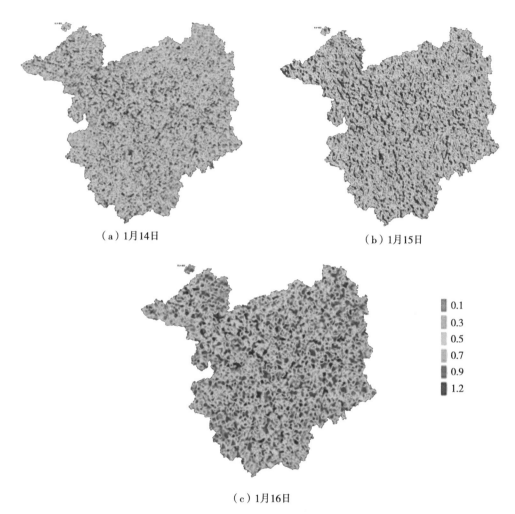

（a）1月14日　　　　　　　　　　　　（b）1月15日

（c）1月16日

图 5-17　2014 年 1 月 14 日、15 日、16 日基于 HJ-1 CCD 数据的 AOD 反演结果

　　将反演的结果与 AERONET 国际气溶胶监测网站 Bac_Giang 站、MuKdahan 站和 Hongkong_poly 站的观测数据进行精度验证。用卫星过境前后半小时地基观测结果的平均值作为标准值，并以地基站点为中心，将该站点位置 0.5°×0.5° 区域范围内的卫星数据反演结果的空间平均值作为反演结果样本，对比验证结果如图 5-18 所示。

　　由上述相关性分析结果可以看出，CCD 数据的反演结果与 AERONET 的拟合性高于 MODIS 气溶胶反演结果。CCD 数据与观测结果的相关系数为 0.865，线性拟合斜率为 0.825 2，截距为 0.189 8，MODIS 反演结果与观测结果相关性系数为 0.844，线性拟合斜率为 0.855 8，截距为 0.041 7。说明 HJ-1 CCD 数据的逐像元角度数据的气溶胶光学厚度反演算法与 MODIS 反演产品对比，整体上精度有所提高，并且与 AERONET 网站公布结果有较好的一致性。

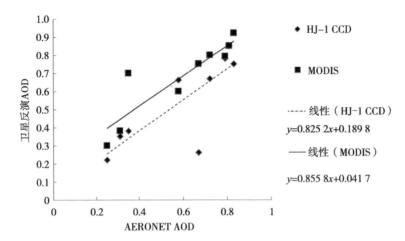

图 5-18　HJ-1 CCD、MODIS 与 AERONET 的 AOD 观测值对比验证结果

（2）世锦赛期间广西气溶胶光学厚度反演。

以提出的利用 HJ-1 卫星 30 m 分辨率的 CCD 数据逐像元推算观测天顶角、观测方位角、太阳天顶角、太阳方位角合成数据，并反演南宁市大气气溶胶光学厚度方法。最后以 AERONET 站点观测数据对反演结果进行验证，初步证明本书反演方法的有效性，同时也表明 HJ 卫星遥感技术作为一种新型的监测手段，可有力补充地基监测的不足，快速进行大范围气溶胶时空分布研究。10月1—5日数据云覆盖量大，考虑数据质量及空间分布的明显性，本研究采用 MODIS 数据进行世锦赛 10月6—13日的南宁市及周边地区气溶胶光学厚度值反演计算，反演结果如图 5-19 所示。

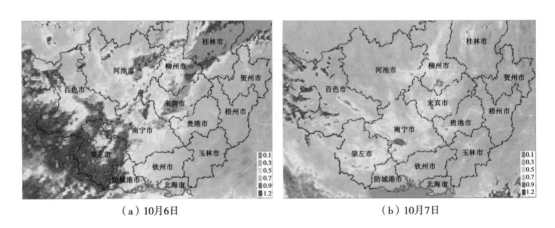

（a）10月6日　　　　　　　　　　　　　　（b）10月7日

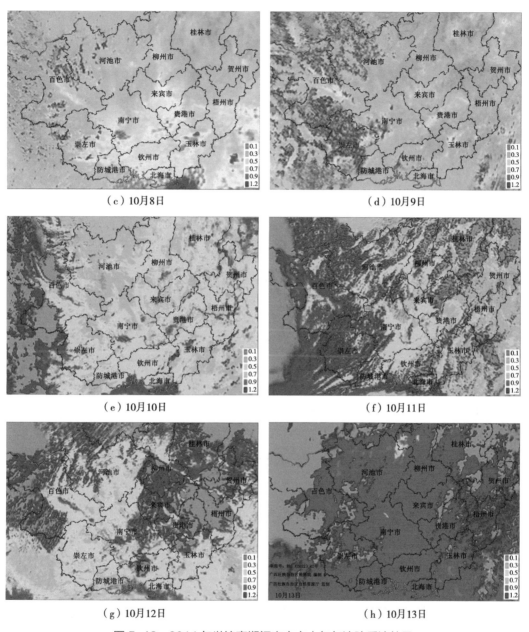

图 5-19　2014 年世锦赛期间南宁市大气气溶胶反演结果

从上述反演结果可以看出，南宁市在举办世锦赛期间，AOD 变化主要分为两个阶段，10 月 6—8 日南宁市大部分区域 AOD 逐渐由 0.7 左右上升至 1.0，而 10 月 9—13 日基本维持在 1.0～1.2。市区中心为高值区。

从南宁市地面监测来看，PM_{10} 的浓度从 10 月 6—8 日持续上升，10 月 9—13 日基本维持在同一水平，如图 5-20、图 5-21 所示。$PM_{2.5}$ 的浓度与 PM_{10} 浓度变化趋势一致。从

AQI 指数来看，也与 PM_{10} 和 $PM_{2.5}$ 的变化趋势一致，10 月 6—8 日稳步上升，10 月 9—13 日维持在同一水平，即空气质量从 10 月 6 日为良，到 10 月 7—13 日变为轻度污染，与遥感解译的 AOD 的变化趋势基本一致。

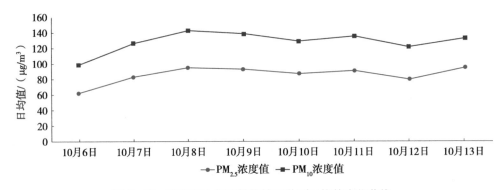

图 5-20 南宁市大气颗粒物地面监测日均值变化曲线

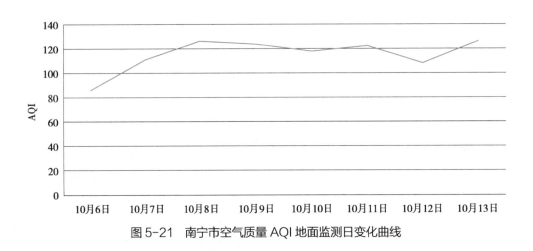

图 5-21 南宁市空气质量 AQI 地面监测日变化曲线

（3）灰霾事件中南宁市 AOD 地基遥感反演。

根据中国环境监测总站制定的《灰霾污染日判别标准》，灰霾污染日定义为环境空气中细颗粒物浓度及其在颗粒物中所占比例达到一定水平，并使水平能见度持续 6 h 小于 5.0 km 的空气污染天气。南宁市 2014 年 10 月 7—18 日发生灰霾污染，10 月 7 日 0 时到 12 日 23 时为发生发展阶段，地面观测日均 $PM_{2.5}$ 浓度值为（89.23±23.4）$\mu g/m^3$，10 月 13 日 0 时至 18 日 23 时为严重灰霾阶段，日均 $PM_{2.5}$ 浓度值为（106.3±26.9）$\mu g/m^3$；颗粒物中 $PM_{2.5}$ 占比持续偏高，出现能见度最低小于 2 km 的情况；10 月 19 日，污染物指标逐渐回落（如 $PM_{2.5}$ 浓度下降到 55 $\mu g/m^3$ 左右），能见度回升至 10 km 以上，灰霾趋于消散。这次灰霾污染持续较长时间，能较好地反映灰霾事件爆发前后大气气溶胶光学特性变化情况。本研究利用 CE318 太阳光度计反演该灰霾期南宁市 AOD 及相关参数，研究灰霾期间的大气气溶胶光学特性的变化情况。

表 5-12 和图 5-22 是灰霾事件爆发期间研究区各参数日均值及大气气溶胶光学厚度（$AOD_{500\,nm}$）与 Angstrom 波长指数的变化情况。图 5-22 表明，灰霾事件爆发前的大气气溶胶光学厚度一直处在一个较低的值，虽有波动，但均处在一个较小的范围内。从 10 月 7 日开始，灰霾事件爆发，大气气溶胶光学厚度明显上升并出现波动，在 10 月 17 日达到最大值（1.599），说明灰霾事件爆发期间，大气气溶胶的浓度明显增多，对太阳辐射的消光作用增强；10 月 18 日后灰霾事件结束，大气气溶胶光学厚度出现明显下降，一段时间的聚集、碰并、沉淀、输送之后，在 10 月 21 日达到最低值（0.305）。Angstrom（$AE_{440-870\,nm}$）波长指数在灰霾事件爆发前，处于一个较为平稳的状态，但在 10 月 3 日出现一个明显的下降，然后上升；整个灰霾事件爆发期间，Angstrom 波长指数在一段时间的上升之后，趋于一个水平较高的平稳状态，说明灰霾事件爆发期间，大气气溶胶的空间尺度减少，大气污染物多为细粒径的大气气溶胶，细粒径的大气气溶胶消光效果显著。灰霾事件结束之后，Angstrom 波长指数波动明显，大气气溶胶空间尺度变化较大。

表 5-12　灰霾事件中各参数日均值

	$AOD_{500\,nm}$	$AE_{440-870\,nm}$	$\beta_{440-870\,nm}$	$SSA_{440\,nm}$
灰霾期间	1.19 ± 0.27	1.46 ± 0.09	0.44 ± 0.13	0.78 ± 0.02
非灰霾期间	0.75 ± 0.26	1.31 ± 0.10	0.25 ± 0.11	0.77 ± 0.03

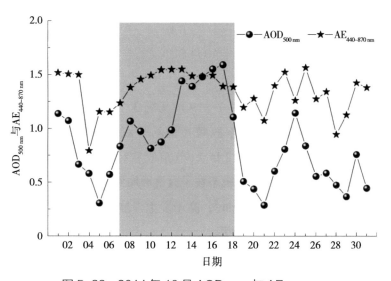

图 5-22　2014 年 10 月 $AOD_{500\,nm}$ 与 $AE_{440-870\,nm}$

图 5-23 为观测期间内 2014 年 10 月 7—19 日爆发的灰霾事件中单次散射反照率（SSA）与 Angstrom 浑浊度指数（$\beta_{440-870\,nm}$）的变化情况。Angstrom 浑浊度指数与大气气溶胶光学厚度变化趋势基本一致，均在灰霾事件爆发期间出现明显的上升趋势，在 10 月 17 日出现最高值（0.691），两者的变化趋势均能说明此时的大气环境非常浑浊，灰霾事件较严重，空气质量下降。灰霾事件爆发前后的大气气溶胶单次散射反照率虽未出现明显的变化，但在灰霾事件爆发期间，出现了略微的上升，这与前人关于灰霾污染中大气气溶胶单次散射反照率变化的结果相近，均出现了略微上升。单次散射反照率决定了大气气溶胶对辐射强迫的正、负效应，其微小变化对辐射强迫计算都会产生较大影响，说明灰霾发生期间，大气气溶胶的散射性增强。

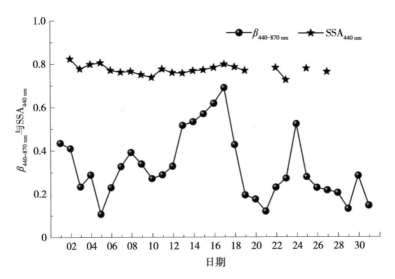

图 5-23 2014 年 10 月 $SSA_{440\,nm}$ 与 $\beta_{440-870\,nm}$

图 5-24 和图 5-25 为 2014 年 10 月 7—19 日灰霾 3 个阶段粒径谱分布图。图 5-25、图 5-26 显示，整个灰霾天气期间气溶胶粒径谱均呈双峰分布，细模态粒子浓度高于粗模态。灰霾发生发展期（10 月 7—12 日），气溶胶粒径谱峰值从 0.148 $\mu m^3/\mu m^2$ 发展到 0.155 $\mu m^3/\mu m^2$ ［图 5-24（a）、(b)]，细模态粒子数量增加见图 5-25（a）、(b)；灰霾严重期间，气溶胶粒径谱峰值高达 0.272 $\mu m^3/\mu m^2$，高于发生发展阶段及消散期（0.104 $\mu m^3/\mu m^2$），反映了灰霾期大气颗粒物生成、累积过程。

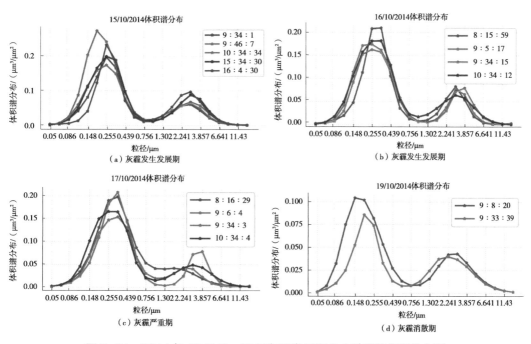

图 5-24　2014 年 10 月 7—19 日灰霾发展期 3 个阶段粒径谱分布图

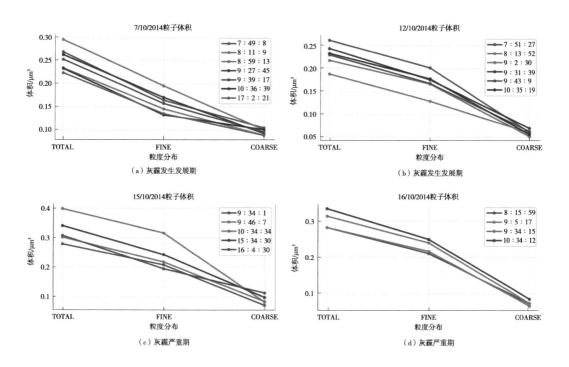

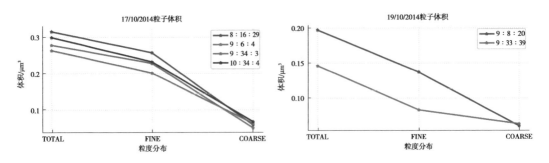

图5-25　2014年10月7—19日灰霾发展期3个阶段AOD粒子体积分布图

（4）工作日与非工作日南宁市AOD地基遥感反演。

人类活动是影响城市大气气溶胶光学厚度变化的主要因素，其中人类出行时间与作息时间的不同、城市交通尾气排放与交通负荷的变化是引起工作日和非工作日大气气溶胶光学厚度变化趋势差别的主要原因之一。图5-26为工作日与非工作日不同时段500 nm处大气气溶胶光学厚度的变化情况。从图5-26可以看出，整体上南宁市工作日的$AOD_{500\,nm}$略小于非工作日，出现这样的情况很有可能是周五晚上人类活动的增加致使大气污染源增多，$AOD_{500\,nm}$处于一个较高的水平，夜晚大气气溶胶由于温度降低，不易沉淀扩散，高浓度的大气气溶胶持续至次日。工作日$AOD_{500\,nm}$平均值为0.588，而非工作日$AOD_{500\,nm}$平均值为0.887。工作日与非工作日在不同的时段有不同的变化趋势：$AOD_{500\,nm}$在工作日08：03～08：57一直处在一个平稳的阶段，在09：00之后平缓上升，直到10：53～14：45出现一个起伏的变化过程，在14：45左右出现最高值，然后由于污染物的沉淀扩散，大气气溶胶光学厚度平稳地下降，该观测点位于南宁市交通要道明秀路的南面，受附近交通状况影响较大。工作日人类活动较规律，大气气溶胶光学厚度日变化情况幅度较小且变化多集中在中午时段，主要原因是太阳辐射使地面温度上升，热气流上升加热底层空气，造成大气层冷热气团分布不均且不稳定，经过一段时间，形成局地湍流，使早高峰产生的底层污染物悬浮在空气中，使大气气溶胶光学厚度中午测量值较大；大气气溶胶经过一定时间的集聚、碰并、沉淀、传输，在保持一定的平稳期之后，大气气溶胶光学厚度出现下降。与工作日相比，$AOD_{500\,nm}$在非工作日13：50之前一直都是一个平稳的阶段，之后出现明显的上升，且上升较快，然后在15：35之后保持在一个较高的水平。这是因为非工作日人们出行较晚，早上交通负荷较少，随着时间的推移，中午出行人数增多，大气气溶胶光学厚度突然激增，大气气溶胶光学厚度相对于工作日滞后一段时间达到当日最高值。工作日的交通负荷趋于平缓，而非工作日的交通流量上升得较快，且交通负荷大于工作日。

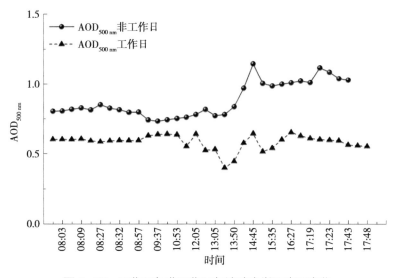

图 5-26　工作日与非工作日气溶胶光学厚度日变化

图 5-27 是工作日与非工作日期间的 Angstrom 波长指数的变化情况。工作日的 Angstrom 波长指数小于非工作日，表征工作日的大气气溶胶粒子空间尺度大于非工作日。非工作日的 Angstrom 波长指数平均值为 1.552，没有很明显的变化趋势，只是在 14：45 出现略微上升，然后保持一段稳定的水平，在 17：23 之后缓慢下降，恢复到平均水平；说明非工作日的大气气溶胶粒子空间尺度较小，大气气溶胶粒子主控粒子为细粒子。工作日的 Angstrom 波长指数平均值为 0.830，在 08：03—09：37 处于一个平稳的阶段，然后在 10：53—15：35 出现多次起伏，随后恢复到平均值，保持一段时间之后，在 17：48 出现一次起伏。分析得出，南宁市 Angstrom 波长指数工作日的变化情况较为复杂，在中午时段，大气气溶胶粒子的空间尺度一直在变化。出现这样的变化情况，很有可能是由人类活动的变化情况引起的，中午时段交通尾气排放产生的大气气溶胶污染物与早高峰碰并降沉的污染物交替变化，引起大气气溶胶粒子空间尺度变化。

（5）南宁市 2015 年 1 月一次灰霾中气溶胶光学特性垂直分布分析。

表 5-13 显示了南宁市 2015 年 1 月 13—24 日发生的一次持续时间较长、污染严重的灰霾过程。为了监测雾霾中气溶胶光学特性垂直分布，本研究选用 CALIOP 正交偏振云—气溶胶激光雷达数据，提取南宁市灰霾天气中气溶胶的 532 nm 衰减后向散射系数、色比、退偏比、消光散射系数等光学参数，分析灰霾中气溶胶光学特性垂直分布特征，结合 CE318 全自动太阳光度计观测数据，提取灰霾发生过程中的 AOD、Angstrom 波长指数及气溶胶粒径谱，分析灰霾发展过程中气溶胶光学特性变化规律，利用 HYSPLIT 模式分析粒子来源。

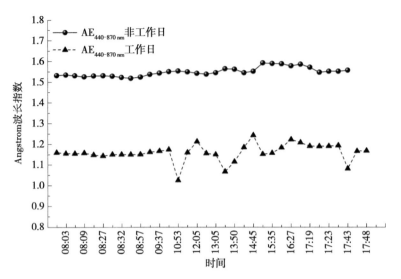

图 5-27　工作日与非工作日 Angstrom 波长指数日变化

表 5-13　2015 年 1 月中下旬空气质量等级

时间	质量等级	AQI 指数	PM$_{2.5}$	PM$_{10}$
2015-01-13	良	76	55	82
2015-01-14	轻度污染	108	80	126
2015-01-15	轻度污染	129	98	155
2015-01-16	轻度污染	150	113	185
2015-01-17	中度污染	152	114	186
2015-01-18	中度污染	151	114	176
2015-01-19	轻度污染	149	113	171
2015-01-20	中度污染	187	142	222
2015-01-21	重度污染	204	156	250
2015-01-22	中度污染	167	126	202
2015-01-23	轻度污染	116	87	123
2015-01-24	良	63	38	74
2015-01-31	优	46	31	41

注：数据来自 http://www.tianqihoubao.com/aqi/nanning-201501.html。

1）数据及方法。

① CALIPSO 数据选取。

CALIPSO 夜间数据的信噪比白天数据高，所以本研究气溶胶光学特性的退偏比、色比、532 nm 衰减后向散射系数采用的数据均为夜间过境数据，并在 NASA

网 站 根 据 CALIPSO 夜 间 过 境 轨 迹（图 5-28）初 步 筛 选 2015 年 1 月 经 过 南 宁 市
（107°45′～108°51′E，22°13′～23°32′N）上空的数据（表 5-14）。

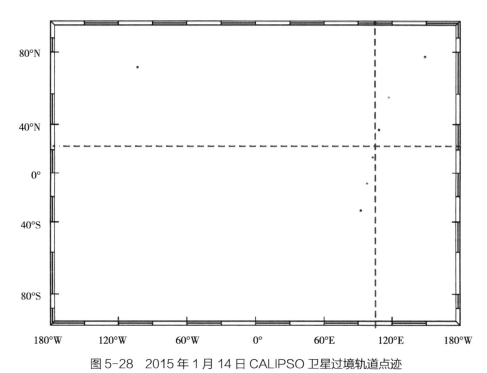

图 5-28 2015 年 1 月 14 日 CALIPSO 卫星过境轨道点迹

表 5-14 经过筛选用来研究大气气溶胶光学特性的 CALIPSO 数据

数据名称	AQI	当天空气质量等级
CAL_LID_L1_Standard-V4-00.2015-01-05T18-43-53ZN.hdf	54	良
CAL_LID_L1_Standard-V4-00.2015-01-07T18-31-34ZN.hdf	71	良
CAL_LID_L1-Standard-V4-00.2015-01-14T18-37-51ZN.hdf	129	轻度污染
CAL_LID_L1_Standard-V4-00.2015-01-16T18-25-43ZN.hdf	152	中度污染
CAL_LID_L1_Standard-V4-00.2015-01-21T18-44-49ZN.hdf	167	中度污染
CAL_LID_L1_Standard-V4-00.2015-01-23T18-32-40ZN.hdf	63	良
CAL_LID_L1_Standard-V4-00.2015-01-30T18-39-38ZN.hdf	46	优

根据上述 CALIPSO 的夜间过境数据，再根据表 5-8AQI 筛选，本研究选择北京时间
2015 年 1 月 15 日、1 月 17 日、1 月 22 日、1 月 31 日的 CALIPSO Level 1B 和 Level 2 数
据，作为研究该灰霾期大气气溶胶光学特性垂直分布的基础数据源。

② CE318 太阳光度计观测数据。

CE318 太阳光度计观测数据受观测天气条件制约，2015 年 1 月灰霾期可反演气溶胶粒径谱的有效观测数据较少，仅有 2015 年 1 月 13 日、14 日、15 日 3 天，本研究选择这 3 天的数据反演 AOD 和 Angstrom 波长指数、粒子谱分布、单次散射比、复折射指数、不对称因子和相函数等参数，分析 2015 年 1 月灰霾发生期大气气溶胶光学特性的变化特征。

③ HYSPLIT 模式。

HYSPLIT-4 模型是由美国国家海洋和大气管理局（NOAA）的空气资源实验室和澳大利亚气象局在过去 20 年间联合研发的一种用于计算和分析大气污染物输送、扩散轨迹的专业模型，已经被大量地应用研究污染物在不同地区的传输和扩散中。本章采用的 HYSPLIT 通常使用两种版本：单机版和网页在线版，其中，在线版地址为 http://www.arl.noaa.gov/HYSPLIT.php。

2）灰霾天气气溶胶光学特征垂直分布分析。

①南宁市气溶胶总衰减后向散射系数垂直分布。

532 nm 总后向散射系数是气溶胶光学特性的一个重要参数，它反映大气或者气溶胶层中粒子的散射强度，数值越大，表明大气中颗粒物的散射能力越强，反之越弱；同时，可依据其不同范围的取值判别粒子的种类。532 nm 衰减后向散射系数值在 $0.1 \times 10^{-3} \sim 0.8 \times 10^{-3}/$（km·sr）代表气体分子，$0.8 \times 10^{-3} \sim 4.5 \times 10^{-3}/$（km·sr）代表气溶胶颗粒，而后向散射系数值为 $5 \times 10^{-3} \sim 30 \times 10^{-3}/$（km·sr），一般为云（白色或灰色、红色区域）。近地面有明显的橙色—黄色区域，532 nm 总后向散射系数值为 $2.5 \times 10^{-3} \sim 4.5 \times 10^{-3}/$（km·sr），说明近地面存在气溶胶颗粒。

图 5-29～图 5-33 是研究区 2015 年 1 月灰霾过程中的 3 个灰霾天的 CALIPSO 532 nm 衰减后向散射系数的垂直剖面图。图 5-29～图 5-33 表明，2 km 以下的 532 nm 总后向散射系数值在 $2 \times 10^{-3} \sim 4.5 \times 10^{-3}/$（km·sr），2 km 以下有明显的橙—黄色区域，而且是大部分聚集，橙黄色的值已经达到 $4.5 \times 10^{-3}/$（km·sr），属于 532 nm 衰减后向散射系数高值区，说明近地面含有大量的气溶胶颗粒。在 2～8 km，虽然仍有部分橙色散落分布，但随着高度增加，气溶胶含量越少，532 nm 衰减后向散射系数越来越小。图 5-30（1 月 17 日）、图 5-31 中橙色和橙黄色区域分布面积比图 5-30 的范围要广，表明此处存在较厚的气溶胶层，与地面观测空气质量属中度污染的实际情况相吻合。图 5-32（空气质量为优）的 532 nm 衰减后向散射系数的剖面图中，2 km 以下没有明显的橙黄色聚集区域，表明气溶胶粒子分布不明显，粒子的后向散射系数值不大，说明粒子的散射能力不强；8～12 km 的大量灰色和红色区域是表示有云存在。图 5-29、

图 5-30 中，由于 2～6 km 空中存在云层，卫星探测信号因受云层影响而减弱，导致云层以下的气溶胶情况难以监测；缺乏气溶胶散射程度的区域，呈现蓝色柱。而接近地表的白色细线条不是云，此处可能为二次扬尘产生的一些颗粒物，其散射能力较大。

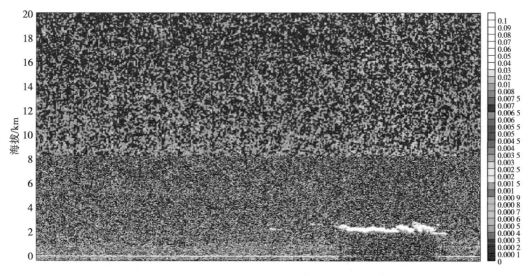

图 5-29　2015 年 1 月 15 日研究区 532 nm 总后向散射系数

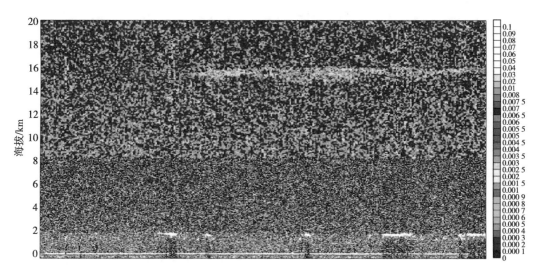

图 5-30　2015 年 1 月 17 日研究区 532 nm 总后向散射系数

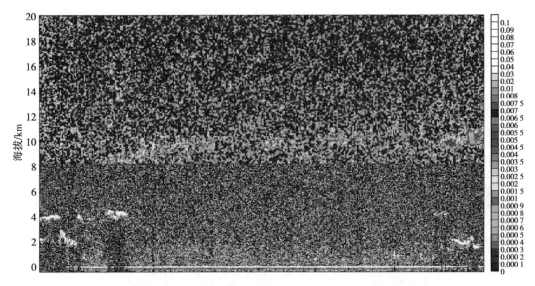

图 5-31　2015 年 1 月 22 日研究区 532 nm 总后向散射系数

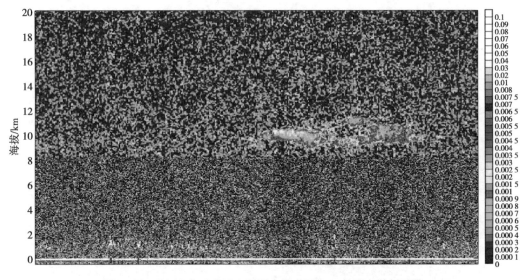

图 5-32　2015 年 1 月 31 日研究区 532 nm 总后向散射系数

②南宁市气溶胶消光散射系数。

图 5-33（a）、（c）表明，研究区灰霾期的气溶胶层分布在 3.5 km 以下的高度范围内，其中 2 km 高度范围内分布最为集中，且较强消光一般都在 1 km 以下，说明南宁市雾霾天 1 km 以下的气溶胶粒子比较多，污染比较严重。图 5-33（a）的最强消光处大约为 500 m，从 800 m 开始消光系数开始递减，表明越往上气溶胶散射能力下降。图 5-33（b）气溶胶最强消光系数约 400 m，近地层 200～300 m 也有散射能力比较大的气溶胶粒子的存在，说明 17 日这个时段气溶胶在近地面的污染比较大，气溶胶层厚度比 1 月 15 日大，

1月17日气溶胶由于得不到有效的扩散，聚集在近地面。1月16日为晴天，风速小于三级，温度不高，静小风，较弱的太阳辐射有利于霾的积累，1月17日相应时段出现多层气溶胶结构，可能是气溶胶有一部分粒子夜间沉积所以才产生这种结构，使得1月17日气溶胶粒子厚度变厚，近地层还有一部分气溶胶粒子。图 5-33（c）的最强消光比图 5-33（b）大，最强消光接近大气边界层，可能是对流运动使其抬升，气溶胶被抬升到 1 km 左右，有一个较强的消光层。

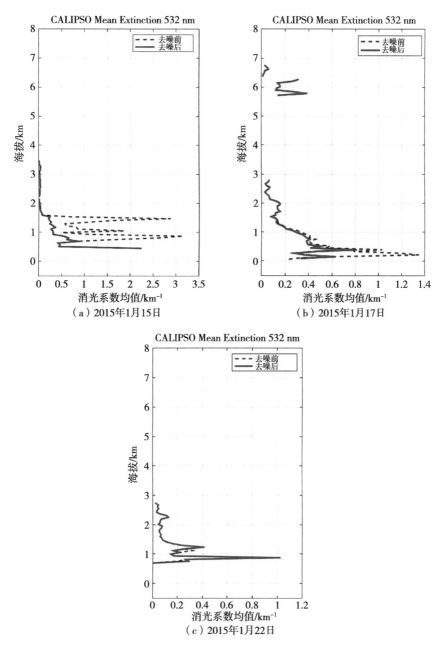

图 5-33　研究区 2015 年 1 月 15—22 日夜间 2：00—3：00 的消光系数

③南宁市气溶胶退偏比。

退偏比是 532 nm 垂直后向散射系数与 532 nm 平行后向散射系数之比，退偏比反映颗粒物的不规则程度，退偏比越大，说明颗粒物越不规则。有研究表明，大气气溶胶主要由规则颗粒物组成，其退偏比为 0～0.2。图 5-34～图 5-36 表明，从轻度污染（1 月 15 日）到中度污染（1 月 17 日），再从中度污染（1 月 17 日）到重度污染（1 月 21 日）、中度污染（1 月 22 日）的变化，研究区 2 km 以下的高度范围，退偏比从 0.1～0.2 发展到 0.1～0.3 及 0.1～0.8，表明随着灰霾的发展、积累，不规则粒子排放量增大，气溶胶呈现规则和不规则粒子混合情况。2 km 以上的高度范围内，退偏比集中分布在 0～0.1，所以 2 km 以上大气颗粒物以规则颗粒为主。图 5-36 中 12～16 km 存在高亮黄色、红色区域，可能是有云或者远距离粗粒子传输，导致退偏比值高。

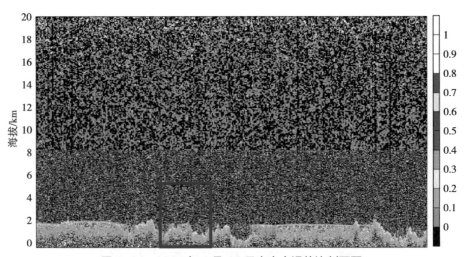

图 5-34　2015 年 1 月 15 日南宁市退偏比剖面图

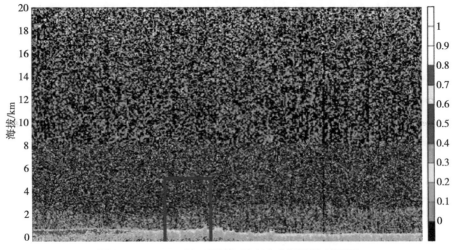

图 5-35　2015 年 1 月 17 日南宁市退偏比剖面图

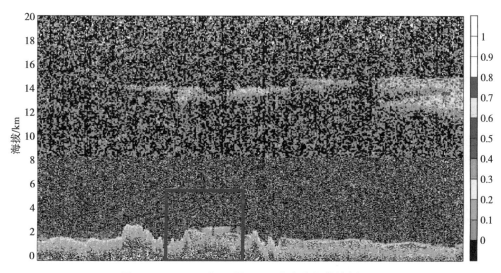

图 5-36 2015 年 1 月 22 日南宁市退偏比剖面图

④南宁市气溶胶色比。

色比是 1 064 nm 后向散射系数与 532 nm 总后向散射系数的比值,色比值越大表明气溶胶颗粒物越大。反之,气溶胶颗粒物越小。有研究表明,色比值在 0～0.5 区间内为小粒径粒子,大于 0.5 为大粒径粒子。图 5-37～图 5-39 表明,4～6 km 的高度范围内,色比值为 0.2～1.3 表明该层气溶胶呈粗细粒子混合状态;12～14 km 高度范围内可能会有远距离粗粒子传输或者存在卷云,导致色比值比较大;2 km 以下,也存在红色、粉色、紫色分布区,可能是因为受到本地的扬尘和建筑活动的影响,使得粗颗粒物的气溶胶在近地面增多。

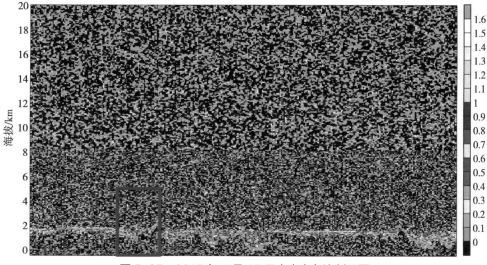

图 5-37 2015 年 1 月 15 日南宁市色比剖面图

图 5-38　2015 年 1 月 17 日南宁市色比剖面图

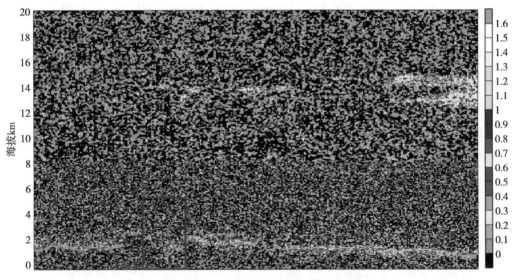

图 5-39　2015 年 1 月 22 日南宁市色比剖面图

⑤雾霾期地基遥感 AOD 及 Angstrom 指数的变化。

表 5-15 是轻度污染日（1 月 15 日）与中度污染日（1 月 17 日）利用 CE318 太阳光度计反演的不同波段 AOD 日平均值及 Angstrom 日平均值。表 5-15 表明，中度污染日各波段的 AOD 日平均值均比轻度污染日的 AOD 日平均值大，而中度污染日各波段的 Angstrom 日平均值均比轻度污染日的 Angstrom 日平均值小，说明灰霾变严重时，细粒子气溶胶对消光的贡献比较大。

表 5-15　研究区 2015 年 1 月 15 日和 17 日的不同波段 AOD 日平均值及 Angstrom 日平均值

时间	波段 /nm	AOD	Angstrom
2015 年 1 月 15 日	1 020	0.233	0.309 5
	870	0.299	0.396 6
	670	0.420	0.564 4
	440	0.667	0.908 6
2015 年 1 月 17 日	1 020	0.272	0.349 1
	870	0.354	0.457 1
	670	0.519	0.671 7
	440	0.887	1.119 4

⑥雾霾过程气溶胶粒径谱的变化。

图 5-40 及表 5-15 表明，2015 年 1 月 13—14 日、15 日、16 日、17 日、21 日、23 日、24 日、31 日，研究区空气质量从良变为轻度污染、中度污染、重度污染、中度污染、轻度污染、良、优，而雾霾前期及发展期的细模态气溶胶粒径谱峰值从 0.055 $\mu m^3/\mu m^2$ 发展至 0.078 $\mu m^3/\mu m^2$、0.091 $\mu m^3/\mu m^2$，反映了随着灰霾的发展，细模态气溶胶粒径不断增大，与前文研究结论相一致。

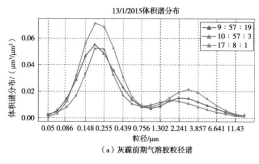

（a）灰霾前期气溶胶粒径谱

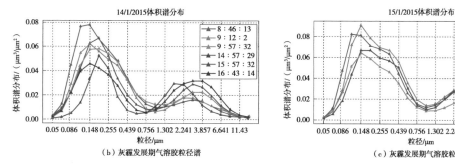

（b）灰霾发展期气溶胶粒径谱　　　　（c）灰霾发展期气溶胶粒径谱

图 5-40　2015 年 1 月灰霾期气溶胶粒径谱的变化

⑦ HYSPLIT 模式分析。

雾霾的成因有两个：一是空气中有大量极细微的干尘粒；二是气象条件不利于空气污染颗粒的扩散，二者缺一不可。后者与大气运动有关，目前无法人为改变，要改善雾霾的程度只能从前者入手，排查粉尘颗粒的来源，从源头减少空气污染物的浓度。本研究利用 HYSPLIT 模式分析这次雾霾事件中是否存在外来污染源，研究以南宁市（东经108.3°，北纬22.8°）为参考点，模拟起始时间为北京时间 2015 年 1 月 14 日、1 月 15 日、1 月 17 日，高度上选取了 500 m、1 000 m、1 500 m 来分析，后向模拟运行 72 h。

图 5-41～图 5-43 中绿线代表 1 500 m 高度的回推轨迹，蓝线代表 1 000 m 高度的回推轨迹，红线代表 500 m 高度的回推轨迹。

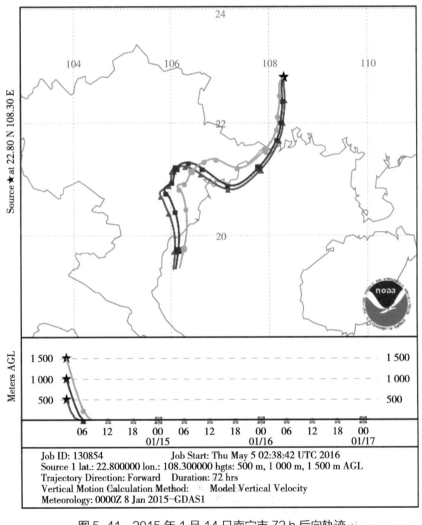

图 5-41　2015 年 1 月 14 日南宁市 72 h 后向轨迹

2015 年 1 月 14 日是 2015 年 1 月雾霾开始的第一天，从图 5-41 看到 3 股气流均从泰国途经老挝、越南，最后影响广西南宁市。由图 5-42 中看出，南宁市 2015 年 1 月 15 日与 14 日的轨迹差不多，也是从泰国经过老挝然后过越南到南宁市。图 5-43 表明 1 月 17 日前 72 h 主要受到来自广西的气溶胶粒子影响或者本地排放的气溶胶粒子影响。因此，这次雾霾污染事件除受本地排放的气溶胶粒子影响，还可能受到源于泰国、老挝、越南地区远程输送的气溶胶粒子影响。

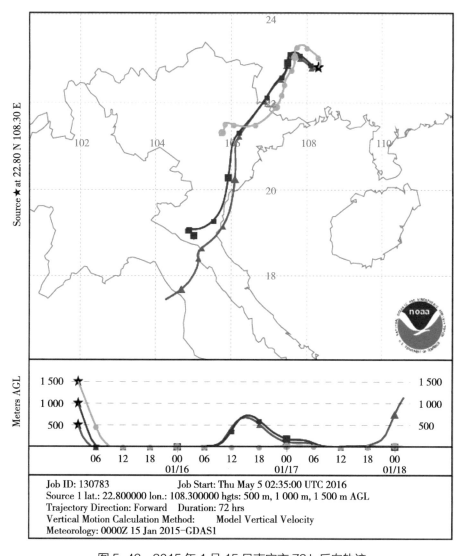

图 5-42　2015 年 1 月 15 日南宁市 72 h 后向轨迹

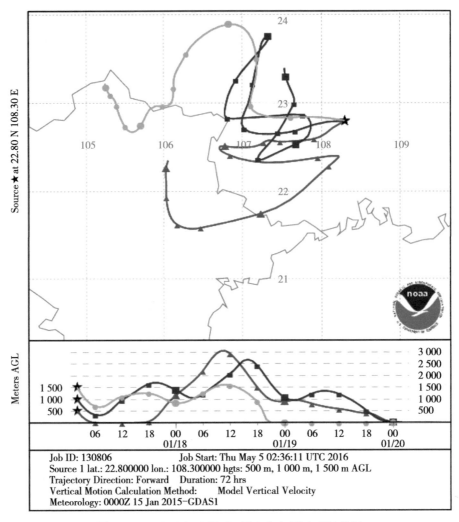

图 5-43　2015 年 1 月 17 日南宁市 72 h 后向轨迹

5.9　基于气溶胶光学厚度的 PM$_{2.5}$、PM$_{10}$ 定量反演

　　监测 PM 值具有长时间连续观测的特点，但由于仪器工作原理限制，其观测数据具有局限性，只能反映一定区域的地面颗粒物浓度，利用地基观测和卫星遥感提供的气溶胶光学特性反演地面 PM 时空分布特征逐渐成为科学界研究热点，同时目前对大气颗粒物的遥感观测研究最主要集中在气溶胶光学厚度上。通过分析大气气溶胶厚度与地面大气质量监测站监测的 PM$_{2.5}$ 和 PM$_{10}$ 之间的相关性，建立二者之间的关系方程式，进而通过大气气溶胶厚度来推算大气 PM$_{2.5}$ 和 PM$_{10}$ 的浓度值。南宁市监测站点位分布见图 5-44。

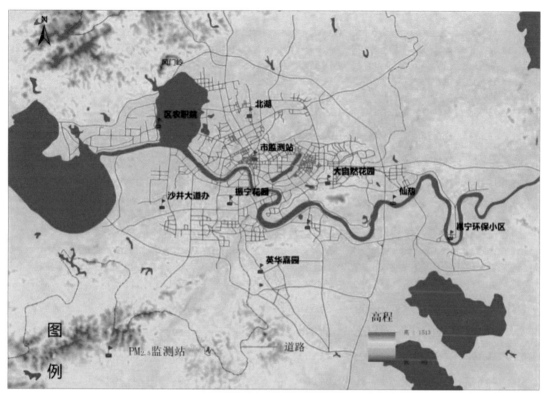

图 5-44　南宁市监测站点位分布

本研究选取南宁市地面 8 个监测站（仙葫站、振宁花园站、北湖站、市监测站、区农职院站、英华嘉园站、大自然花园站、沙井镇街道办）与 MODIS 数据反演得到的气溶胶光学厚度值进行回归分析，定量分析 AOD 与 $PM_{2.5}$、PM_{10} 浓度之间关系相关性。

以地基站点为中心将该站点位置 0.5°×0.5° 区域范围内的卫星数据反演结果作为反演结果样本与对应时间的监测值进行分析。2013 年南宁市 8 个监测站点的 $PM_{2.5}$ 和 PM_{10} 监测月平均值统计如表 5-16、表 5-17 所示。

表 5-16　南宁市监测站 2013 年 $PM_{2.5}$ 月平均监测值

月份	仙葫	振宁花园	北湖	市监测站	区农职院	英华嘉园	大自然花园	沙井镇街道办
1	91.054	102.943	113.283	95.882	87.027	90.505	93.113	137.057
2	35.209	40.413	43.522	36.167	39.202	38.392	37.655	38.798
3	53.816	57.668	62.952	55.294	64.941	56.854	56.400	65.132
4	43.669	49.064	52.370	46.783	47.103	49.042	44.300	50.582
5	29.282	33.250	36.900	31.311	37.125	32.132	29.389	32.792
6	24.069	28.204	30.053	29.594	30.709	28.725	24.943	26.869

续表

月份	仙葫	振宁花园	北湖	市监测站	区农职院	英华嘉园	大自然花园	沙井镇街道办
7	17.631	17.846	21.997	24.157	24.784	19.121	18.645	19.121
8	29.025	31.434	34.367	40.435	32.755	28.639	30.122	27.325
9	42.088	46.876	53.639	62.353	41.971	46.614	40.892	42.829
10	82.271	86.546	95.237	107.929	81.469	88.438	76.812	81.826
11	62.727	66.693	78.226	68.554	69.332	64.641	60.479	60.125
12	104.449	116.838	139.862	113.467	112.127	119.204	97.884	97.735

表 5-17　南宁市监测站 2013 年 PM_{10} 月平均监测值

月份	仙葫	振宁花园	北湖	市监测站	区农职院	英华嘉园	大自然花园	沙井镇街道办
1	98.711	136.635	155.062	134.706	134.736	119.799	111.676	137.057
2	38.223	54.131	71.359	50.531	49.921	45.888	50.424	54.471
3	71.388	91.171	131.223	87.990	83.836	78.250	81.255	97.031
4	59.198	68.679	109.925	73.809	69.744	67.796	65.638	85.146
5	44.643	44.876	84.481	54.204	62.579	47.623	48.108	65.363
6	41.864	41.283	72.872	48.496	50.969	46.071	47.724	60.894
7	30.949	30.193	57.795	35.041	43.819	30.641	34.953	47.747
8	53.907	50.847	82.781	55.298	53.297	48.719	57.628	67.383
9	69.840	72.956	125.518	80.816	67.055	72.257	74.015	91.360
10	125.755	145.812	180.746	136.605	120.028	130.326	124.117	179.630
11	96.093	122.135	127.961	109.279	99.611	103.295	98.376	137.567
12	143.040	187.170	209.508	181.966	143.895	165.597	135.901	166.927

利用 MODIS 数据反演的 2013 年 AOD 数据（春、秋、冬季气溶胶模式选择大陆型，夏季选择海洋型进行反演）月平均值统计如表 5-18 所示。

表 5-18　MODIS 数据反演南宁市 2013 年对应 8 个监测站点月平均值

月份	仙葫	振宁花园	北湖	市监测站	区农职院	英华嘉园	大自然花园	沙井镇街道办
1	0.840	0.890	0.910	0.500	0.490	0.750	0.850	1.200
2	0.620	0.680	0.740	0.620	0.750	0.780	0.820	0.300
3	0.65	0.69	0.68	0.63	0.70	0.64	0.68	0.75
4	0.50	0.55	0.60	0.57	0.56	0.58	0.57	0.63

月份	仙葫	振宁花园	北湖	市监测站	区农职院	英华嘉园	大自然花园	沙井镇街道办
5	0.35	0.42	0.45	0.41	0.52	0.48	0.70	0.67
6	0.500	0.570	0.600	0.590	0.600	0.570	0.550	0.570
7	0.450	0.450	0.490	0.620	0.630	0.550	0.540	0.570
8	0.550	0.620	0.630	0.770	0.620	0.530	0.640	0.620
9	0.520	0.590	0.630	0.760	0.650	0.620	0.640	0.610
10	1.020	1.060	1.110	1.400	1.020	0.980	0.990	0.950
11	0.900	0.940	0.900	0.620	0.660	0.610	0.610	0.630
12	0.850	1.020	1.350	1.220	1.130	1.260	0.890	0.880

5.9.1　气溶胶光学厚度（AOD）与 PM$_{2.5}$ 定量计算

（1）月相关性。

本研究通过统计 2013 年各月份的 AOD 反演值与南宁市环境监测站仙葫站、振宁花园站、北湖站、市监测站、区农职院站、英华嘉园站、大自然花园站、沙井镇街道办 8 个站点 PM$_{2.5}$ 监测数据进行相关性分析，结果如图 5-45 所示。

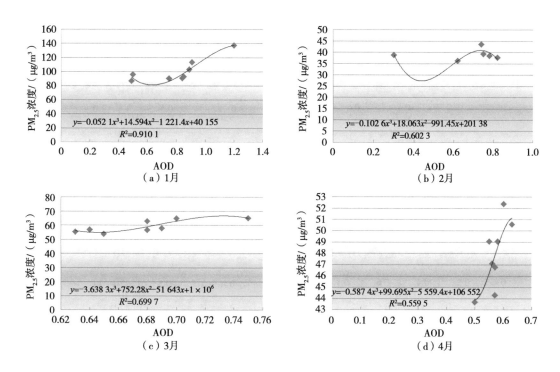

（a）1月　　$y = -0.052\ 1x^3 + 14.594x^2 - 1\ 221.4x + 40\ 155$　$R^2 = 0.910\ 1$

（b）2月　　$y = -0.102\ 6x^3 + 18.063x^2 - 991.45x + 201\ 38$　$R^2 = 0.602\ 3$

（c）3月　　$y = -3.638\ 3x^3 + 752.28x^2 - 51\ 643x + 1 \times 10^6$　$R^2 = 0.699\ 7$

（d）4月　　$y = -0.587\ 4x^3 + 99.695x^2 - 5\ 559.4x + 106\ 552$　$R^2 = 0.559\ 5$

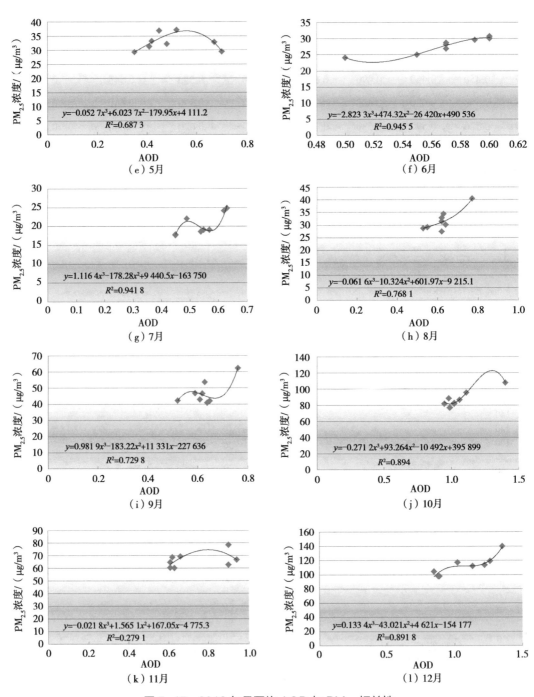

图 5-45　2013 年月平均 AOD 与 PM$_{2.5}$ 相关性

从上述结果可以看出，2013 年 1 月、6 月、7 月、8 月、9 月、10 月、12 月的 AOD 值与 PM$_{2.5}$ 相关性较高，一元三次方程拟合效果很好，R^2 在 0.7 以上。故对上述 7 个月份，将遥感反演得到的当前点的 AOD 值代入各月份对应的方程式，就可以推算出当前点 PM$_{2.5}$ 的浓度值。可以通过其余月份相关性比较低，特别是 11 月 R^2 在 0.3 以下，故 3 月和 4 月、11 月模型关系不成立。

（2）季度相关性。

选取常见的 4 种数学模型，分别为线性模型、一元二次模型、对数函数模型、幂函数模型、指数函数模型，筛选能代表南宁地区季节 AOD 与 PM 浓度之间关系的数学模型。分析过程中以 AOD 为自变量，PM$_{2.5}$ 浓度为因变量。相关性模型建立如表 5-19 所示。

表 5-19　南宁市不同季节 PM$_{2.5}$ 与 AOD 月均值的相关性曲线及 R^2

PM$_{2.5}$	春季	夏季	秋季	冬季
线性模型	$y = 77.344x+1.536\,7$	$y = 65.981x-11.331$	$y = 73.078x+7.891\,5$	$y = 99.254x+0.122\,9$
R^2	0.502	0.620	0.797	0.521
一元二次模型	$y = -47.316x^2+$ $129.93x-12.53$	$y = 20.17x^2+42.19x-$ $4.409\,2$	$y = -3.077\,6x^2+$ $78.557x+5.623\,6$	$y = 67.354x^2-$ $16.561x+45.634$
R^2	0.505	0.621	0.797	0.517
指数函数模型	$y = 16.881e^{1.689x}$	$y = 6.268e^{2.474\,6x}$	$y = 27.167e^{1.069\,6x}$	$y = 25.487e^{1.284\,3x}$
R^2	0.471	0.583	0.726	0.434
对数函数模型	$y = 41.63\ln(x)+$ 69.817	$y = 37.772\ln(x)+$ 47.764	$y = 61.184\ln(x)+$ 82.134	$y = 68.66\ln(x)+$ 99.048
R^2	0.506	0.611	0.786	0.435

从以上 AOD 与 PM$_{2.5}$ 月平均值建立的关系模型中可以得出，在春季，线性模型、一元二次模型、对数函数模型都有较高的相关系数，R^2 均在 0.5 以上，其中对数函数的相关性最好，R^2 为 0.506。

拟合方程为

$$y = 41.63\ln(x)+69.817$$

式中，y——PM$_{2.5}$ 浓度值，$\mu g/m^3$；

　　　x——AOD 值，量纲一。

在夏季，线性模型、一元二次模型、对数函数模型相关性较大，其中一元二次模型相关系数较高，R^2 为 0.621。

拟合方程为

$$y = 20.17x^2+42.19x-4.409\,2$$

式中，y——PM$_{2.5}$ 浓度值，μg/m^3；

x——AOD 值，量纲一。

在秋季，线性模型和一元二次模型具有相同程度的相关关系，R^2 均为 0.797。线性模型的拟合方程为

$$y = 73.078x+7.891\,5$$

一元二次模型的拟合方程为

$$y = -3.077\,6x^2+78.557x+5.623\,6$$

式中，y——PM$_{2.5}$ 浓度值，μg/m^3；

x——AOD 值，量纲一。

在冬季，线性模型的相关性较高，R^2 为 0.521。

拟合方程为

$$y = 99.254x+0.122\,9$$

式中，y——PM$_{2.5}$ 浓度值，μg/m^3；

x——AOD 值，量纲一。

这说明对于 AOD 与 PM$_{2.5}$ 相关关系拟合，夏季、秋季均适合用一元二次模型拟合，而春季适合用对数函数拟合，冬季用线性模型拟合。采用选定的拟合模型，基于 2013 年南宁市四季气溶胶厚度反演结果，计算出了南宁市春、夏、秋、冬四季 PM$_{2.5}$ 浓度场，如图 5-46 所示。

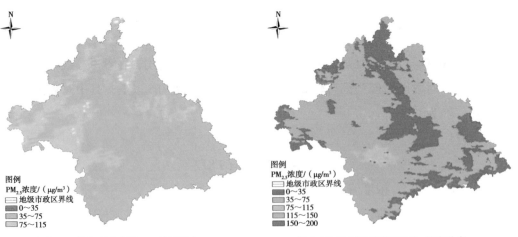

（a）2013年南宁市春季PM$_{2.5}$浓度分布　　　　　　（b）2013年南宁市夏季PM$_{2.5}$浓度分布

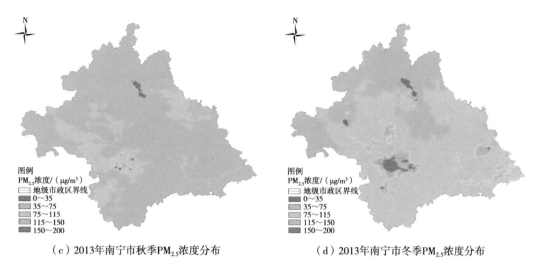

（c）2013年南宁市秋季PM$_{2.5}$浓度分布　　　　（d）2013年南宁市冬季PM$_{2.5}$浓度分布

图5-46　基于 AOD 推算的南宁市四季 PM$_{2.5}$ 浓度场

（3）年相关性。

从 2013 年全年来看，AOD 与 PM$_{2.5}$ 拟合性一般，一元二次模型相关系数最高，达到 0.662。具体如图 5-47～图 5-50 和表 5-20 所示。

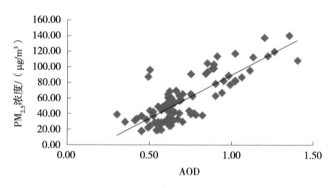

图5-47　AOD 与 PM$_{2.5}$ 线性模型

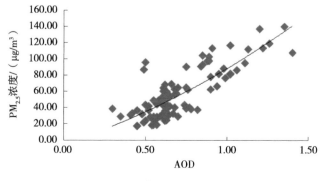

图5-48　AOD 与 PM$_{2.5}$二次模型

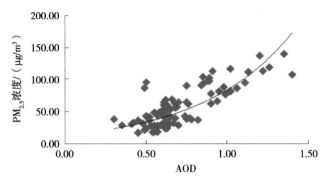

图 5-49　AOD 与 PM$_{2.5}$ 指数函数模型

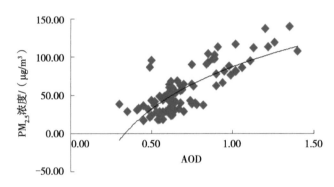

图 5-50　AOD 与 PM$_{2.5}$ 对数函数模型

表 5-20　南宁市 PM$_{2.5}$ 与 AOD 月均值相关模型及 R^2

	拟合方程	R^2
线性模型	$y = 110.89x - 21.913$	0.658
一元二次模型	$y = 28.241x^2 + 64.246x - 4.415\,9$	0.662
指数函数模型	$y = 13.673e^{1.812\,8x}$	0.569
对数函数模型	$y = 79.687\ln(x) + 87.582$	0.603

由图 5-48～图 5-51 和表 5-20 可以看出,对于全年数据,一元二次模型的拟合效果更好,R^2 为 0.662。

拟合方程为

$$y = 28.241x^2 + 64.246x - 4.415\,9$$

式中,y——PM$_{2.5}$ 浓度值,$\mu g/m^3$;

　　　x——AOD 值,量纲一。

5.9.2　气溶胶光学厚度与 PM$_{10}$ 定量计算

(1)月相关性。

通过统计 2013 年各月份的 AOD 反演值与南宁市环境监测站仙葫站、振宁花园站、北湖站、市监测站、区农职院站、英华嘉园站、大自然花园站、沙井镇街道办 8 个站点 PM_{10} 监测数据进行相关性分析，结果如图 5-51 所示。

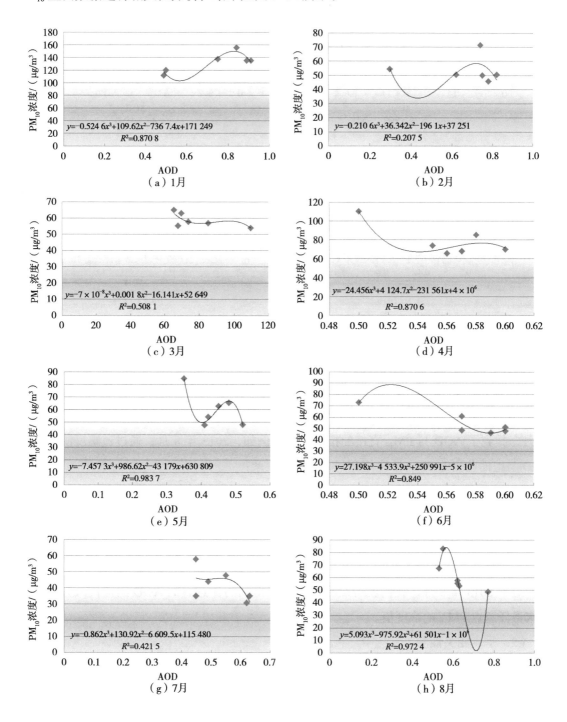

（a）1月

（b）2月

（c）3月

（d）4月

（e）5月

（f）6月

（g）7月

（h）8月

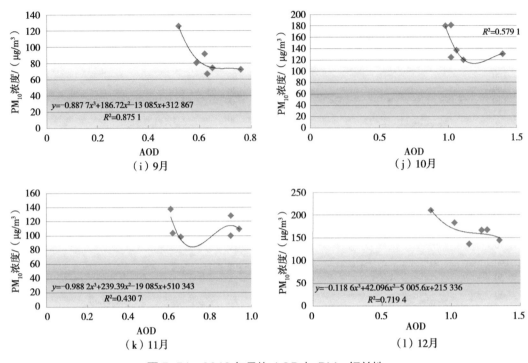

图 5-51　2013 年月均 AOD 与 PM$_{10}$ 相关性

从上述结果可以看出，2013 年 AOD 与 PM$_{10}$ 相关性整体比 PM$_{2.5}$ 相关性低，1 月、4 月、5 月、6 月、8 月、9 月、12 月的 AOD 值与 PM$_{10}$ 相关性较高，R^2 在 0.7 以上，而 2 月、3 月、7 月、11 月相关性比较低。故对于 1 月、4 月、5 月、6 月、8 月、9 月、12 月，找到了 AOD 与 PM$_{10}$ 直接的拟合方程。例如，2013 年 8 月，通过遥感反演得到的 AOD 与地面监测的 PM$_{10}$ 浓度值之间存在以下关系：

$$y = 5.093x^3 - 975.92x^2 + 61\ 501x - 1 \times 10^6$$

式中，y——PM$_{10}$ 浓度值，μg/m^3；

　　　x——AOD 值，量纲一。

二者相关系数达到了 0.97。

对于 2013 年 8 月，我们就可以将遥感反演得到的任意点的 AOD 的值代入方程，进而求得任意点 PM$_{10}$ 的浓度值。

（2）季度相关性。

同样选取常见的 4 种数学模型，分别为线性模型、一元二次模型、对数函数模型、幂函数模型、指数函数模型，以筛选出能代表南宁地区的 AOD 与 PM$_{10}$ 浓度之间关系的数学模型。分析过程中以 AOD 为自变量，PM$_{10}$ 浓度为因变量，见表 5-21。

表 5-21　南宁市不同季节 PM_{10} 与 AOD 月平均值的相关性曲线及 R^2

PM_{10}	春季	夏季	秋季	冬季
线性模型	$y = 99.254x+0.122\,9$	$y = 65.981x-11.331$	$y = 73.078x+7.891\,5$	$y = 99.254x+0.122\,9$
R^2	0.521	0.620	0.797	0.521
一元二次模型	$y = 67.354x^2-16.561x+45.634$	$y = 20.17x^2+42.19x-4.409\,2$	$y = -3.077\,6x^2+78.557x+5.623\,6$	$y = 67.354x^2-16.561x+45.634$
R^2	0.547	0.621	0.797	0.547
指数函数模型	$y = 25.487e^{1.284\,3x}$	$y = 6.268e^{2.474\,6x}$	$y = 27.167e^{1.069\,6x}$	$y = 25.487e^{1.284\,3x}$
R^2	0.434	0.583	0.726	0.434
对数函数模型	$y = 68.66\ln(x)+99.048$	$y = 37.772\ln(x)+47.764$	$y = 61.184\ln(x)+82.134$	$y = 68.66\ln(x)+99.048$
R^2	0.435	0.631	0.786	0.435

从上述结果可以看出：在春季，AOD 与 PM_{10} 的相关性用一元二次模型表示更优，R^2 为 0.547。拟合方程为

$$y = 67.354x^2-16.561x+45.634$$

式中，y——PM_{10} 浓度值，$\mu g/m^3$；

　　　x——AOD 值，量纲一。

在夏季，对数函数模型的拟合效果更好，R^2 为 0.631。拟合方程为

$$y = 37.772\ln(x)+47.764$$

式中，y——PM_{10} 浓度值，$\mu g/m^3$；

　　　x——AOD 值，量纲一。

在秋季，线性模型与一元二次模型的拟合程度相同，R^2 均为 0.797，拟合方程分别为

$$y = 73.078x+7.891\,5$$

$$y = -3.077\,6x^2+78.557x+5.623\,6$$

式中，y——PM_{10} 浓度值，$\mu g/m^3$；

　　　x——AOD 值，量纲一。

冬季，一元二次模型的拟合效果更好，R^2 为 0.547。拟合方程为

$$y = 67.354x^2-16.561x+45.634$$

式中，y——PM_{10} 浓度值，$\mu g/m^3$；

　　　x——AOD 值，量纲一。

相比较而言，对于 AOD 与 PM_{10} 的相关性模型，春季、秋季、冬季适合选用一元二次模型，而夏季适合用对数函数模型拟合。采用选定的拟合模型，基于 2013 年南宁市四

季气溶胶厚度反演结果，计算出了南宁市春、夏、秋、冬四季 PM$_{10}$ 浓度场，如图 5-52 所示

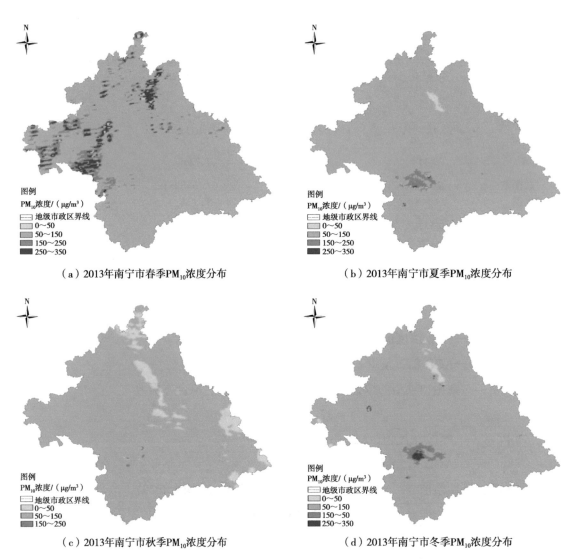

图 5-52　基于 AOD 推算的南宁市四季 PM$_{10}$ 浓度场

（3）年相关性。

从 2013 年全年来看，AOD 与 PM$_{10}$ 的拟合性一般，具体如图 5-53～图 5-56 和表 5-22 所示。

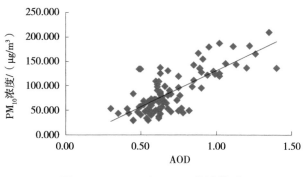

图 5-53　AOD 与 PM$_{10}$ 线性模型

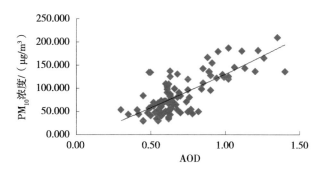

图 5-54　AOD 与 PM$_{10}$ 一元二次模型

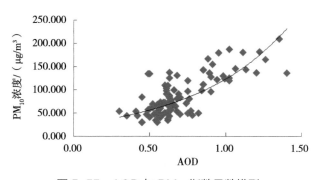

图 5-55　AOD 与 PM$_{10}$ 指数函数模型

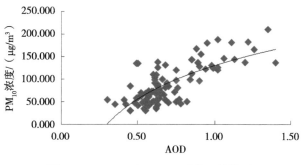

图 5-56　AOD 与 PM$_{10}$ 对数函数模型

表 5-22　南宁市 PM_{10} 与 AOD 月平均值相关模型及 R^2

PM_{10}	拟合方程	R^2
线性模型	$y = 147.51x - 15.974$	0.577 1
一元二次模型	$y = 13.409x^2 + 125.36x - 7.666\ 3$	0.577 5
指数函数模型	$y = 26.158e^{1.559\ 6x}$	0.503 7
对数函数模型	$y = 107\ln(x) + 130.07$	0.538 3

由以上结果可以看出，对于全年数据，选用一元二次模型拟合更加适合，R^2 为 0.577 5。一元二次函数为：

$$y = 13.409x^2 + 125.36x - 7.666\ 3$$

式中，y——PM_{10} 浓度值，$\mu g/m^3$；

　　　x——AOD 值，量纲一。

对比二者结果可以看出，$PM_{2.5}$ 与 AOD 相关性明显好于 PM_{10}，说明 $PM_{2.5}$ 对气溶胶消光的贡献较大。全年 $PM_{2.5}$ 与 AOD 相关性显著，相关系数为 0.662，比季节相关系数 0.434～0.797 要低一些。

5.9.3　结论

AOD 与 $PM_{2.5}$ 相关性在夏、秋季良好，冬季相关性较差。AOD 与 $PM_{2.5}$ 相关性季节变化显著，导致 MODIS 卫星反演 $PM_{2.5}$ 浓度具有较为明显的不确定性。这主要是因为不同季节气溶胶物化特性及监测环境存在较大差异，从而导致 AOD 和 $PM_{2.5}$ 的相关性季节差异很大，长时间段样本的相关性会随季节差异而降低。因此，全年或个别时段的 $PM_{2.5}$ 与 AOD 的相关函数不具备普适代表性，不同季节 $PM_{2.5}$ 与 AOD 的相关性及相关函数存在较大差异。秋季适合 AOD 观测，气溶胶成分也较为稳定，所以 AOD 与 $PM_{2.5}$ 的相关性最高，相关系数达 0.88。在春季，因大风天气较多，城市上空气溶胶传输变化较快，当日气溶胶光学厚度的时间代表性较差，从而导致 AOD 与 $PM_{2.5}$ 的相关性较低，相关系数为 0.69。

因 PM_{10} 中粗粒子段对气溶胶消光的不敏感，导致 PM_{10} 与 AOD 相关性普遍低于 $PM_{2.5}$，全年相关系数为 0.59。春、夏季 PM_{10} 与 AOD 相关系数分别为 0.48、0.56，低于全年，秋、冬季相关性相对要高，相关系数为 0.72、0.7。虽然不同季节相关分析大于统计学上 99% 置信度的要求，但相关系数值相对较低，利用 AOD 与 PM_{10} 的相关方程反演 PM_{10} 浓度将存在较大随机误差。

显然季节性变化的环境因素会对 $PM_{2.5}$、PM_{10} 和 AOD 产生一定的影响，如湿度、温度、边界层高度等气象条件的作用，进一步研究它们之间的相关性仍有一定的提升空间，假如对 $PM_{2.5}$、PM_{10} 进行湿度订正和对 AOD 进行高度订正，理论上效果应该更好。

5.10　南宁市城区大气颗粒物变化与环境影响因素分析

5.10.1　空气污染物的时序变化特征

（1）空气污染物的日平均变化分析。

根据 2014—2016 年 $PM_{2.5}$ 和 PM_{10} 逐日浓度绘制出 2014—2016 年南宁市区 $PM_{2.5}$ 和 PM_{10} 日平均浓度时序变化图（图 5-57），有如下特征：$PM_{2.5}$ 和 PM_{10} 的浓度波峰与波谷基本同步出现，变化趋势一致，浓度散点图（图 5-58）印证了此结论。总体来看，$PM_{2.5}$ 和 PM_{10} 日平均浓度值在不同时期的变化特征明显不同，1 月 1 日—3 月 1 日，颗粒物浓度较高且有明显波峰和波谷交替出现，3 月 1 日—9 月 1 日 $PM_{2.5}$ 和 PM_{10} 浓度大部分时间相对平缓，且呈下降趋势，从 9 月 1 日开始重新上升，在 10 月 15 日前后达到高值后下降，秋、冬两季的日平均浓度远高于春、夏两季日平均浓度，且变化相对剧烈。$PM_{2.5}$ 月平均浓度最高值为 129 μg/m³（1 月 22 日），PM_{10} 日平均浓度最高值达到 190 μg/m³（1 月 20 日）。根据《环境空气质量标准》（GB 3095—2012），南宁市辖区 2014—2016 年 $PM_{2.5}$ 日平均值超过一级标准达 208 d，占全年总天数的 56.9%；超过二级标准 27 d，占比为 0.73%；PM_{10} 超过一级标准 278 d，占比为 76.1%，超过二级标准 6 d，占比为 0.16%。1 年间过半数时间 $PM_{2.5}$ 超出一级标准，近八成时间 PM_{10} 超出一级标准，空气质量堪忧。

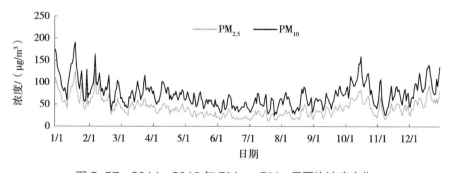

图 5-57　2014—2016 年 $PM_{2.5}$、PM_{10} 月平均浓度变化

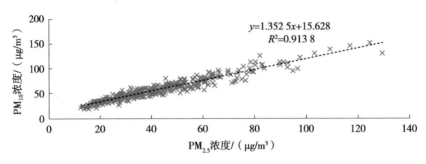

图 5-58　PM$_{2.5}$、PM$_{10}$ 浓度散点图

（2）PM$_{2.5}$ 和 PM$_{10}$ 浓度月平均变化分析。

2014—2016 年 PM$_{2.5}$、PM$_{10}$ 月平均浓度如图 5-59 所示，12 个月中 1 月 PM$_{2.5}$ 月平均浓度最高，达到 74 μg/m³，6 月浓度最低，值为 21 μg/m³，1 月 PM$_{2.5}$ 浓度是 6 月 PM$_{2.5}$ 浓度的 3.52 倍。1 月 PM$_{10}$ 浓度同样最高，约 113 μg/m³，6 月 PM$_{10}$ 浓度是全年最低的，约为 46 μg/m³，1 月 PM$_{10}$ 浓度是 6 月 PM$_{10}$ 浓度的 2.45 倍。年内 PM$_{2.5}$ 和 PM$_{10}$ 月平均浓度高值和低值变化明显，浓度高值可达低值的数倍。

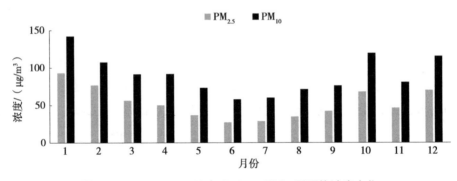

图 5-59　2014—2016 年 PM$_{2.5}$、PM$_{10}$ 月平均浓度变化

（3）PM$_{2.5}$ 和 PM$_{10}$ 浓度季节变化分析。

图 5-60 为 2014—2016 年 PM$_{2.5}$、PM$_{10}$ 季节浓度均值变化情况。秋季（9 月、10 月、11 月）、冬季（12 月、1 月、2 月）的 PM$_{2.5}$ 和 PM$_{10}$ 浓度明显高于春季（3 月、4 月、5 月）和夏季（6 月、7 月、8 月）。夏季 PM 浓度全年最低（PM$_{2.5}$ 浓度为 24.3 μg/m³，PM$_{10}$ 浓度为 50.4 μg/m³），冬季浓度全年最高（PM$_{2.5}$ 浓度为 64 μg/m³，PM$_{10}$ 浓度为 97.4 μg/m³），冬季空气污染物浓度约为夏季各项浓度的 2 倍。这是由于在冬季，地面温度较低，地表相对大气是冷源，夜间辐射降温明显，空气上下对流效应减弱，致使污染物在空气中大量积累且无法扩散，导致污染物浓度上升；而夏季温度高，太阳辐射远高于冬季，大气垂直活动频繁，上下空气对流频繁，不易出现逆温现象，有利于污染物扩散，造成颗粒物浓度相比冬

季较低。

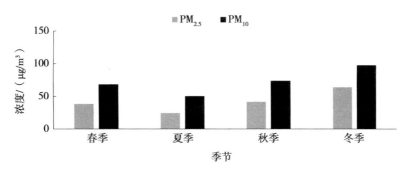

图 5-60　2014—2016 年 $PM_{2.5}$、PM_{10} 浓度均值季节变化

5.10.2　$PM_{2.5}$ 和 PM_{10} 的空间变化规律

以南宁 6 城区 8 个监测站点 2015 年逐日 $PM_{2.5}$ 和 PM_{10} 数据计算四季浓度算术平均值，运用统计学中的不同插值方法对 6 个城区内 $PM_{2.5}$、PM_{10} 浓度进行插值，其中反距离加权法（Inverse Distance Weighted，IDW）效果最好，以此绘制四季浓度分布图。分析 $PM_{2.5}$ 和 PM_{10} 浓度空间分布格局可发现：颗粒物的空间分布呈明显的季节变化趋势。浓度最高区域全年大部分时间集中在 6 城区几何中心偏西北部。此区域居民密集居住且交通繁忙，具有居民、饭店众多，道路密集，车流量大的特点，受生活油烟、机动车尾气排放和扬尘影响十分强烈，导致 $PM_{2.5}$ 和 PM_{10} 浓度较高。从季节上看，春季开始，$PM_{2.5}$ 浓度最高值分别出现在西乡塘区东南、江南区东北、良庆区北部 3 个区域；夏季开始，浓度最高值区域聚拢于江南区顶部；秋季开始，高污染区域开始东移，冬季 $PM_{2.5}$ 浓度值达到全年最高并主要移动到西乡塘区和兴宁区交界处与良庆区顶部区域（图 5-61）。PM_{10} 浓度最高值分布趋势与 $PM_{2.5}$ 大体一致，区别在于夏季没有出现明显聚拢现象，春、夏、秋、冬四季均存在分散的浓度高值区域（图 5-62）。总体来看，整个南宁市 6 个城区 $PM_{2.5}$ 和 PM_{10} 浓度呈西高东低的分布趋势，最高值区域并非全年不变，其规律按照春—夏—秋—冬季节顺序逐渐往东移动。

5.10.3　气象因素对 $PM_{2.5}$ 和 PM_{10} 分布规律的影响

大气颗粒污染物浓度变化除与污染程度和污染源分布有直接关系，还与气象因素有密不可分的关系，气象因素对 $PM_{2.5}$ 和 PM_{10} 的扩散、稀释、积累起着重要作用。为探究 $PM_{2.5}$、PM_{10} 与各气象因素的关系，选择降水、相对湿度、温度、气压和风速气象要素，分别分析 $PM_{2.5}$ 和 PM_{10} 浓度变化与各气象要素的关系。

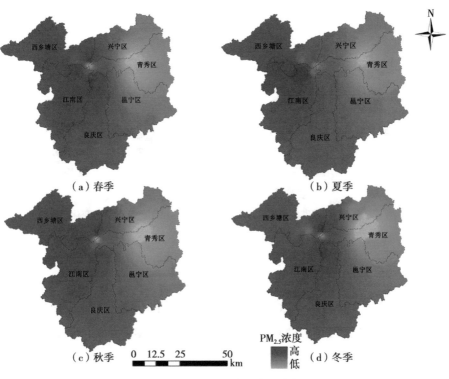

图 5-61　PM$_{2.5}$浓度空间分布

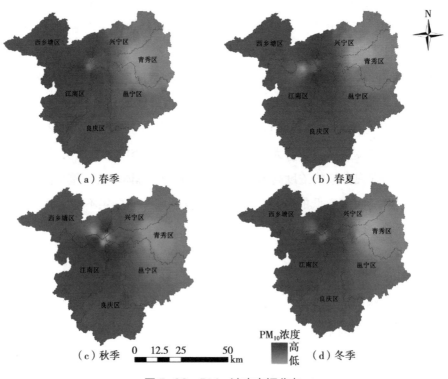

图 5-62　PM$_{10}$浓度空间分布

（1）浓度与降水的关系。

一年间降水日分布不平均，常出现无降雨日，故选择降水量月平均值与 $PM_{2.5}$ 和 PM_{10} 浓度月平均值来研究对应关系，降水量与 $PM_{2.5}$、PM_{10} 浓度关系如图 5-63 所示。$PM_{2.5}$ 浓度与降水量月平均值经 Pearson 相关分析，相关系数为 -0.736，显著性概率为 0.006，在 0.01（双侧）水平上表现出显著相关。经 Kendall 秩相关分析，相关系数为 -0.667，p 为 0.003，若给定显著性水平为 0.01，则认定 $PM_{2.5}$ 浓度与降水量月平均值呈显性负相关，可得结论：降水量月平均值越大，$PM_{2.5}$ 月平均浓度越小。用同样方法对 PM_{10} 浓度与降水量月平均值做 Pearson 相关分析，相关系数为 -0.586，p 为 0.045，在 0.05（双侧）水平上显著相关。Kendall 秩相关系数为 -0.485，p 为 0.028，若给定显著性水平为 0.05，可认定 PM_{10} 浓度与降水量月平均值呈负相关。

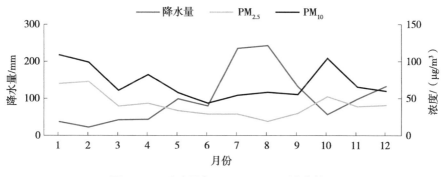

图 5-63　降水量与 $PM_{2.5}$、PM_{10} 浓度关系

（2）浓度与相对湿度的关系。

经过 Pearson 相关分析 $PM_{2.5}$ 浓度与相对湿度相关系数为 -0.232，在 0.01（双侧）水平上表现出显著相关；Kendall 秩相关系数为 -0.181，p 为 0.000，若给定显著性水平为 0.01，则认为 $PM_{2.5}$ 浓度与湿度呈负相关。PM_{10} 浓度与相对湿度相关系数为 -0.340，在 0.01 水平上表现出显著相关；Kendall 秩相关分析相关系数为 -0.297，p 为 0.000，若给定显著性水平 0.01，可认定 PM_{10} 浓度与相对湿度呈显性负相关。两种细颗粒物浓度均与相对湿度呈显著负相关（图 5-64）。

（3）浓度与温度的关系。

经过 Pearson 相关分析，$PM_{2.5}$ 浓度与温度相关系数为 -0.437，在 0.01（双侧）水平上表现出显著相关；Kendall 秩相关系数为 -0.275，p 为 0.000，若给定显著性水平为 0.01，则认为 $PM_{2.5}$ 浓度与温度呈负相关。PM_{10} 浓度与温度相关系数为 -0.283，在 0.01 水平上表现出显著相关；Kendall 秩相关分析相关系数为 -0.134，p 为 0.000，若给定显著性水平 0.01，可认定 PM_{10} 浓度与温度呈显性负相关（图 5-65）。

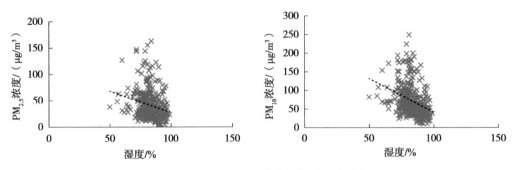

图 5-64 $PM_{2.5}$、PM_{10} 浓度与相对湿度散点图

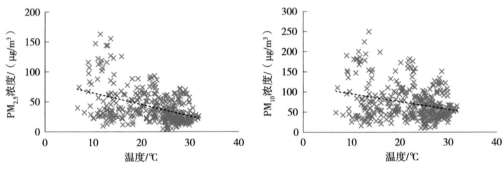

图 5-65 $PM_{2.5}$、PM_{10} 浓度与温度散点图

（4）浓度与气压的关系。

经过 Pearson 相关分析，$PM_{2.5}$ 浓度与气压相关系数为 0.424，在 0.01 水平上表现显著相关；Kendall 秩相关系数为 0.271，$p=0.000$，若给定显著性水平 0.01，则认为 $PM_{2.5}$ 浓度与气压呈正相关。PM_{10} 浓度与气压相关系数为 0.313，显著性概率为 0.000，在 0.01 水平上显著相关，Kendall 秩相关系数达到 0.157，若给定显著性水平为 0.01，则认为 PM_{10} 浓度与气压呈正相关。可得出结论：$PM_{2.5}$ 和 PM_{10} 浓度与气压均存在显著的正相关关系（图 5-66）。

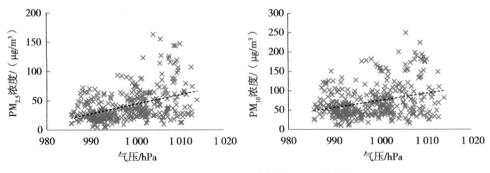

图 5-66 $PM_{2.5}$、PM_{10} 浓度与气压散点图

（5）浓度与风速的关系。

风速的大小决定了对污染物浓度冲淡稀释作用的大小。对 $PM_{2.5}$ 和 PM_{10} 日平均浓度与风速做相关分析，$PM_{2.5}$ 浓度与气压相关系数为 0.386，显著性概率 0.00＜0.05，在 0.01（双侧）水平上显著相关；Kendall 秩相关系数为 -0.296，若给定显著性水平为 0.01，则认为 $PM_{2.5}$ 浓度与风速呈显著负相关。PM_{10} 浓度与风速相关系数为 -0.360，显著性概率 0.00＜0.05，在 0.01（双侧）水平上显著相关；Kendall 秩相关系数为 -0.244，$p=0.00$，若给定显著性水平为 0.01，则认为 PM_{10} 浓度与风速呈负相关（图 5-67）。

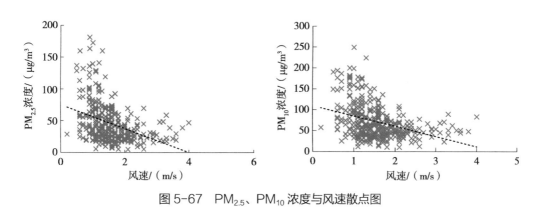

图 5-67　$PM_{2.5}$、PM_{10} 浓度与风速散点图

5.10.4　浓度与土地利用类型的关系

不同时间尺度下土地利用类型与各空气污染物浓度相关系数的大小能反映出相关关系的紧密程度。对 2015 年 Landsat 卫星 ETM 南宁遥感影像进行解译，将南宁市分为林地、草地、水体、建设用地、裸地 5 个类型（图 5-68）。将 6 个市辖区几何中心点按照 5 km、10 km、15 km、20 km 和 25 km 为半径划定圆形缓冲区，统计各缓冲区范围内的 5 种地类面积比重，提取相应缓冲范围内的 $PM_{2.5}$、PM_{10} 浓度四季年均值，得出不同土地利用类型比重在同季节下的 $PM_{2.5}$ 和 PM_{10} 浓度如表 5-23 所示。将两者做 Spearman 相关分析，得出不同土地利用类型比重与 $PM_{2.5}$、PM_{10} 浓度相关系数表（表 5-24）。

林地面积比重与 $PM_{2.5}$、PM_{10} 浓度的相关系数四季均为负值，春季和夏季林地与 $PM_{2.5}$ 浓度呈显著负相关，相关系数分别为 -0.416 和 -0.432，说明林地与 $PM_{2.5}$ 浓度在春、夏两季存在显著负影响，林地越多 $PM_{2.5}$ 浓度越低；秋季和冬季林地与 $PM_{2.5}$ 浓度虽然相关系数分别为 -0.307 和 -0.317，却无显著性；林地与 PM_{10} 相关系数在春、夏、秋三季都处于 -0.4～-0.2，在冬季达到 -0.426，可见林地对春、夏、秋三季 PM_{10} 浓度存在一定负影响，但不显著，冬季有强烈负影响；草地在春、夏、秋、冬四季与 $PM_{2.5}$ 浓度相关系数均在 0～0.1，绝对值偏小，且并不显著，其数值和裸地与 $PM_{2.5}$ 浓度相关系数值相近，

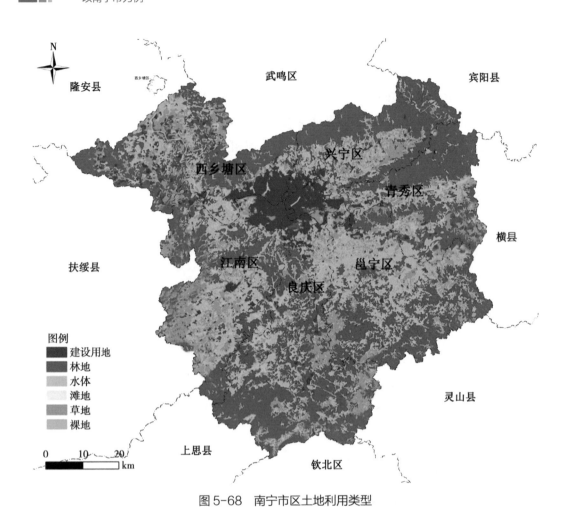

图 5-68　南宁市区土地利用类型

表 5-23　南宁市辖区不同土地利用类型比重在不同季节下 PM$_{2.5}$、PM$_{10}$ 浓度统计表

		土地利用类型比重					PM$_{2.5}$ 均值 /（μg/m^3）				PM$_{10}$ 均值 /（μg/m^3）			
	范围 / km	林地	草地	裸地	水体	建设 用地	春季	夏季	秋季	冬季	春季	夏季	秋季	冬季
西乡 塘区	5	0.43	0.17	0.31	0.05	0.04	38.13	30.44	39.97	61.83	70.67	53.82	73.47	93.52
	10	0.47	0.18	0.24	0.05	0.04	38.12	30.42	39.96	61.82	70.63	53.81	73.47	93.51
	15	0.41	0.21	0.22	0.04	0.06	38.12	30.43	39.96	61.81	70.61	53.81	73.44	93.47
	20	0.33	0.16	0.20	0.06	0.06	38.12	30.44	39.94	61.82	70.61	53.76	73.57	93.51
	25	0.28	0.12	0.15	0.03	0.08	38.15	30.55	39.90	61.92	70.65	53.76	73.96	93.88
邕宁 区	5	0.30	0.06	0.62	0.00	0.02	36.43	27.44	37.45	60.07	63.08	50.57	70.62	87.27
	10	0.40	0.07	0.51	0.01	0.01	36.41	27.42	37.43	58.71	63.00	50.55	70.57	87.20
	15	0.43	0.09	0.46	0.01	0.01	36.46	27.48	37.48	58.86	63.13	50.69	70.69	87.36
	20	0.42	0.12	0.40	0.01	0.02	36.48	27.51	37.51	59.17	63.20	50.79	70.78	87.45
	25	0.39	0.13	0.33	0.01	0.03	36.55	27.58	37.56	59.51	63.45	50.91	71.04	87.70

	范围/km	土地利用类型比重					PM$_{2.5}$ 均值 / (μg/m³)				PM$_{10}$ 均值 / (μg/m³)			
		林地	草地	裸地	水体	建设用地	春季	夏季	秋季	冬季	春季	夏季	秋季	冬季
兴宁区	5	0.40	0.24	0.29	0.02	0.05	35.89	26.63	36.72	58.68	61.95	47.36	69.26	85.22
	10	0.43	0.23	0.23	0.01	0.03	35.91	26.66	36.75	58.71	62.05	47.42	69.31	85.35
	15	0.49	0.14	0.17	0.01	0.02	35.99	26.76	36.86	58.86	62.33	47.74	69.48	85.75
	20	0.45	0.12	0.16	0.02	0.03	36.11	26.93	37.05	59.17	62.72	48.46	69.70	86.42
	25	0.39	0.10	0.13	0.02	0.06	36.25	27.10	37.25	59.51	63.11	49.28	69.94	87.18
青秀区	5	0.45	0.16	0.31	0.05	0.03	34.49	24.85	35.13	56.86	56.41	43.80	65.61	78.87
	10	0.53	0.16	0.24	0.04	0.03	34.60	24.98	35.24	56.96	56.86	43.97	65.93	79.32
	15	0.51	0.17	0.26	0.03	0.03	34.90	25.39	35.61	57.45	57.97	44.99	66.70	80.70
	20	0.43	0.19	0.28	0.02	0.04	35.30	25.90	36.07	58.08	59.37	46.31	67.68	82.47
	25	0.40	0.16	0.27	0.02	0.04	35.67	26.38	36.52	58.69	60.70	47.61	68.62	84.17
良庆区	5	0.55	0.10	0.31	0.00	0.03	37.79	29.44	38.97	61.86	68.01	53.91	74.52	92.53
	10	0.55	0.12	0.29	0.02	0.02	37.80	29.45	38.98	61.86	68.02	53.92	74.54	92.54
	15	0.58	0.13	0.23	0.05	0.02	37.78	29.43	38.96	61.84	67.98	53.88	74.50	92.49
	20	0.59	0.11	0.24	0.02	0.02	37.78	29.43	38.96	61.84	67.97	53.87	74.51	92.47
	25	0.52	0.11	0.25	0.02	0.02	37.77	29.40	38.94	61.82	67.91	53.84	74.49	92.41
江南区	5	0.14	0.23	0.50	0.03	0.10	38.40	30.99	39.73	62.40	70.61	54.13	76.24	94.43
	10	0.25	0.21	0.41	0.02	0.06	38.40	31.01	39.73	62.40	70.62	54.13	76.28	94.44
	15	0.35	0.18	0.32	0.03	0.04	38.41	31.02	39.73	62.41	70.65	54.13	76.35	94.45
	20	0.35	0.18	0.29	0.04	0.04	38.41	31.01	39.73	62.39	70.63	54.15	76.40	94.43
	25	0.32	0.15	0.25	0.04	0.07	38.37	30.83	39.70	62.37	70.42	54.25	76.17	94.25

表 5-24　土地利用类型占比与 PM$_{2.5}$、PM$_{10}$ 浓度相关系数

	PM$_{2.5}$				PM$_{10}$			
	春季	夏季	秋季	冬季	春季	夏季	秋季	冬季
林地	−0.416[*]	−0.432[*]	−0.307	−0.317	−0.345	−0.224	−0.255	−0.426[*]
草地	0.113	0.111	0.087	0.016	0.079	−0.1	−0.009	0.112
水体	−0.054	−0.055	−0.063	−0.044	−0.072	−0.038	−0.033	−0.73
建设用地	0.356	0.366[*]	0.362[*]	0.287	0.368[*]	0.166	0.168	0.364[*]
裸地	0.113	0.103	−0.009	0.077	0.015	0.169	0.163	0.115

注：[*] 代表在 0.05 水平上显著相关。

可能原因是草地植物高度过低，对高空污染物无法表现出明显影响，因此与裸地相关系数十分接近；水体与 $PM_{2.5}$、PM_{10} 浓度相关系数均为负值，但绝对值偏小，相关不显著；建设用地与 $PM_{2.5}$ 浓度在夏季和秋季相关系数分别为 0.366 和 0.362，表现出显著正相关，春季和冬季没有表现出显著性但数值均在 0.3 左右；建设用地与 PM_{10} 浓度春、冬两季相关系数分别达到 0.368 和 0.364，并表现出显著性，夏、秋两季相关系数均为 0.16 左右，结果不显著。可以得出结论：建设用地面积比重越高则 $PM_{2.5}$ 和 PM_{10} 浓度增大，因为高密度的建设用地会增大空气污染程度，而林地相反，因此控制建设用地面积比例，控制城市建设用地无序扩张，倡导林地绿化能对 $PM_{2.5}$、PM_{10} 浓度的抑制发挥重要作用。另外，耕地和水体与 $PM_{2.5}$ 和 PM_{10} 均无明显正负相关性，可能存在其他的未知因素影响，如土壤成分、水体成分、光谱辐射等，有待进一步验证与研究。

第 6 章
南宁市污染物后向轨迹分析

DI-LIU ZHANG

NANNING SHI WURANWU HOUXIANG

GUIJI FENXI

动力因素是影响大气长寿气体在对流层一定时期内浓度变化的主要因素，其他因素对其影响很小。气象场的改变、强的排放源及相应的空间布局影响着大气气体在空间上的变化。大气气团被看成是污染物载体，可以通过对污染物的行动轨迹来分析和追溯其来源或去向，这是因为在对流层上，气体在特定的空间上是由生命周期较长、孤立封闭但浓度较均匀的气团组成的。

6.1　HYSPLIT 模型

计算气流的轨迹常用的模型是拉格朗日模型，需要大量的气象资料参与运算得到轨迹输送路径，进而得到某个区域在不同时间内的主导气流的来向特点。拉格朗日模型的优势体现在操作简单易懂，劣势体现在一方面在高度上有限制性，另一方面没有考虑垂直气流的影响。学者们通过不断进行探讨和研究后，HYSPLIT 模型（Hybrid Single Particle Lagrangian Integrated Trajectory Model）随之诞生。该模型采用三维地形坐标系统，较拉格朗日模型而言，能更好地表征气团在空中的运行轨迹。目前温室气体等长寿气体的来源常用该模型进行研究，同时其同样适用于 PM_{10}、CO、气溶胶等相关浓度及水汽通量输送的研究。

HYSPLIT 模型由多个机构共同努力研发，空气污染物在大气中进行传输及扩散作用的轨迹都可以用该模型来计算和分析。HYSPLIT 模型适用于多种污染物及气体在各个区域的传输和扩散研究，该模型能够解决其他模型不能解决的问题（多种气象要素输入场、物理过程及污染物排放源的输送、扩散、沉降过程），因此污染物的输送及扩散方面的研究可以基于该模型进行反演。

6.2　后向轨迹模拟

（1）模拟流程。

轨迹模拟主要包括前向扩散和后向传输两种类型，前者主要用来表征某一区域的气体或颗粒污染物对别的地方所造成的影响，分析目标区域的气体或颗粒物污染是由什么来源造成的影响是后者主要解决的问题。HYSPLIT 模型的后向轨迹模拟流程见图 6-1。

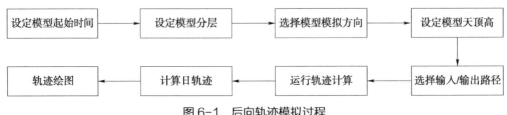

图 6-1　后向轨迹模拟过程

（2）数据来源。

从网站 ftp://gdas-server.iarc.uaf.edu/gdas1/ 下载气象遥感数据，该数据来源于美国国家环境预报中心（NCEP）和美国国家大气研究中心。通过设置相关参数来模拟气团轨迹，具体如图 6-2 所示。

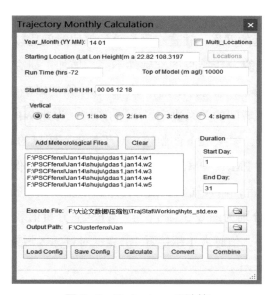

图 6-2　Trajectory 月计算

设置模拟年月及目标区域的经纬度，"Run Time"参数负值表示模拟后向轨迹，正数表示模拟前向轨迹。本章模拟后向 72 h 的轨迹，需要模拟的时间为 00、06、12、18。

目标区域：南宁市；

分析时间尺度：月份、季度；

目标污染物：$PM_{2.5}$、PM_{10}；

时间：2014 年；

地面监测点数据：来源于南宁市环境保护监测站。

6.3　PSCF 分析

PSCF 分析是依据气流轨迹来判断污染物来源区域的一种分析算法。PSCF 分析的算法原理是假设某气团在运动过程中在某区域即某网格上空有一定时间的停留，则该区域空气中存在的污染物就可能会被气团接纳，随着气团不断地运动，污染也在不断进行着传输，那么目标区域的空气污染物有一部分就来自该气团所携带的污染物。计算公式如下：

$$PSCF_i = \frac{m_i}{n_i}$$

式中，m_i——空气中某种污染物的浓度不小于空气环境标准浓度限定值的全部轨迹
经过第 i 个网格时的停顿时间；

n_i——气团运动传输过程中的全部轨迹经过第 i 个网格时总的停顿时间。

有关环境质量规范文件对每种污染物的二级浓度限值的规定都不一致，其中污染物 $PM_{2.5}$ 浓度为 75 μg/m³，PM_{10} 浓度为 150 μg/m³。

离目标区域比较偏远的网格，轨迹在网格总的停留时间比较短暂，即分母 n_i 值比较小，可能会使得 PSCF 计算分析结果的准确性不高，增加了研究结果的可变性。引入影响系数 W_i 即权重系数会减少这些特定网格对 PSCF 计算的影响，提高计算结果的精度，n_i 及网格平均停留时间两者间的关系决定了 W_i 的取值，为此 $WPSCF_i = PSCF_i \times W_i$。按月份、季节进行 PSCF 分析，模拟 72 h 的轨迹，对于污染不明显的月份及季节，PSCF 计算结果无意义。空气污染物 $PM_{2.5}$、PM_{10} 浓度数据来自南宁市环境保护监测站。

基于 TrajStat 软件平台，输入气象数据及污染物浓度数据，按月份进行污染物 $PM_{2.5}$、PM_{10} 的 PSCF 分析结果分别为图 6-3、图 6-4。WPSCF 分析值表征某地区对目标区域的空气污染存在的贡献大小，值越大（越接近 1）表示对目标区污染贡献越大，接近于 0 表示不贡献，其值范围为 0~1。

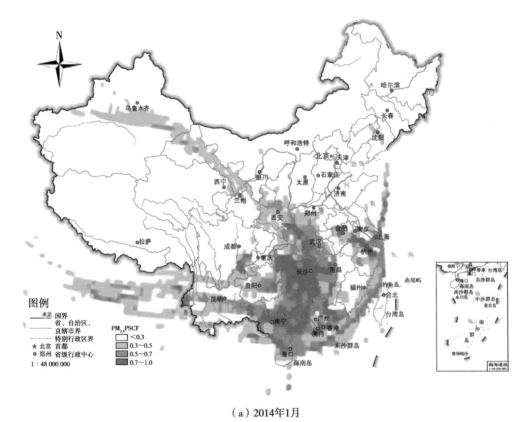

（a）2014年1月

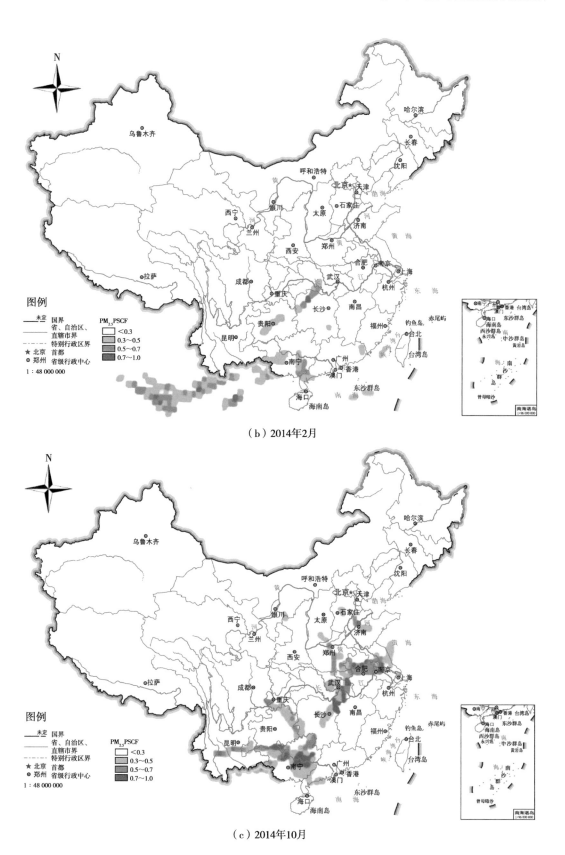

（b）2014年2月

（c）2014年10月

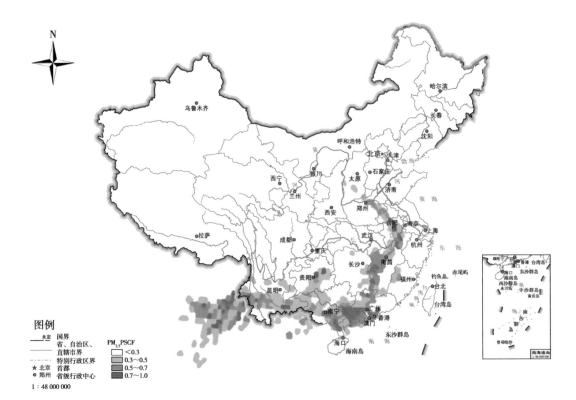

（d）2014年11月

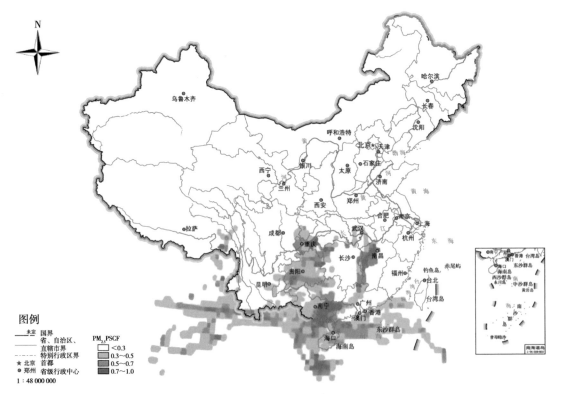

（e）2014年12月

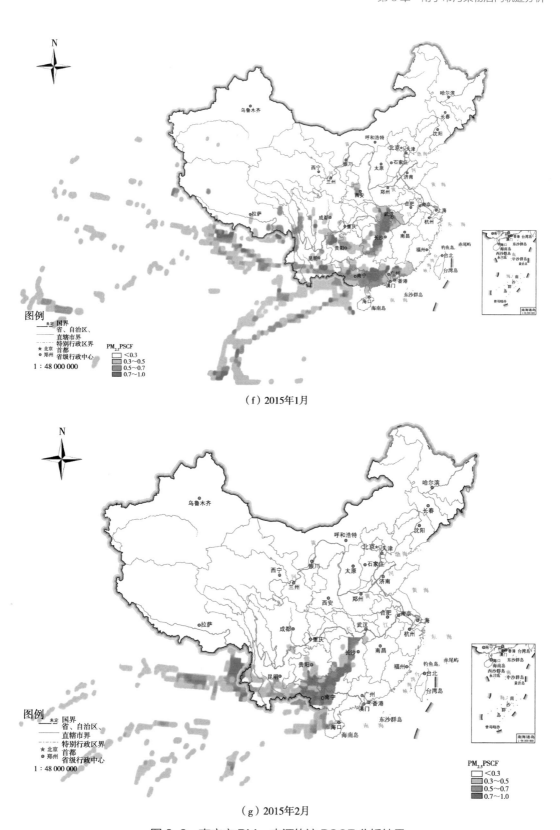

（f）2015年1月

（g）2015年2月

图6-3　南宁市PM$_{2.5}$来源轨迹PSCF分析结果

从图 6-3 中可以看出南宁市空气中形成污染的物质 $PM_{2.5}$ 的来源不尽相同。2014 年 1 月、10 月、11 月、12 月及 2015 年 1 月、2 月研究区域的空气环境出现浑浊的现象比较明显。2014 年 1 月为污染最为明显的月份，空气质量较低的原因主要为自身的排放及其他地区的排放输送。其中湖北省、湖南省、江西省及广东省的污染物排放及短距离气团传输对目标区域南宁市的空气污染有明显的贡献作用。2014 年 10 月空气污染主要源自目标区域自身污染物的排放，同时某些省份对其环境质量也有影响，但外部因素不如自身因素的影响明显。2014 年 11 月南宁市环境空气质量受到河南省、安徽省及周边国家长距离输送影响及江西省、广东省短距离传输影响，同时其自身空气环境污染物的排放是造成 $PM_{2.5}$ 浓度值较高的原因。2014 年 12 月导致南宁市出现污染的原因较多，其中贵州省及沿海区域的短距离排放传输、自身空气污染物排放是造成目标区域空气污染的最主要原因。2015 年 1 月南宁市空气质量受到湖北省、湖南省、广东省及周边国家的影响，同时自身污染物的排放也是造成空气污染的原因。2015 年 2 月研究区域的空气环境受相邻省份的影响较大，同时自身也向空气中排放污染物质。

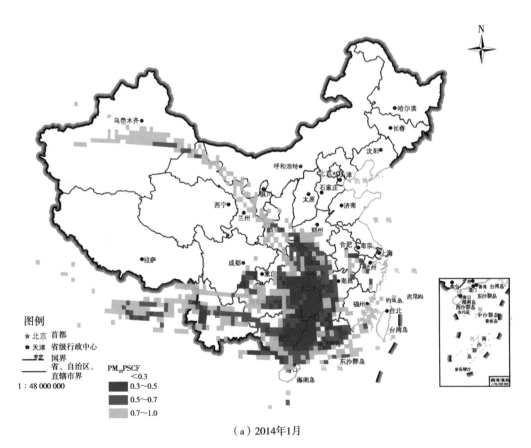

（a）2014年1月

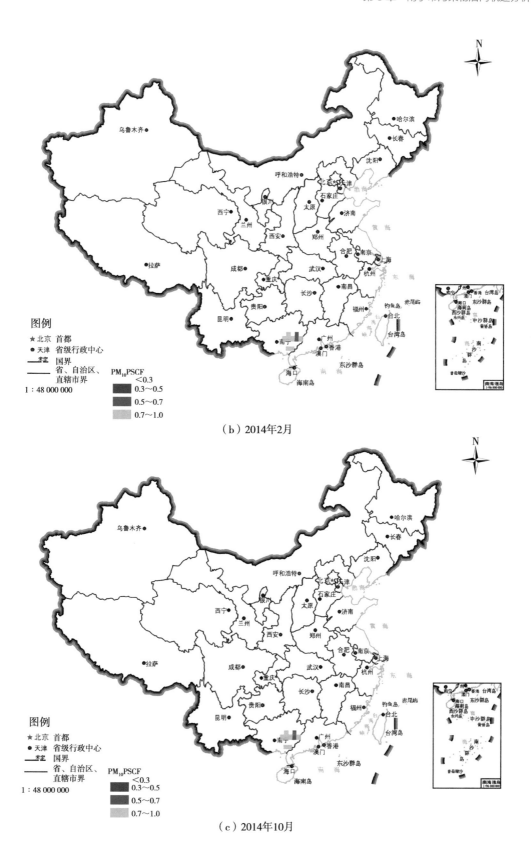

（b）2014年2月

（c）2014年10月

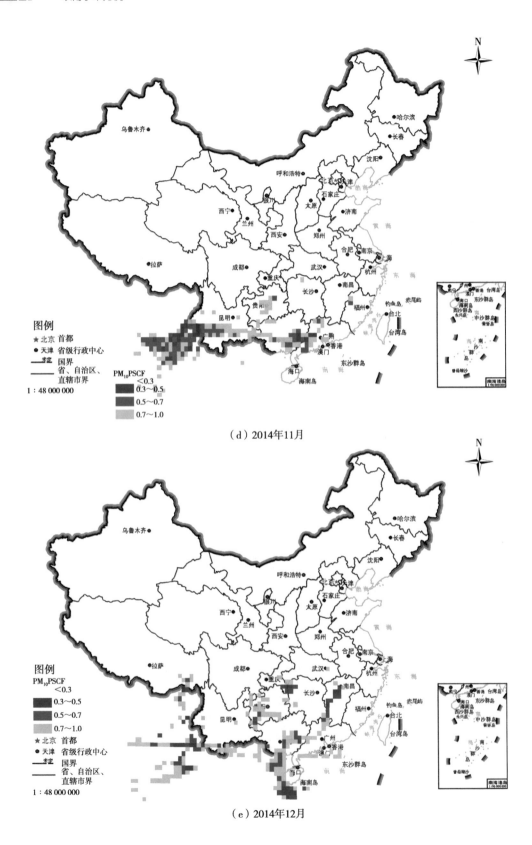

（d）2014年11月

（e）2014年12月

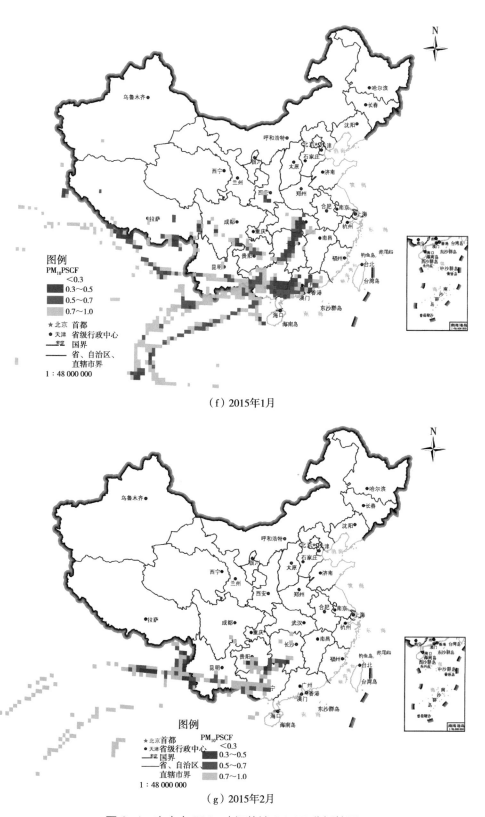

（f）2015年1月

（g）2015年2月

图6-4　南宁市 PM$_{10}$ 来源轨迹 PSCF 分析结果

　　研究分析结果表明，空气中的污染物 PM_{10} 的来源与相应月份的 $PM_{2.5}$ 来源基本一致。目标区域污染物的排放或其他地区污染物的传输导致空气质量下降，出现污染现象，对人们健康造成威胁。PM_{10} 的 PSCF 分析结果不如 $PM_{2.5}$ 明显。从图 6-4 中可以看出，2014 年 2 月及 10 月研究区域的 PM_{10} 污染不明显，多以 $PM_{2.5}$ 污染为主。

　　为进一步分析南宁市空气污染物的可能性来源，以季节为时间节点研究污染物的来源，结果见图 6-5。结果表明，2014 年 1—2 月、9—11 月、2014 年 12 月—2015 年 2 月空气中 $PM_{2.5}$、PM_{10} 污染都比较明显，其中冬季污染更为严重。2014 年 1—2 月南宁市空气质量较低，$PM_{2.5}$、PM_{10} 主要来源于目标区域自身向空气排放的污染物，同时受湖北省、湖南省、江西省及广东省的近距离传输及周边国家的影响，导致空气出现污染。2014 年 9—11 月污染没有冬季那么明显，空气质量较冬季转好，南宁市向空气中排放的污染物减少，受其他地区的影响比较大。2014 年 12 月—2015 年 2 月空气污染物 $PM_{2.5}$、PM_{10} 的来源比较广泛，主要受到某些地区的长距离传输及周边国家的影响。

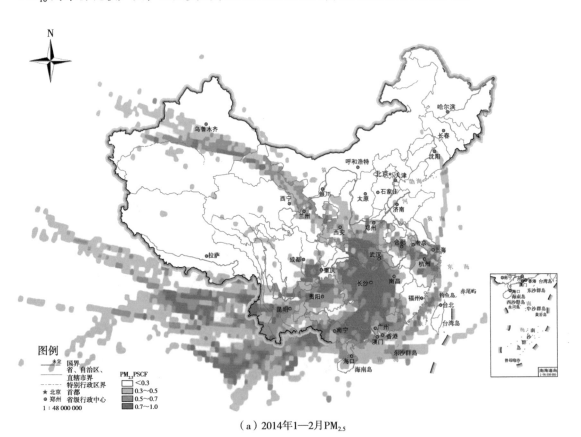

（a）2014 年 1—2 月 $PM_{2.5}$

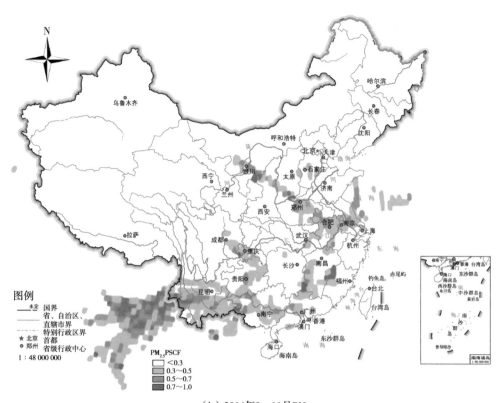

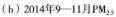

（b）2014年9—11月PM$_{2.5}$

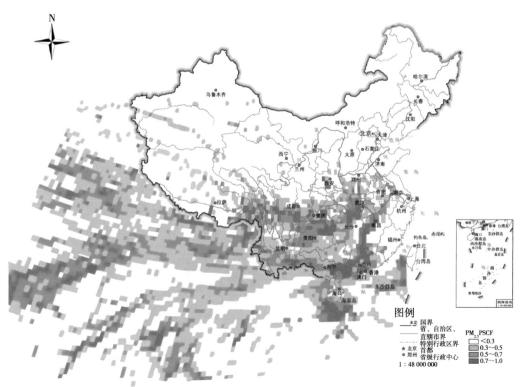

（c）2014年12月—2015年2月PM$_{2.5}$

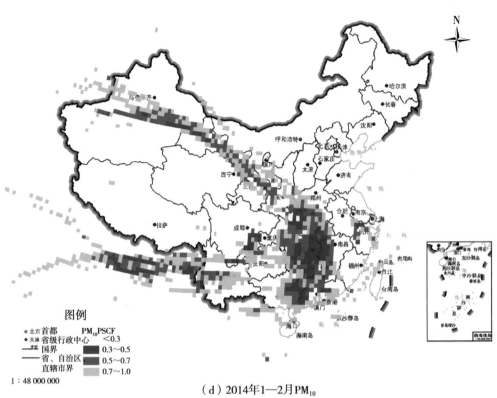

（d）2014年1—2月PM$_{10}$

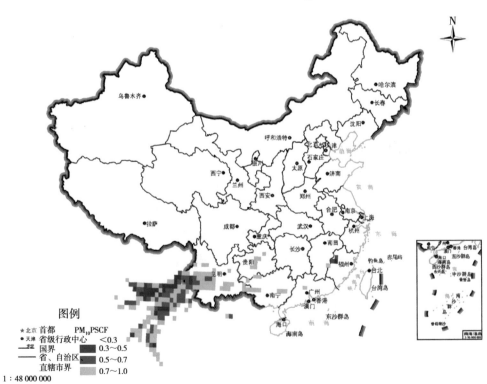

（e）2014年9—11月PM$_{10}$

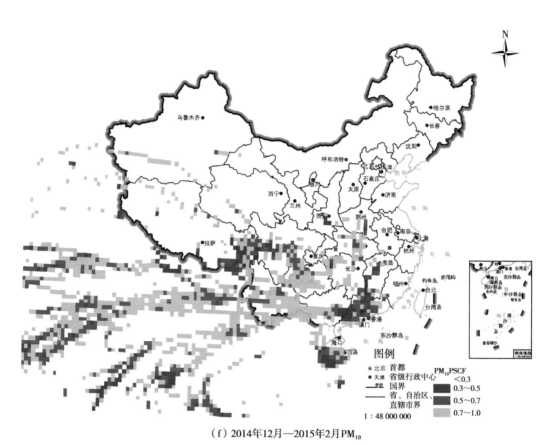

（f）2014年12月—2015年2月PM$_{10}$

图6-5 PM$_{2.5}$和PM$_{10}$的PSCF分析结果

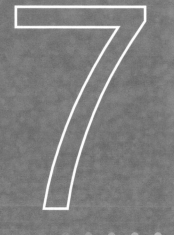

第 7 章

南宁市环境空气中颗粒物来源解析结果

DI-QI ZHANG

NANNING SHI HUANJING KONGQIZHONG

KELIWU LAIYUAN JIEXI JIEGUO

为了分析南宁市大气颗粒污染物来源及其对颗粒物浓度的贡献值和贡献率，将前文分析得到的污染源成分谱和受体数据输入 CMB 模型进行计算。污染源主要包括土壤源、建筑扬尘、燃煤源、机动车排放、硫酸盐、硝酸盐、二次有机碳等。

7.1　颗粒物源解析结果

应用 CMB 模型解析得到各一次源类和二次颗粒物对南宁市全年及各季节 $PM_{2.5}$ 和 PM_{10} 的贡献，此外，本研究还对各点位颗粒物全年来源贡献进行了解析。

7.1.1　全年平均源解析结果

南宁市 $PM_{2.5}$ 的全年平均源解析结果见图 7-1。南宁市采样期间 $PM_{2.5}$ 的源解析结果显示，在参与拟合的源类中，各源类的贡献率大小依次为硫酸盐源（24.7%）＞燃煤源（13.9%）＞机动车排放（13.5%）＞生物质锅炉排放（11.2%）＞土壤源（7.8%）＞建筑扬尘（7.7%）＞硝酸盐源（5.6%）＞SOC（6.6%）＞水泥行业排放（1.2%）。贡献源类以二次颗粒物、燃煤源、机动车以及生物质锅炉排放为主导（贡献率均＞10%），二次颗粒物的累计贡献（硫酸盐＋硝酸盐＋SOC）达 36.9%，成为首要贡献源类。

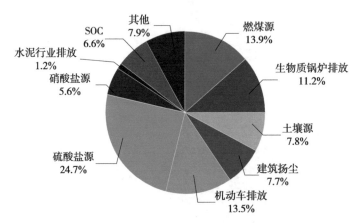

图 7-1　南宁市 $PM_{2.5}$ 全年平均源解析结果

南宁市 PM_{10} 的全年平均源解析结果见图 7-2。在参与拟合的源类中，各源类的贡献率大小依次为土壤源（18.4%）＞硫酸盐源（17.5%）＞燃煤源（12.0%）＞建筑扬尘（11.6%）＞机动车排放（11.1%）＞生物质锅炉排放（7.6%）＞SOC（5.9%）＞硝酸盐源（5.8%）＞水泥行业排放（3.0%）。以上源类中，以土壤源为首要贡献源类，硫酸盐源、燃煤源、机动车排放和建筑扬尘的贡献率均超过 10%。二次颗粒物的累计贡献为29.2%。

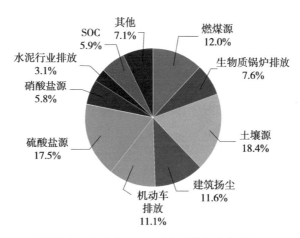

图 7-2　南宁市 PM_{10} 全年平均源解析结果

相较于各源类对 PM_{10} 的贡献，建筑扬尘和水泥行业排放对 $PM_{2.5}$ 的贡献率有所降低，机动车排放、硫酸盐源、硝酸盐源和生物质锅炉的排放量以及 SOC 的贡献均有所上升。扬尘、燃煤源和二次颗粒物是南宁市 $PM_{2.5}$ 和 PM_{10} 的首要贡献源类。

7.1.2　不同季节源解析结果

采样期间南宁市不同季节 $PM_{2.5}$ 和 PM_{10} 全年源解析结果见图 7-3 和图 7-4 以及表 7-1～表 7-4。

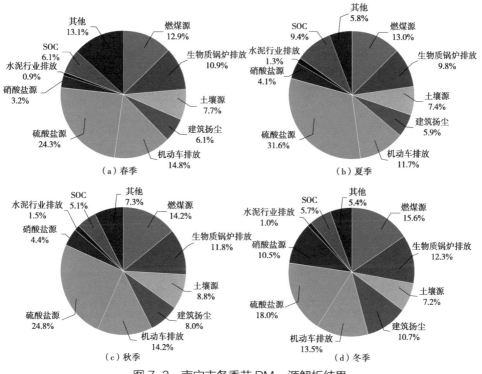

图 7-3　南宁市各季节 $PM_{2.5}$ 源解析结果

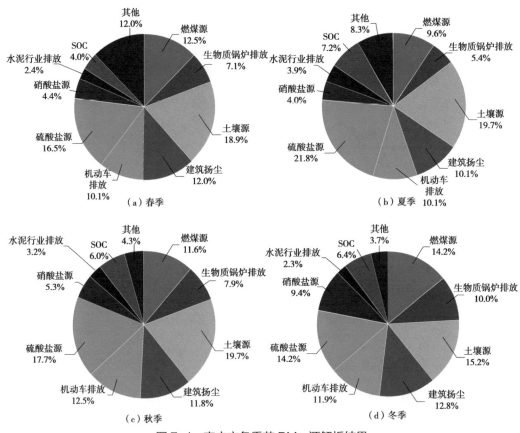

图 7-4　南宁市各季节 PM$_{10}$ 源解析结果

表 7-1　南宁市各季节 PM$_{2.5}$ 源解析贡献率结果　　　　　　单位：%

	春季	夏季	秋季	冬季	全年平均
燃煤源	12.9	13.0	14.2	15.6	13.9
生物质锅炉排放	10.9	9.8	11.8	12.3	11.2
土壤源	7.7	7.4	8.8	7.2	7.8
建筑扬尘	6.1	5.9	8.0	10.7	7.7
机动车排放	14.8	11.7	14.2	13.5	13.5
硫酸盐源	24.3	31.6	24.8	18.0	24.7
硝酸盐源	3.2	4.1	4.4	10.5	5.6
水泥行业排放	0.9	1.3	1.5	1.0	1.2
SOC	6.1	9.4	5.1	5.7	6.6
其他	13.1	5.8	7.3	5.4	7.9

表 7-2　南宁市各季节 PM$_{2.5}$ 源解析贡献值结果　　　　　　　　　　单位：μg/m³

	春季	夏季	秋季	冬季	全年平均
燃煤源	5.3	3.6	8.0	9.2	7.4
生物质锅炉排放	4.4	2.7	6.6	7.3	5.9
土壤源	3.1	2.1	4.9	4.3	4.1
建筑扬尘	2.5	1.6	4.5	6.3	4.1
机动车排放	6.0	3.3	8.0	8.0	7.2
硫酸盐源	9.9	8.8	14.0	10.6	13.1
硝酸盐源	1.3	1.2	2.5	6.2	2.9
水泥行业排放	0.4	0.4	0.9	0.6	0.6
SOC	2.5	2.6	2.9	3.4	3.5
其他	5.3	1.6	4.1	3.2	4.2

表 7-3　南宁市各季节 PM$_{10}$ 源解析贡献率结果　　　　　　　　　　单位：%

	春季	夏季	秋季	冬季	全年平均
燃煤源	12.5	9.6	11.6	14.2	12.0
生物质锅炉排放	7.1	5.4	7.9	10.0	7.6
土壤源	18.9	19.7	19.7	15.2	18.4
建筑扬尘	12.0	10.1	11.8	12.8	11.6
机动车排放	10.1	10.1	12.5	11.9	11.1
硫酸盐源	16.5	21.8	17.7	14.2	17.5
硝酸盐源	4.4	4.0	5.3	9.4	5.8
水泥行业排放	2.4	3.9	3.2	2.3	3.0
SOC	4.0	7.2	6.0	6.4	5.9
其他	12.0	8.3	4.3	3.7	7.1

表 7-4　南宁市各季节 PM$_{10}$ 源解析贡献值结果　　　　　　　　　　单位：μg/m³

	春季	夏季	秋季	冬季	全年平均
燃煤源	9.6	5.3	15.4	15.1	12.7
生物质锅炉排放	5.5	3.0	10.5	10.6	8.1
土壤源	14.7	10.9	26.2	16.1	19.5

	春季	夏季	秋季	冬季	全年平均
建筑扬尘	9.3	5.6	15.7	13.5	12.4
机动车排放	7.8	5.6	16.6	12.6	11.8
硫酸盐源	12.8	12.0	23.6	15.0	18.6
硝酸盐源	3.4	2.2	7.1	10.0	6.2
水泥行业排放	1.9	2.2	4.3	2.4	3.1
SOC	3.1	4.0	8.0	6.8	6.2
其他	9.3	4.6	5.7	3.9	7.5

从不同季节 $PM_{2.5}$ 的源解析贡献率来看，春季硫酸盐源和机动车排放是首要贡献源类，其次是燃煤源、生物质锅炉排放，贡献率均在 10% 以上；夏季：硫酸盐源 > 燃煤源 > 机动车排放，贡献率均在 10% 以上；秋季贡献源类仍旧以硫酸盐源、机动车排放、燃煤源和生物质锅炉排放为主，土壤源、建筑扬尘、硝酸盐源和 SOC 的贡献均小于10%，但土壤源的贡献率有所上升；冬季：硫酸盐源 > 燃煤源 > 机动车排放 > 生物质锅炉排放 > 建筑扬尘，其中燃煤源、生物质锅炉排放和建筑扬尘均达到四季中最高值，对总颗粒物的贡献率分别为 15.6%、12.3% 和 10.7%。

建筑扬尘在冬季的贡献率最高，秋冬季 > 春夏季；燃煤源在秋冬季高，春季最低；机动车排放在春季贡献率最高，夏季贡献率最低；生物质锅炉排放在冬季最高，秋冬季 > 春夏季，这与秋冬季糖厂榨糖作业燃烧生物质燃料有关；二次硫酸盐的贡献率在夏季最高，冬季最低；二次硝酸盐贡献率在冬季最高，夏季最低，可能与其在夏季高温环境下易挥发有关；SOC 在夏季最高，其他季节均为 5%～6%，二次颗粒物的累计贡献在夏季明显高于其他季节。

从不同季节 PM_{10} 的来源贡献率来看，春季：土壤源、硫酸盐源、建筑扬尘、燃煤源和机动车排放是主要贡献源类，其次是生物质燃烧、硝酸盐源和 SOC，贡献率均低于10%；夏季：硫酸盐源 > 土壤源 > 建筑扬尘 = 机动车排放，贡献率均在 10% 以上；秋季：土壤源 > 硫酸盐源 > 机动车排放 > 建筑扬尘 > 燃煤源，其中燃煤源的贡献率接近于建筑扬尘的贡献率；冬季：土壤源 > 燃煤源 = 硫酸盐源 > 建筑扬尘 > 机动车排放 > 生物质锅炉排放，其中生物质锅炉排放和燃煤源均达到四季中的最大值，分别为 10.0% 和 14.2%。

土壤源在秋冬季的贡献率较高；燃煤源在冬季最高，夏季最低；机动车排放在春夏季贡献率较低，秋季贡献率最高；生物质锅炉排放在冬季最高，秋冬季 > 春夏季；硫酸盐源的贡献率在夏季最高，冬季最低；硝酸盐源的贡献率在冬季最高，夏季最低；SOC 秋季稍高于其他季节，二次颗粒物的累计贡献在春季明显低于其他季节。

总体而言，南宁市四季具有以土壤源、建筑扬尘、燃煤源和二次颗粒物为主导的混合型污染特征。

7.2 南宁市长时间序列受体样品源解析

7.2.1 南宁市长时间序列主要污染源类的 PMF 分析

南宁市市监测站点位在 2015 年每周二、周六进行长时间序列采样，将市监测站点位的受体监测数据纳入 PMF 模型进行分析。PM₁₀ 和 PM₂.₅ 均得到 6 个因子，各因子解析所得成分谱见图 7-5 和图 7-6。

PM₁₀ 各因子成分谱如图 7-5 所示，因子 1 中 Si、Al 和 Ca 的载荷较高，这些是建筑扬尘的标识组分，因此该因子识别为建筑扬尘；因子 2 中 K、OC 和 EC 的载荷较高，其中 K 是生物质锅炉排放的标识组分，此外，OC/EC 比值较小，即 EC 占比较大，通过第 3 章对各源类成分谱的构建得知，该因子可识别为生物质锅炉排放；因子 3 中 OC、EC 的载荷较高，且 OC 的载荷很高，可识别为机动车排放；因子 4 中 OC、EC 的载荷较高，此外，Si、Al 和 Ca 等也占有一定的比重，因此该因子可以识别为燃煤源；因子 5 中硝酸根和铵根的载荷较高，其次硫酸根和 OC 也占有一定的比例，所以该因子可以识别为硝酸盐源，并混有一部分二次有机碳；因子 6 中硫酸根和铵根载荷较高，可识别为硫酸盐源。

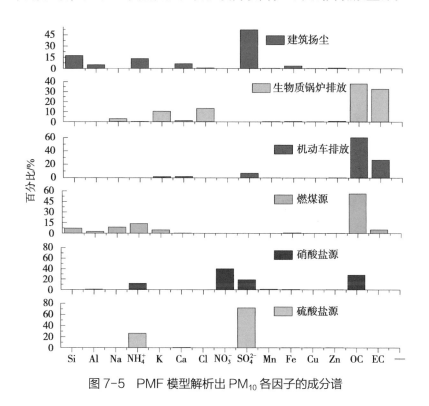

图 7-5 PMF 模型解析出 PM₁₀ 各因子的成分谱

PM$_{2.5}$的各因子成分谱见图7-6，因子1～4的成分谱与PM$_{10}$相近，但因子5中铵根和硝酸根的载荷高，识别为硝酸盐源，而因子6中除铵根和硫酸根载荷较高外，OC也占有一定的比例，因此该因子可识别为硫酸盐源和二次有机碳混合源。

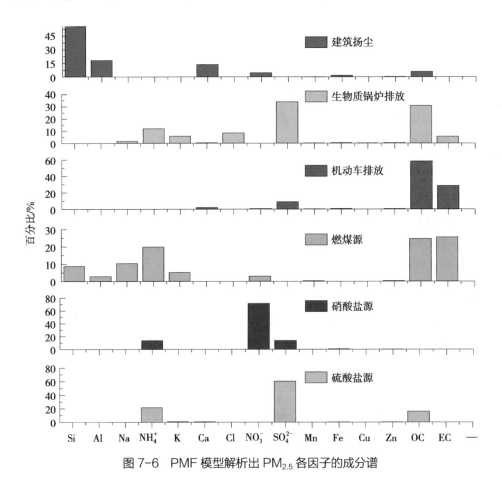

图7-6　PMF模型解析出PM$_{2.5}$各因子的成分谱

7.2.2　南宁市主要污染源类PMF解析结果与CMB解析结果的比较

PM$_{10}$和PM$_{2.5}$的PMF模型解析与CMB模型解析结果如图7-7所示，PMF模型解析得到的源类个数少于CMB，因此对比PM$_{10}$的结果时，将PMF-扬尘源与CMB-土壤源和建筑扬尘加和进行比较。而PMF-硝酸盐源与CMB-硝酸盐源和SOC的加和进行比较；对PM$_{2.5}$而言，将PMF-硫酸盐源与CMB-硫酸盐源和SOC的加和进行比较。可以看出，无论是对于PM$_{10}$还是PM$_{2.5}$，两个模型解析出的源类的贡献率相近，结果较可靠。

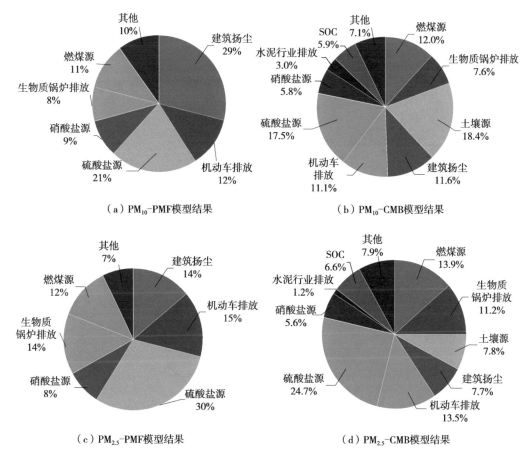

图 7-7　PM$_{10}$ 和 PM$_{2.5}$ 的 PMF 模型解析与 CMB 模型解析结果比较

7.3　区域传输影响分析

7.3.1　后向轨迹聚类结果

将南宁市 2014 年 12 月—2015 年 11 月 PM$_{2.5}$ 监测浓度数据按季节分为冬季（2014 年 12 月和 2015 年 1—2 月）、春季（2015 年 3—5 月）、夏季（2015 年 6—8 月）、秋季（2015 年 9—11 月）4 个季节的数据。结合南宁市的气象参数资料，运用 TrajStat 模型模拟气团运动轨迹，分析南宁大气污染物的主要输送过程。对应有效的小时平均样本数据，并计算得到观测期间到达南宁的后向轨迹，将计算得到的后向轨迹进行聚类分析，即根据气团的移动速度和方向对大量轨迹进行分组，得到不同的轨迹输送组来估计污染物的潜在源区。

针对南宁市春季、夏季、秋季、冬季的后向轨迹进行拟合，分别得到 4 类聚类轨迹，如图 7-8 所示。南宁市 4 个季度均受东北方向（包括广西东北部及湖南省）气流影响，其中春季以来自东南和西南海域的气流占比最高，累计可达 49.46%，其次是湖南省的气流（28.80%），此外，一定程度上受到广东省西南部气流的影响。夏季主要受西南海域传输气

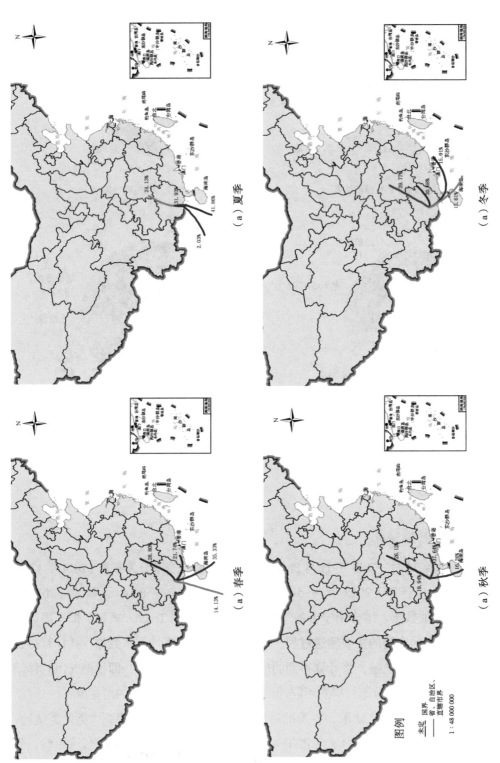

图7-8 南宁市后轨迹分季节聚类结果

流影响，轨迹占比达 43.89%，其次是受南宁市南部短距离局地气流影响，占比为 31.98%。秋季和冬季则主要受南宁市东北方向地区的气流影响，此外秋季还受广东省西部气流影响，占比为 35.33%，冬季则在一定程度上受广东省东部沿海方向气流的影响，占比为 15.91%。

7.3.2　PSCF 分析结果

研究 PSCF 时设定的浓度限值是南宁市相应季节或全年 PM$_{2.5}$ 的平均浓度。利用 PSCF 方法对南宁全年 PM$_{2.5}$ 分析，结果如图 7-9 所示，颜色越深代表 WPSCF 值越大，表明南宁市 PM$_{2.5}$ 浓度超过 75 μg/m^3 的时候更趋向于接受来自这些地区的气团影响，可以间接地反映这些地区的排放对南宁市 PM$_{2.5}$ 浓度的影响程度。由图 7-9 可知，WPSCF 高值区主要集中湖南省西南部，表明湖南省的跨界传输可能是南宁市 PM$_{2.5}$ 浓度升高的外来影响地区；另外，广东省西部也有一些网格较深，表明来自这些区域的传输也可能在一定程度上导致南宁市 PM$_{2.5}$ 浓度升高。

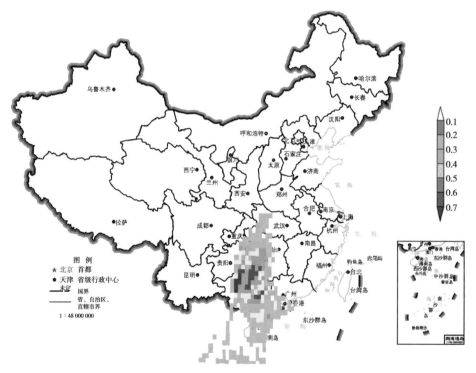

图 7-9　南宁市全年 PSCF 分析结果

WPSCF 的整体分布表明南宁市东北方向邻近地区贡献较大，近距离的局地传输对南宁市的污染有明显影响，而来自南部海上区域及广东省东部沿海方向的气团对南宁市产生的影响较小。

利用 PSCF 方法对南宁市 4 个季节 PM$_{2.5}$ 分析结果如图 7-10 所示。春季 PM$_{2.5}$ 浓度主

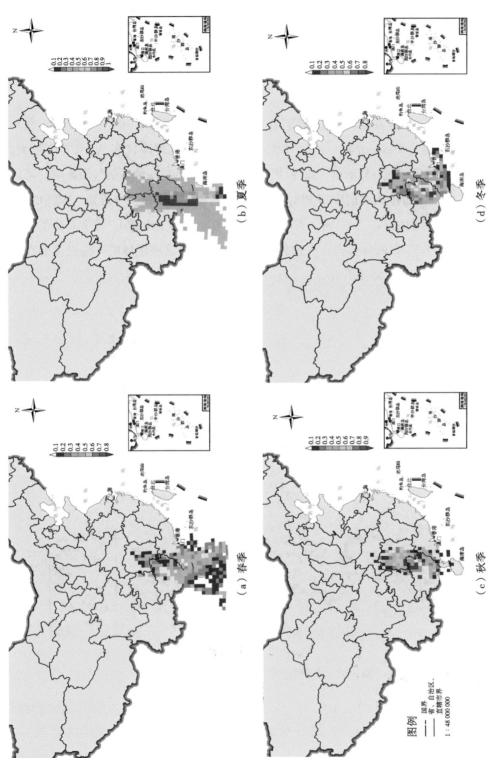

图 7-10 南宁市 PSCF 季节分析结果

要受南宁市东南部（包括广东省西部）排放源的影响，同时南宁市东北部地区对南宁市春季 PM$_{2.5}$ 浓度升高具有一定影响，此外，来自南部海域污染轨迹的 WPSCF 值偏低，可见南部海上气团对南宁市影响较小。夏季呈现以南宁市为中心，南北分布的污染特征，主要以本地气团为主，同时西南海域也具有潜在贡献。秋季颜色深的区域主要分布在广西壮族自治区东北部和湖南西南部，表明该地区在秋季对南宁市影响较大。冬季在广东省西部网格颜色最深，广西壮族自治区北部也有一些网格颜色较深，表明来自广西壮族自治区北部和广东省西部的排放源对南宁市冬季 PM$_{2.5}$ 浓度升高影响较大，而广东省东部沿海地区对南宁市冬季 PM$_{2.5}$ 的影响较小。

7.3.3　CWT 分析结果

利用 CWT 方法对南宁市全年 PM$_{2.5}$ 分析结果如图 7-11 所示，颜色越深代表 CWT 值越大。由图可知，CWT 高值区主要分布于南宁市的东北方向地区，此外来自南宁市东南方向（包括广东省西部）的轨迹权重也较高，来自西南部海域的轨迹权重较低。

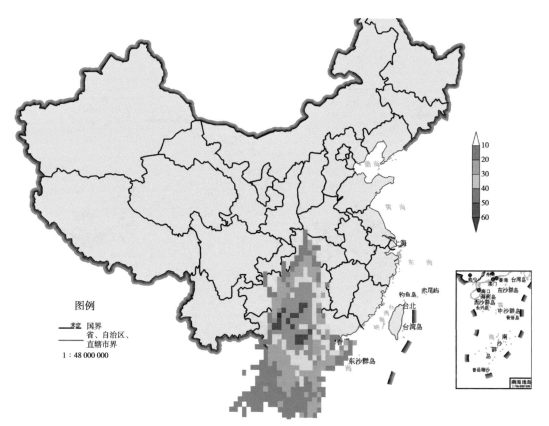

图 7-11　南宁市全年 CWT 分析结果

图 7-12 为南宁市 4 个季节 CWT 分析结果。春季高值区主要集中在广东省西部，同

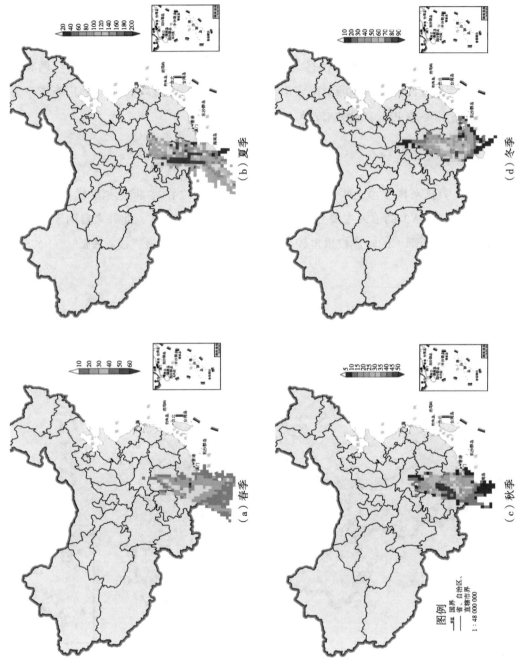

图 7-12 南宁市各季节 CWT 分析结果

时在一定程度上受南宁市东北方向邻近地区气团的影响。夏季高值区主要集中在南宁市及其南部和北部。秋季高值区主要集中在南宁市东北方向，同时与粤交界地区的排放源对南宁市具有一定的影响。冬季广西壮族自治区北部网格颜色最深，东部较深，说明在冬季南宁市主要受广西壮族自治区北部和东部排放源的影响，此外，来自东南沿海及湖北、湖南省等内陆的气流对南宁市的影响较小。CWT 分析与 PSCF 分析结果基本一致。

7.3.4　结论

通过对南宁市 4 个季度和全年的后轨迹、PSCF 和 CWT 分析可以看出，南宁市四季可能受南宁市东北方向邻近地区影响，近距离的局地传输对南宁市的污染有明显影响，而来自南部海上区域及广东省东部沿海方向的气团对南宁市产生的影响较小。春季 $PM_{2.5}$ 浓度主要受南宁市东南部（包括广东省西部）排放源的影响，同时南宁市东北部地区对南宁市春季 $PM_{2.5}$ 浓度升高具有一定影响；夏季呈现以南宁市为中心，南北分布的污染特征，主要以本地污染为主；秋季广西壮族自治区东北部和湖南西南部可能对南宁有一定的影响；冬季广东省西部、北部的排放源可能对南宁市冬季 $PM_{2.5}$ 浓度升高影响较大。

此外，通过对第 2 章和第 8 章的分析发现，南宁市空气中 SO_2 浓度较低，低于 NO_2，但是颗粒物上 SO_4^{2-} 浓度却高于 NO_3^-，SO_4^{2-} 浓度高，可能受到区域传输的影响。相关研究有待加强。

7.4　综合源解析结果

对南宁市环境空气中 PM_{10} 和 $PM_{2.5}$ 的来源进行综合解析，结果如图 7-13 和图 7-14 所示。

综合源解析过程可以简单概括为：根据模型解析结果，结合污染物排放量数据，依照颗粒物综合源解析技术方法将模型结果中的各源类解析结果重新划分。燃煤源：模型解析结果中燃煤源包括民用和电厂燃煤一次排放、工业锅炉燃煤一次排放，这些均归入到综合解析结果的燃煤源中，此外，还应包括民用和电厂燃煤所排放的 SO_2、NO_2 而在大气中转化生成的硫酸盐和硝酸盐；工业生产：南宁市工业生产应包括生物质锅炉排放、水泥行业排放和工业生产过程中所排放的 SO_2、NO_2 在大气中转化生成的硫酸盐和硝酸盐；扬尘：南宁市扬尘应包括模型解析结果中的建筑扬尘、土壤源；机动车排放：应包括模型解析结果中机动车一次排放颗粒物以及机动车排放的 NO_2 在大气中转化生成的硝酸盐；其他源类：应包括模型解析结果中的 SOC 和其他。

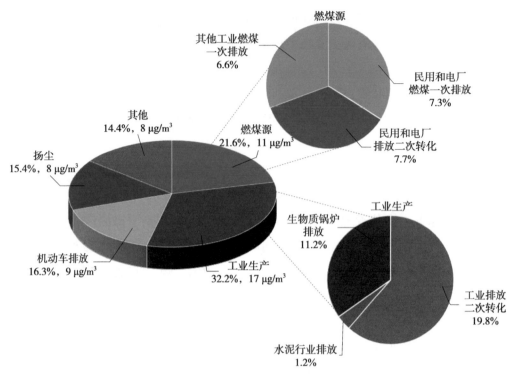

图 7-13 PM$_{2.5}$ 全年综合源解析结果

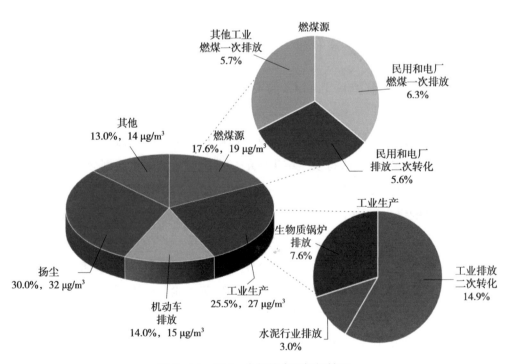

图 7-14 PM$_{10}$ 全年综合源解析结果

因此得到的南宁市环境空气 $PM_{2.5}$ 的综合源解析结果如下：工业生产（生物质锅炉排放、工业排放二次转化、水泥行业排放）占比共为 32.2%（17 $\mu g/m^3$），其中工业排放的 SO_2 和 NO_x 二次转化的颗粒物占比为 19.8%、生物质锅炉排放占比为 11.2%、水泥行业排放占比为 1.2%；燃煤源（燃煤电厂、居民散烧、工业燃煤）占比共为 21.6%（11 $\mu g/m^3$），其中民用和电厂燃煤一次排放占比为 7.3%、民用和电厂排放的 SO_2 和 NO_2 二次转化成为的颗粒物占比为 7.7%、其他工业燃煤一次排放占比为 6.6%；机动车排放占比为 16.3%（9 $\mu g/m^3$）；扬尘（裸露表面、建筑施工、道路扬尘、土壤源等排放）占比为 15.4%（8 $\mu g/m^3$）；其他（SOC、餐饮、农业生产等）占比为 14.4%（8 $\mu g/m^3$），其中 SOC 的占比为 6.6%（3 $\mu g/m^3$）。

南宁市环境空气 PM_{10} 的综合源解析当中，扬尘（裸露表面、建筑施工、道路扬尘、土壤源等排放）占比共为 30.0%（32 $\mu g/m^3$）；工业生产（工业生产工艺过程等排放、生物质锅炉排放、工业排放二次转化）占比共为 25.5%（27 $\mu g/m^3$），其中工业排放 SO_2 和 NO_2 二次转化的颗粒物占比为 14.9%、生物质锅炉排放占比为 7.6%、水泥行业排放占 3.0%；燃煤源（燃煤电厂、居民散烧、工业燃煤）占比共为 17.6%（19 $\mu g/m^3$），其中民用和电厂燃煤一次排放占比为 6.3%，民用和电厂排放的 SO_2 和 NO_2 二次转化成为的颗粒物占比为 5.6%、其他工业燃煤一次排放占比为 5.7%（6 $\mu g/m^3$）；机动车排放占比为 14.0%（15 $\mu g/m^3$）；其他（SOC、餐饮、农业生产等）占比为 13.0%（14 $\mu g/m^3$），其中 SOC 的占比为 5.9%（6 $\mu g/m^3$）。

第 8 章

大气颗粒物污染数值模拟研究

DI-BA ZHANG

DAQI KELIWU WURAN SHUZHI MONI YANJIU

8.1 模式简介

CALPUFF 由西格玛研究公司（Sigma Research Corporation）开发，是美国国家环境保护局长期支持开发的法规导则模型，同时也是我国原环境保护部颁布的《环境影响评价技术导则　大气环境》（HJ 2.2—2008）推荐模型之一。CALPUFF 为非稳态三维拉格朗日烟团输送模式，采用烟团函数分割方法，垂直坐标采用地形追随坐标，水平结构为等间距的网格，空间分辨率为 1 km 至几百 km，垂直不等距分为 30 多层。主要包括污染物的排放、平流输送、扩散、干沉降以及湿沉降等物理与化学过程。CALPUFF 模型系统可以处理连续排放源、间断排放情况，能够追踪质点在空间与时间上随流场的变化规律，考虑了复杂地形动力学影响、斜坡流、FROUND 数影响及发散最小化处理。

CALPUFF 具有自身的优势和特点：

一是能模拟从几十米到几百千米中等尺度范围。

二是能模拟一些非稳态的情况（静小风、熏烟、环流、地形和海岸效应），也能评估二次污染颗粒物的浓度，这是以高斯理论为基础的模式所不具备的。

三是气象模型包括了陆上和水上边界层模型，可以利用小时 MM4 或者第五代中尺度模式 MM5（MM5 模式是具有数值天气预报业务系统功能和天气过程机理研究功能的中尺度数值预报模式，被广泛应用于各种中尺度现象的研究中，其前身为 MM4），网格风场作为观测数据或者作为初始猜测风场。

四是采用地形动力学、坡面流参数方法对初始猜测风场进行分析，适合于粗糙、复杂地形条件下的模拟。

五是采用时变的气象场资料，充分考虑下垫面对污染物干湿沉降的影响。

六是加入了处理针对面源（森林火灾）浮力抬升和扩散的功能模块。

CALPUFF 模型系统包括 3 个部分：CALMET（边界层风场诊断模式）、CALPUFF（污染物扩散模式）、CALPOST（结果分析处理模块），以及一系列对常规气象、地理数据进行预处理的程序。CALMET 是气象模型，用于在三维网格模型区域上生成小时风场和温度场。CALPUFF 是非稳态三维拉格朗日烟团输送模型，它利用 CALMET 生成的风场和温度场文件，输送污染源排放的污染物烟团，模拟扩散和转化过程。CALPOST 通过处理 CALPUFF 输出的文件，生成所需浓度文件用于后处理（图 8-1）。

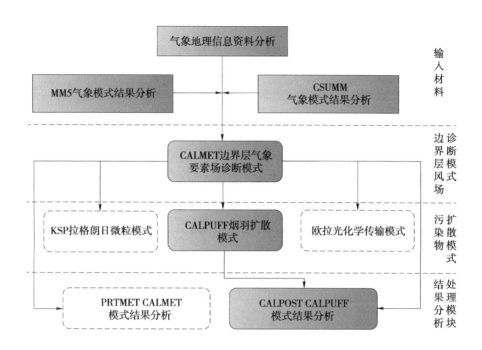

图 8-1　CALPUFF 系统总体结构

8.1.1　CALMET

CALMET 为 CALPUFF 烟团扩散模型提供必要的三维气象场，它包括风场诊断模块和微气象模块。在风场诊断模块中，它对初始猜测风场（MM4 或者 MM5 网格风场、常规监测的地面与高空气象数据）进行地形动力学、坡面流、地形阻塞效应调整，产生第一步风场，将观测数据导入第一步风场中，并通过插值、平滑处理、垂直速度计算、辐散最小化等产生最终风场。在微气象模型中，根据参数化方法，利用地表热通量、边界层高度、摩擦速度、对流速度、莫宁·奥布霍夫长度等参数描述边界层结构（图 8-2）。

8.1.2　CALPUFF

烟团模型通过一系列污染物的离散包来表示连续的烟羽扩散。大多烟团模型利用"快照"方法来预测接受点的浓度，每个烟团在特定时间间隔被"冻结"，浓度根据此时刻被"冻结"的烟团计算出来，然后烟团继续移动，大小和强度等继续变化，直到下次采样时间再次被"冻结"。在基本时间步长内，接受点的浓度为周围所有烟团采样时间内的平均浓度总和。

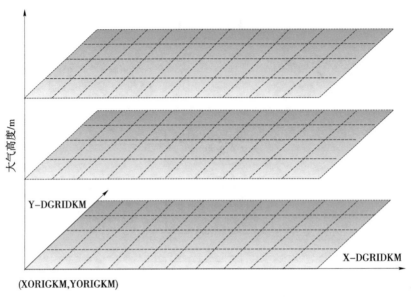

图 8-2　CALMET 三维网格划分示意图

在 CALPUFF 烟羽扩散模型中，单个烟团在某个接受点的基本浓度方程为

$$C = \frac{Q}{2\pi\sigma_x\sigma_y} g\exp\left(\frac{-d_a^2}{2\sigma_x^2}\right)\exp\left(\frac{-d_c^2}{2\sigma_y^2}\right)$$

$$g = \frac{2}{\sqrt{2\pi}\sigma_z} \sum_{n-\infty}^{\infty} \exp\left(-\frac{(H_e + 2nh)^2}{2\sigma_z^2}\right)$$

式中，C——地面浓度，g/m^3；

　　　Q——污染源源强；

　　　σ_x——X 方向扩散系数；

　　　σ_y——Y 方向扩散系数；

　　　σ_z——Z 方向扩散系数；

　　　d_a——监测点到污染源之间 X 方向的距离；

　　　d_c——监测点到污染源之间 Y 方向的距离；

　　　g——高斯方程的垂直项；

　　　H——污染源有效高度；

　　　h——混合层高度。

8.2　模拟方案设计

8.2.1　技术流程

根据 CALPUFF 模型体系结构，模拟过程主要包括 CALMET 风场诊断、CALPUFF 扩散和 CALPOST 后处理 3 个阶段，具体技术流程如图 8-3 所示。

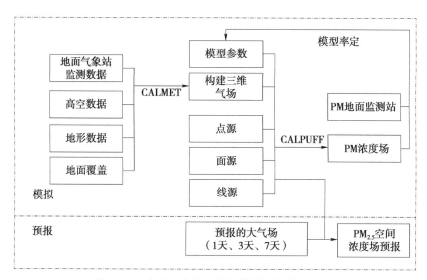

图 8-3　南宁市大气颗粒物模拟预报技术流程

8.2.2　模拟区域及网格划分

选定南宁市主城区作为本项目研究区，北至香炉岭、狮子岭一线，南至主城区行政边界，西至大西村、乔板圩一线，东至邕宁县，研究区面积长 38 km、宽 28 km。研究区地形呈以邕江河谷为中心的长形河谷盆地形态。盆地南、北、西三面均被山地围绕，向东开口。北为高峰岭低山，南有七坡高丘陵，西有凤凰山（西大明山东部山地）（图 8-4）。

综合考虑项目精度要求、运算量以及 CALPUFF 模型网格数限制，模拟采用 150 m × 150 m 平面分辨率，网格数 254 个 × 183 个；垂向上分割为 9 层，分别为 20 m、80 m、150 m、300 m、600 m、700 m、850 m、950 m 和 1 200 m。

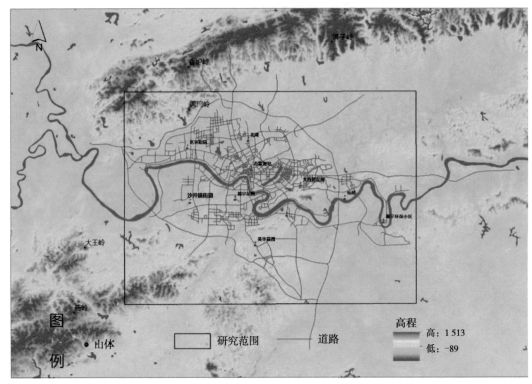

图 8-4　研究区范围地形地貌

8.2.3　模型运行环境设置及数据来源

CALPUFF 模型运行环境主要包括投影、坐标系统、时段、步长等参数，需要地形、土地覆被、气象地面站、气象高空站，点源、面源、交通等污染源数据，以及 PM 地面监测站数据，具体如图 8-5、图 8-6 所示。

投影：墨卡托投影 UTM，48°~49°N 分度带；

坐标系统：WGS84；

研究时段：运行时间段为 1 年（2013 年 1 月 1 日 0 时到 2012 年 12 月 31 日 23 时）；

运算步长：3 600 s（1 h）；

地形数据：来源于 ASTER GDEM v2，30 m 分辨率；

土地覆被：第二次全国土地调查；

地面气象站：来源于南宁市气象局，共计 19 个地面气象站，2013 年时序列数据；

高空气象站：来源于南宁市气象局，1 个高空气象站，2013 年时序列数据；

PM 地面监测站：来源于南宁市环境保护监测站，共计 8 个站，2013 年小时序列数据；

污染源清单：来源于南宁市环境保护监测站。

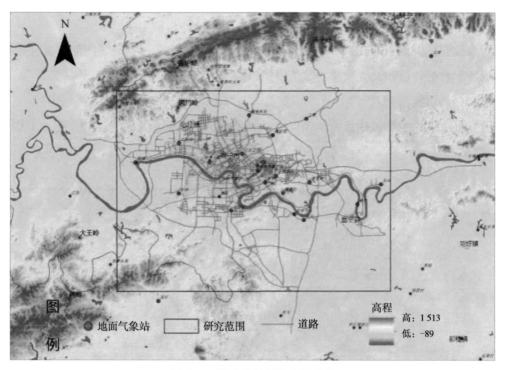

图 8-5　研究区地面气象站分布

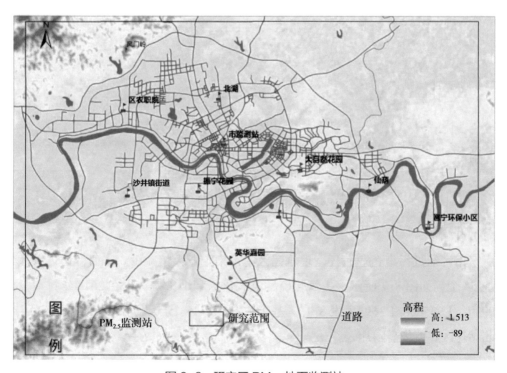

图 8-6　研究区 PM$_{2.5}$ 地面监测站

8.2.4 数据库建设

对涉及的数据以 ArcGIS 为平台统一进行空间数据库建库，实现了图形与属性数据关联、服务于数据分析和大气颗粒物数值模拟以及系统原型的开发。

8.2.4.1 污染源清单

研究区污染源主要包括点源（工厂）、线源（公路）、面源（建筑工地）等，如图 8-7 所示。

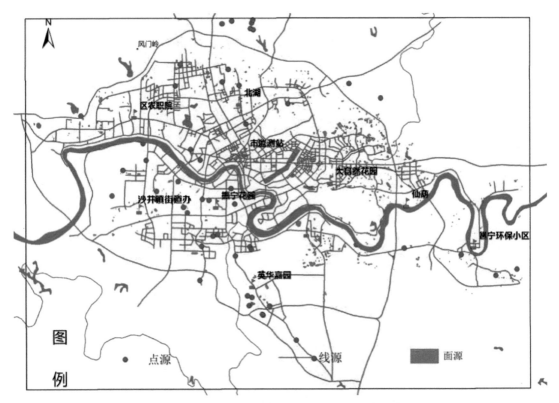

图 8-7　研究区污染源（点源、线源、面源）示意图

（1）点源。

南宁市区经过污染企业搬迁，现研究区内污染企业大幅减少。本研究区内共收集污染企业 54 个，如图 8-7 所示。二氧化硫、氮氧化物和烟（粉）尘在 2013 年排放量分别为 2 993 t、1 935 t 和 1 369 t（表 8-1）。基于 GIS，对 46 个点源进行建库，其空间主要分布在北湖片区和英华嘉园片区。

表 8-1　2013 年研究区点源统计　　　　　　　　　　　　　　　　　　　　单位：t

个数 / 个	年排放量		
	二氧化硫	氮氧化物	烟（粉）尘
54	2 993	1 935	1 369

（2）线源。

线源主要以道路机动车尾气排放为主。根据项目需要，研究团队于 2013 年 10 月 14—30 日，在南宁市建成区范围设立了 137 个监测点，分昼间与夜间两个时间段对相关道路的车流量进行了统计，具体如表 8-2 所示。经统计全市范围内车流量昼间为 2 749 辆 /h，夜间车流量为 1 429 辆 /h，平均车流量为 2 089 辆 /h。

表 8-2　南宁市交通干线车流量

点号	测点名称	所属路段	所属城区	路长 /m	路宽 /m	车流量 /（辆 /h）		
						昼间	夜间	全日平均
1	新城区政府原址	七星路	青秀区	740	15	918	1 086	1 002
2	广西林业厅	七星路	青秀区	641	15	1 260	1 012	1 136
3	广西水产学校	青山路	青秀区	1 325	50	3 444	2 212	2 828
4	华侨职工中专	清川路	西乡塘区	2 175	60	3 630	1 740	2 685
5	朝阳广场	人民东路	兴宁区	360	30	1 050	870	960
6	民族商场	人民东路	兴宁区	380	30	810	528	669
7	方太美食城	人民东路	兴宁区	323	30	180	60	120
8	新万通购物广场	人民西路	西乡塘区	1 555	30	3 210	756	1 983
9	南鹰宾馆	双拥路	青秀区	1 500	50	3 096	2 396	2 746
10	新谊汽车维修中心	双拥路	青秀区	859	50	2 928	1 888	2 408
11	广西商检局	双拥路	青秀区	700	50	2 586	1 800	2 193
12	广西政协	桃源路	青秀区	300	15	3 166	2 040	2 603
13	区医院	桃源路	青秀区	420	15	3 068	2 015	2 542
14	桃源宾馆	桃源路	青秀区	560	15	3 276	1 855	2 566
15	南宁海关	桃源路	青秀区	560	15	3 048	1 588	2 318
16	南宁皮鞋厂	亭洪路	江南区	1 200	70	2 692	1 849	2 271
17	南宁铝厂	亭洪路	江南区	1 860	20	1 380	2 045	1 713
18	南糖	亭洪路	江南区	960	20	1 416	1 806	1 611
19	电信局亭洪分局	亭江路	江南区	1 488	10	2 172	1 731	1 952
20	广西汽车市场	安吉路	西乡塘区	1 350	60	2 472	1 632	2 052
21	交警三大队	秀厢路	西乡塘区	780	60	7 320	3 840	5 580
22	三桂大厦	秀厢路	西乡塘区	900	60	7 200	4 056	5 628

点号	测点名称	所属路段	所属城区	路长/m	路宽/m	车流量/（辆/h）		
						昼间	夜间	全日平均
23	望州邮局	望州路	兴宁区	520	50	840	468	654
24	望州岭医院	望州路	兴宁区	1 960	50	2 850	1 044	1 947
25	南宁电力设备安装公司	五一东路	江南区	660	50	2 352	1 866	2 109
26	区一安二处	五一东路	江南区	992	50	2 244	1 807	2 026
27	兽医沙井门诊部	五一西路	江南区	4 470	50	3 312	1 822	2 567
28	市车管所	五一中路	江南区	2 289	50	3 120	1 790	2 455
29	广西民族学院	西乡塘路	西乡塘区	2 823	70	4 296	924	2 610
30	动物园	西乡塘路	西乡塘区	2 040	30	2 986	948	1 967
31	上尧乡政府	西乡塘路	西乡塘区	1 060	30	2 466	840	1 653
32	收费站	西乡塘路	西乡塘区	1 000	30	3 363	852	2 108
33	广西税务学校	心圩路	西乡塘区	1 740	50	1 620	800	1 210
34	广西旅游局	新民路	兴宁区	600	40	1 710	696	1 203
35	广西公安厅	新民路	青秀区	640	40	1 500	720	1 110
36	广西信访局	新民路	青秀区	260	40	2 640	696	1 668
37	市二中	新民路	青秀区	479	40	2 070	606	1 338
38	新民广场	新民路	青秀区	600	40	1 920	624	1 272
39	第三医院	新阳路	西乡塘区	1 100	12	1 669	700	1 185
40	区妇幼保健院	新阳路	西乡塘区	780	40	2 100	900	1 500
41	新阳路小学	新阳路	西乡塘区	900	40	4 210	1 226	2 718
42	广西总工会	星湖路	青秀区	1 152	40	2 580	1 308	1 944
43	南宁化工学校	秀灵路	西乡塘区	1 000	15	3 300	1 332	2 316
44	南铁二中	秀灵路	西乡塘区	700	10	3 090	1 356	2 223
45	狮山公园	邕武路	青秀区	1 829	40	3 840	1 128	2 484
46	郊区公安分局	友爱北路	西乡塘区	1 736	50	3 550	1 392	2 471
47	南地综合设计院	友爱南路	西乡塘区	600	40	3 420	1 548	2 484
48	南棉商业街	友爱南路	西乡塘区	960	40	4 200	2 028	3 114
49	客运中心	友爱南路	兴宁区	300	40	2 560	1 116	1 838
50	利客隆家电城	友爱南路	兴宁区	388	40	2 896	720	1 808
51	园林花卉市场	园湖北路	兴宁区	1 100	30	1 560	1 140	1 350
52	广西水电厅	园湖北路	青秀区	380	30	2 250	2 136	2 193
53	广西交通学校	园湖北路	青秀区	550	30	1 860	1 164	1 512
54	广西税务局	园湖南路	青秀区	1 000	30	2 430	1 080	1 755
55	星湖派出所	园湖南路	青秀区	757	30	2 880	984	1 932

续表

点号	测点名称	所属路段	所属城区	路长 /m	路宽 /m	车流量 /（辆 /h）		
						昼间	夜间	全日平均
56	三〇三医院	植物路	青秀区	1 200	40	906	692	799
57	市二运	中华路	西乡塘区	1 400	40	1 890	948	1 419
58	博爱药店	中华路	兴宁区	460	40	2 430	1 344	1 887
59	市电梯厂	中华路	兴宁区	920	40	1 170	864	1 017
60	市钢木家具厂	中华路	兴宁区	300	40	1 830	1 056	1 443
61	南宁机械厂	中尧路	西乡塘区	1 004	12	900	360	630
62	新兴苑	竹溪路	青秀区	600	60	7 800	1 488	4 644
63	水街	江滨路	西乡塘区	1 332	30	3 192	1 399	2 296
64	马车六美食城	临江路	青秀区	845	30	2 790	1 203	1 997
65	重机厂宿舍	秀安路	西乡塘区	900	12	2 400	360	1 380
66	区党委	茶花园路	青秀区	800	30	2 130	816	1 473
67	广西军区幼儿园	天桃路	青秀区	710	20	666	528	597
68	市汽配一厂	望州南路	兴宁区	1 250	12	2 160	936	1 548
69	广西水产运输公司	白沙大道	江南区	1 540	60	7 144	2 706	4 925
70	广西南宁造船厂	白沙大道	江南区	1 765	60	7 464	2 659	5 062
71	五里亭农贸市场	北大北路	西乡塘区	820	40	1 860	1 560	1 710
72	区机电公司	北大北路	西乡塘区	1 020	40	3 820	1 531	2 676
73	市木材厂招待所	北大南路	西乡塘区	160	40	3 000	1 356	2 178
74	新阳房管所	北大南路	西乡塘区	200	40	3 900	1 380	2 640
75	北大加油站	北大南路	西乡塘区	734	40	2 920	1 510	2 215
76	北湖综合市场	北湖北路	西乡塘区	1 198	40	2 310	1 344	1 827
77	市机械施工公司	北湖北路	西乡塘区	1 500	40	2 790	1 344	2 067
78	广西农机供应总公司	北湖南路	西乡塘区	460	40	2 510	1 356	1 933
79	市华侨印刷厂	北湖南路	西乡塘区	1 039	40	3 012	1 368	2 190
80	市政协	滨湖路	青秀区	1 900	50	1 284	1 656	1 470
81	南宁冶炼厂	南站路	江南区	2 440	60	4 326	2 189	3 258
82	菠萝岭生活区	南站路	江南区	1 896	60	4 170	2 380	3 275
83	广西水电学校	长堽路	兴宁区	2 823	40	1 260	408	834
84	民航售票处	朝阳路	兴宁区	280	40	1 320	1 260	1 290
85	新药特药商店	朝阳路	兴宁区	560	40	1 440	1 320	1 380
86	永恒朝阳分店	朝阳路	兴宁区	721	40	1 380	1 140	1 260
87	广西大会堂后门	东葛路	青秀区	780	40	2 490	1 116	1 803
88	广西党校	东葛路	青秀区	440	40	2 580	1 512	2 046

点号	测点名称	所属路段	所属城区	路长 /m	路宽 /m	车流量 /（辆 /h ）		
						昼间	夜间	全日平均
89	市人大	东葛路	青秀区	600	40	2 940	1 464	2 202
90	广西消防总队	东葛路	青秀区	2 108	40	3 360	2 268	2 814
91	江南区政府	福建路	江南区	922	10	972	950	961
92	广西体育场	公园路	青秀区	704	30	1 320	768	1 044
93	广西武警总队	古城路	青秀区	350	15	1 938	2 383	2 161
94	飞凤市场	古城路	青秀区	350	30	1 740	2 322	2 031
95	广西地震局	古城路	青秀区	350	30	2 340	2 010	2 175
96	中行广西分行	古城路	青秀区	810	30	2 370	1 893	2 132
97	广西师院后门	衡阳东路	西乡塘区	1 040	40	2 100	1 272	1 686
98	柳铁南宁房产段	衡阳西路	西乡塘区	1 060	15	4 512	672	2 592
99	城北区政府	衡阳西路	西乡塘区	760	15	4 020	624	2 322
100	华东大厦	华东路	兴宁区	460	25	1 260	288	774
101	航洋大厦	思贤路	青秀区	380	30	894	1 893	1 394
102	广西冶金厅	思贤路	青秀区	420	30	954	1 798	1 376
103	莉莉快餐店	思贤路	青秀区	359	40	480	1 780	1 130
104	广西浓缩饲料厂	邕宾路	兴宁区	2 885	40	600	144	372
105	第二医院	淡村路	江南区	1 216	30	1 236	2 011	1 624
106	利客隆总店	华西路	西乡塘区	1 519	25	1 872	336	1 104
107	广西公安干部学院	建政路	青秀区	420	15	630	336	483
108	工行建政分理处	建政路	青秀区	540	15	780	384	582
109	广西测绘局	建政路	青秀区	360	15	1 440	816	1 128
110	泰富大厦	江南路	江南区	1 000	30	3 462	2 314	2 888
111	江南影视大都会	江南路	江南区	660	30	4 398	2 306	3 352
112	江南邮局	江南路	江南区	660	30	4 224	2 316	3 270
113	市五职高	江南路	江南区	2 038	30	2 922	2 400	2 661
114	广西环保科研所	教育路	青秀区	574	18	2 700	1 520	2 110
115	湖滨药房	教育路	青秀区	380	40	1 992	1 505	1 749
116	埌西小学	锦春路	青秀区	755	40	1 710	800	1 255
117	肉联厂市场	鲁班路	西乡塘区	1 789	10	990	156	573
118	市监测站	民主路	兴宁区	780	40	1 380	948	1 164
119	广西监狱管理局	民主路	青秀区	340	40	2 490	1 620	2 055
120	广西展览馆	民主路	青秀区	440	40	2 370	1 416	1 893
121	广西电力工业局	民主路	兴宁区	511	40	2 280	900	1 590
122	电信大楼	民族大道	青秀区	640	60	3 690	1 620	2 655

点号	测点名称	所属路段	所属城区	路长 /m	路宽 / m	车流量 /（辆 /h ）		
						昼间	夜间	全日平均
123	永恒民族分店	民族大道	青秀区	760	60	3 450	1 764	2 607
124	广西监察厅	民族大道	青秀区	1 140	60	3 630	1 884	2 757
125	南宁广播电视大学	民族大道	青秀区	1 640	60	3 750	1 848	2 799
126	金湖广场	民族大道	青秀区	1 057	60	2 940	1 908	2 424
127	市农机公司虎邱商场	明秀东路	兴宁区	1 792	50	3 710	1 524	2 617
128	南宁橡胶厂	明秀西路	西乡塘区	800	50	3 300	1 212	2 256
129	南宁万泰啤酒公司	明秀西路	西乡塘区	1 600	50	2 460	1 236	1 848
130	广西财经学校	明秀西路	西乡塘区	1 500	50	2 520	1 626	2 073
131	友爱小学	明秀西路	西乡塘区	766	50	2 640	1 464	2 052
132	广西民族医院	明秀中路	西乡塘区	1 472	50	3 000	2 016	2 508
133	肉禽蛋市场	南建路	江南区	1 147	40	2 592	2 088	2 340
134	东风汽车城	南梧公路	兴宁区	3 600	40	2 820	1 416	2 118
135	江南公路分局	友谊路	江南区	2 000	40	1 236	1 955	1 596
	青秀区			745	35	2 544	1 486	2 015
	兴宁区			1 012	38	1 887	887	1 387
	西乡塘区			1 153	37	3 001	1 235	2 118
	江南区			1 560	40	3 259	2 057	2 658
	市 区			1 035	37	2 749	1 429	2 089

　　道路污染物排放量与流量、机动车排放因子和道路长度有关，具体计算公式如下：年道路污染物排放量（t/a）＝日平均小时车流量（辆 /h）× 车的污染物排放因子（g/km）× 道路长度（km）×24 h×365 d/10 000 000。

　　一条道路线源的道路排放速率是单位长度和单位时间排放的污染物。参考国外机动车排放因子（表 8-3），计算南宁市每条道路的排放量。

表 8-3　国外机动车 SO_2 和 PM_{10} 排放因子　　　　　　单位：g/km

车型分类	车速 20 km/h		车速 30 km/h	
	PM_{10}	SO_2	PM_{10}	SO_2
轻型汽车（轿车）	0.003 15	0.121	0.002 5	0.091
中型汽车	0.421	0.115	0.346	0.097
重型汽车	1.37	2.62	1.03	2.24
摩托车	3.01	0.073 2	2.44	0.072

（3）面源。

面源污染以建筑工地扬尘排放为主。本书基于 eCognition 选用 Rapid Eye 遥感影像，采用面向对象分类方法，解译出了南宁市建筑工地，如图 8-8 所示。剔除小的建筑工地，合计解译建筑工地面积 590.53 万 m²。

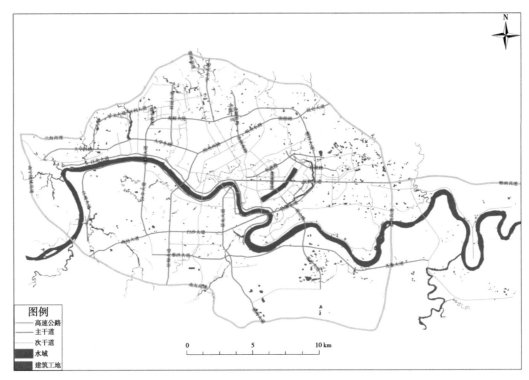

图 8-8　南宁市建筑工地解译结果

根据建筑工地面积与扬尘排放系数的乘积，再乘以建筑工地的可控排放系数，可计算单个建筑工地的扬尘排放量。南宁市尚未出台建筑工地扬尘基本计算办法，故参照山西省太原市建筑工地扬尘基本排放系数（表 8-4、表 8-5），估算南宁市单位面积扬尘排放量。在计算的过程中，会按照规定措施对扬尘进行防护，进而修订扬尘排放系数。

表 8-4　山西省太原市建筑工地扬尘基本排放系数

工地类型	基本排放系数 / [t/（万 m²·月）]
建筑工地	5.04
市政工地	7.38
拆迁工地	25.2

表 8-5　建筑工地扬尘可控排放系数

工地类型	扬尘类型	扬尘污染控制措施	可控排放量排放系数 B/［t/万 m²·月］		
			代码	措施达标	
				是	否
建筑工地	一次扬尘（累计计算）	道路硬化管理	P11	0	0.71
		边界围挡	P12	0	0.47
		裸露地面覆盖	P13	0	0.47
		易扬尘物料覆盖	P14	0	0.25
		定期喷洒抑尘剂	P15	0	0.3
	二次扬尘	运输车辆机械冲洗装置	P2	1.55	3.1
市政工地	一次扬尘（累计计算）	道路硬化管理	P11	0	1.02
		边界围挡	P12	0	1.02
		易扬尘物料覆盖	P14	0	0.66
		定期喷洒抑尘剂	P15	0	0.3
	二次扬尘	运输车辆机械冲洗装置	P2	1.55	6.8
拆迁工地	一次扬尘	边界围挡及雾喷	P16	12.6	25.2

8.2.4.2　地理资料（GEO.DAT）

CALMET 模块所必需的地理资料包括土地类型、海拔高度、地表参数（表面粗糙度、反射率、波文比、土壤热传导系数和植被区域分类）和人为热传导系数。土地类型和海拔有关的数据需要按网格输入，地表参数和人为热传导系数可以按网格输入，也可根据各网格点土地类型数据通过查表 8-6 得到，模式已经提供了与土地信息相关的这些参数的缺省值。

表 8-6　CALPUFF 土地利用类型、地表粗糙度、植被代码对应表

土地利用类型	下垫面类型	地表粗糙度	反射率	波文比	土壤热通量	植被冠层热通量	植被代码
10	城市、建筑用地	1.0	0.18	1.5	0.25	0.0	0.2
20	农田（未灌溉）	0.25	0.15	1.0	0.15	0.0	3.0
−20	农田（灌溉）	0.25	0.15	0.5	0.15	0.0	3.0
30	牧场	0.05	0.25	1.0	0.15	0.0	0.5
40	森林	1.0	0.10	1.0	0.15	0.0	7.0
51	小流域	0.001	0.10	0.0	1.0	0.0	0.0
54	海湾、河口	0.001	0.10	0.0	1.0	0.0	0.0

续表

土地利用类型	下垫面类型	地表粗糙度	反射率	波文比	土壤热通量	植被冠层热通量	植被代码
55	大流域	0.001	0.10	0.0	1.0	0.0	0.0
60	湿地	1.0	0.10	0.5	0.25	0.0	2.0
61	森林湿地	1.0	0.1	0.5	0.25	0.0	2.0
62	非森林湿地	0.05	0.1	0.1	0.25	0.0	1.0
70	荒漠地带	0.20	0.30	1.0	0.15	0.0	0.05
80	冻土地带	0.20	0.30	0.5	0.15	0.0	0.0
90	终年冰雪地带		0.70	0.5	0.15	0.0	0.0

由于国内土地利用类型代码和 CALMET（USGS）存在差异，需要将国内土地利用类型代码转化为 CALMET 所需的形式（表 8-7）。

表 8-7　土地利用类型代码分类转换

名称	国内编号	名称	CALPUFF 编号
耕地	11	水田	20
	12	旱地	20
林地	21	有林地	40
	22	灌木林	40
	23	疏林地	40
	24	其他林地	40
草地	31	高覆盖度草地	30
	32	中覆盖度草地	30
	33	低覆盖度草地	30
水域	41	河渠	50
	42	湖泊	50
	43	水库坑塘	50
	44	永久性冰川雪地	50
	45	滩涂	50
	46	滩地	50
城乡、工矿、居民用地	51	城镇用地	10
	52	农村居民点	10
	53	其他建设用地	10

续表

名称	国内编号	名称	CALPUFF 编号
未利用土地	61	沙地	70
	62	戈壁	70
	63	盐碱地	70
	64	沼泽地	70
	65	裸土地	70
	66	裸岩石砾地	70
	67	其他	70
大水体	99	海洋	50

具体 GEO.DAT 文件格式包括文件标题（小于 80 字符）、X 轴网格数目、Y 轴网格数目、水平网格间距、模拟区域起始点坐标（X、Y）、模拟区域所处的 UTM 区域（全球共分 60 个区）、是否使用缺省土地使用类（0 表示使用，1 表示不使用）、土地利用类型数据库、海拔高度数据库。默认的土地利用类型基于美国的土地利用分类系统（USGS）。南宁市土地利用类型见图 8-9。

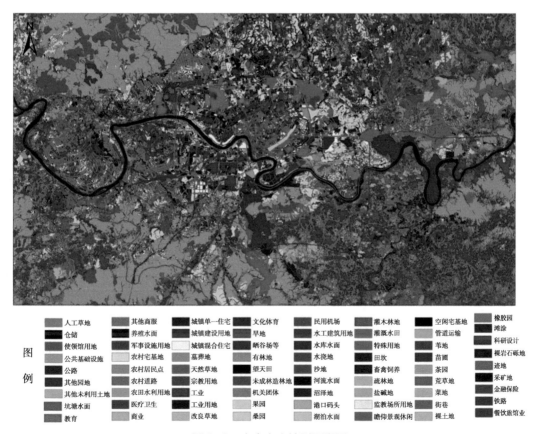

图 8-9　南宁市土地利用类型

8.2.4.3　气象数据

（1）气象初猜场。

MM5 模拟输出的气象要素场包括气压、高度、温度、风速 U 分量、风速 V 分量、相对湿度和水汽混合比、云水混合比、冰雪混合比、Graupel 混合比。

（2）地面站气象数据（SUR.DAT）。

各地面监测站小时时间序列观测数据主要包括风速、风向、气温、云量、云底高度、地面气压、相对湿度、降水量、降水类型。

（3）常规探空气象资料（UP1.DAT、UP2.DAT、UP2.DAT 等）。

研究区至少需要 1 个探空站，每天提供 4 次（2 时、8 时、14 时和 20 时）探空数据，主要包括 1 000 hPa、925 hPa、850 hPa、700 hPa 和 500 hPa 上的位势高度、温度、露点、风向和风速。

文件中包含的内容有：开始年、序列天、格林威治（GMT）时；结束年、序列天、格林威治（GMT）时；TOP 层压强；初始文件夹格式（TD-6201 或 NCDC CD-ROM）、数据块（压强、海拔高度、温度、风速和风向）。

（4）海洋站数据（SEA1.DAT、SEA2.DAT、SEA3.DAT 等）。

全球海洋天气报资料：海面上每日 4 次全球海洋天气报资料包括纬度、经度、气温、露点温度、风、气压、马士顿号和海表层温度。

（5）降雨数据（PRECIP.DAT）。

可以通过 PXTRACT 和 PMERGE 预处理程序重新格式化 NWS 降水数据生成可被 CALMET 模型接受的 TD-3240 格式。文件中包含：开始年、序列天、时；结束年、序列天、时；时区、站数、站 ID 号及数据块（年、序列天和降水量）。国内没有 PXTRACT 可以处理的降水量数据，可以写好单站的 TD3240 文件直接用 PMERGE 得到所需的降水量文件 PRECIP.DAT。

8.3　污染扩散模拟及结果

以 1 h 为步长模拟南宁市 $PM_{2.5}$ 扩散情况（图 8-10），并与同一时刻 8 个地面监测值进行对比，发现模拟值普遍偏大（偏大 30%～40%）且分异比较明显。经过模拟结果比对，发现模拟精度主要受污染源精度影响。不同排放情景模拟显示，面源污染对结果最为敏感，而整体模拟结果堆点源和线源排放反应较为迟钝。主要是因为①污染源数据获取难度大，点源比较清晰，而线源和面源数据精度和排放量有待进一步深入研究；②点源和线源的排放量比较少；③受面源（建筑工地）排放量估算过大，因为建筑工地扬尘排放量会随施工周期不断波动，我们很难差异量化 1 个建筑工地 12 月的排放差异；④气象数据小时长时间序列不完整，部分气象站点监测数据不连续。

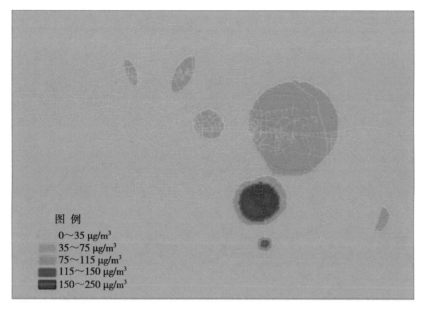

图 8-10　2013 年 1 月 2 日 0 时 PM$_{2.5}$ 浓度空间分布模拟

第 9 章

大气颗粒物模拟预报平台系统开发

DI-JIU ZHANG

DAQI KELIWU MONI YUBAO PINGTAI

XITONG KAIFA

大气污染模拟与预报平台开发是实现大气质量预报业务化的必然选择。CALPUFF模型是美国国家环境保护局支持开发的一个非稳态拉格朗日扩散模式系统，可模拟三维流场随时间和空间变化时污染物在大气环境中的输送、转化和清除过程。研究团队在第6章南宁市大气污染物模拟技术集成方案的基础上，采用Windows DNA三层体系结构，在C#语言的环境下，开发基于CALPUFF的单机版南宁市大气质量模拟预报系统平台，并以此作为后续南宁市大气质量模拟科学化、业务化和信息化的尝试。

9.1 系统设计

9.1.1 总体架构

系统架构的科学合理性是保证一个系统和项目顺利实施的关键要素，以CALPUFF为核心的系统架构如图9-1所示。

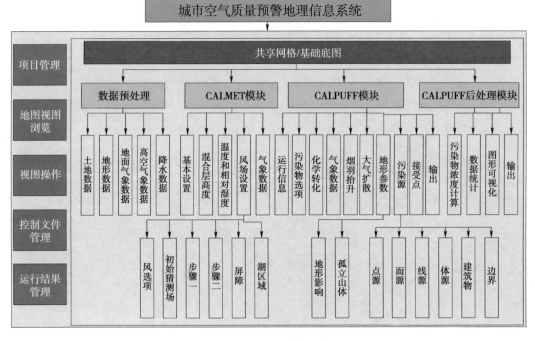

图 9-1 系统总体架构

从横向上来看，系统包括项目管理、地图视图浏览、视图操作、控制文件管理和运行结果管理5个模块。从纵向来说，系统功能是针对每一个项目流程而设计的。每个项目在通用的共享网格和基础底图的基础上，按流程分为4个模块——数据预处理模块、CALMET模块（气象数据预处理）、CALPUFF模块（核心预测模式）、CALPUFF

后处理模块；模块与模块之间形成固定的工作流向，即预处理→运行 CALMET →运行 CALPUFF →后处理。

9.1.2 运行与开发环境

系统的运行环境包括下面几项：

①存储：3 个 SATA 硬盘，单个硬盘容量在 500 GB 以上，硬盘转速不低于 7 200 转，根据情况可以扩展。

②磁盘阵列：支持 RAID 0、1、5 共 3 种模式。

③ CPU：四核英特尔®至强®处理器，主频 2.4 G 以上。

④内存：ECC Unbuffered DDR3 1066 内存，容量 8 GB 以上。

⑤显卡：256 M 以上显存 PCI-E 独立显卡。

⑥接口：1394 接口。

⑦电源：单个 350 W（或更高）以上电源。

⑧显示器：19 寸以上正屏液晶显示器。

系统开发在 Windows 7 操作系统下进行，采用 Visual Studio 2013 平台进行开发，编程语言采用 C#，Net Framework 为 4.0。

9.1.3 系统的横向功能模块设计

（1）项目管理。

项目管理模块包括新建项目、打开项目、保存项目和关闭项目的功能。1 个项目是指模拟 1 次空气污染事件过程。

（2）地图视图浏览。

每一个项目都需配置模拟范围，模拟范围通过平面格网来切分。系统根据每个项目设置的网格、底图、污染源信息提供可视化界面，配套相关的放大图形、缩小图形、平移图形和全图功能。

（3）视图操作。

系统界面中包含项目树形配置窗口、地图显示窗口、计算结果窗口等，该模块还提供子窗口操作的功能。

（4）控制文件管理。

在 CALPUFF 模拟的过程中，每个涉及数据处理的步骤都需提前将与该数据处理相关的参数写入控制文件，而后系统根据控制文件信息和参数进行数据的处理。CALPUFF

系统的控制文件包括土地利用预处理控制文件、地形数据预处理控制文件、地理数据预处理控制文件、地面气象数据预处理控制文件、探空数据预处理控制文件、降水数据预处理控制文件、CALMET 运行控制文件和 CALPUFF 运行控制文件。

（5）运行结果管理。

上述控制文件运行程序结束后，系统会产生相应的结果文件并及时提供每个结果的浏览以便查看程序运行中可能出现的错误。

9.1.4　系统的纵向功能模块设计

（1）数据预处理。

CALPUFF 为美国西格玛研究公司开发，输入其核心算法的参数和数据为美国标准，与国内标准存在差异。为将国内数据输入 CALPUFF 系统并在系统中得以计算，必须设计一个"数据预处理模块"，用以实现国内数据格式转换为 CALPUFF 参数的功能。

1）土地数据预处理。

将不同格式土地利用数据，转换成 CALPUFF 模式所需的土地利用文件。土地利用前处理程序 CTGPROC 支持 4 种格式的数据，见表 9-1。

表 9-1　CTGPROC 支持的 4 种格式数据

数据格式	说明	应用范围
CTG	此数据文件中的土地利用编号通常定义在网格中心，网格南北东西间距通常为 200 m。在数据量较大时，使用 CTGCOMP 进行压缩。数据采用 UTM 投影	美国
GLCC	USGS 全球数据格式，分辨率为 1 km，采用 LCC 坐标	全球
GEN	程序可接受两种通用格式：一种格式的文件以逗号为分隔符，数据值为特定值，需要根据内部转换表进行转换；另一种格式的文件使用非默认值作为数据	欧洲
NLCD	包含 21 种美国全境的土地覆盖类型，分辨率为 30 m，地图投影为 NAD-83	美国

根据 CTGPROC 支持的 4 种数据文件来看，对中国范围内的模拟除 GLCC 外其他格式都不能采用。CALPUFF 官网提供了分辨率为 1 km 的 GLCC 欧亚地区土地利用数据。

2）地形数据预处理。

设置模拟项目的地形环境。CALPUFF 的 TERREL.exe 支持 10 种类型的数字高程（DEM）数据，具体类型如表 9-2 所示。

表 9-2　CALPUFF 的 TERREL.exe 支持 10 种类型的数字高程数据

数据类型	分辨率
USGS90	90
USGS30	30
3CD	90
SRTM1	30
SRTM3	90
GTOPO30（SRTM30）	900
ARM3	900
DMDF	100
USGSLA	1 000
NZGEN	任意

3）地面气象数据预处理。

将不同地面气象观测数据转换成 CALMET 程序可识别的格式，可以转换成多种格式，包括 CD144、NCDC SAMSON、NCDC HUSWO、TD3505、CSV 以及我国的气象 A 文件格式。

4）高空气象数据预处理。

将国内常见的高空气象数据转化为 CALMET 标准输入的格式。

5）降水数据预处理。

将国内常见的降水数据格式转换为 CALMET 标准输入的格式。

（2）CALMET 模块。

CALMET 为 CALPUFF 烟团扩散模型提供必要的三维气象场。该模块实现对 CALMET 运行参数的配置。

1）基本设置。

基本设置用于配置 CALMET 运行的起止时间和气象场的选择，例如是否采用降雨数据。系统默认将数据预处理模块的结果录入 CALMET 运行参数中。

2）混合层高度。

用于配置混合层参数，大部分参数采用默认参数或者参考美国 EPA 推荐值。

3）温度和相对湿度。

用于配置相对温度和湿度项。

4）风场设置。

包括风选项、初始猜测场、步骤一、步骤二、屏障和湖区域等子项配置功能。

5）气象数据。

包括地表数据设置、高空数据设置和降水数据设置。此 3 项用于配置格子站点序号、站点名称、站点坐标和站点的各项气象数据。

（3）CALPUFF 模块。

该模块用于设置 CALPUFF 运行的各项参数。

1）运行信息。

用于配置 CALPUFF 运行的时间段，该参数默认继承至 CALMET 的运行参数。

2）污染物选项。

可以用于管理各类污染物，并设置污染物的干沉积和湿沉积参数。

3）化学转化。

可以设置化学转换的方法，每小时背景浓度、夜晚损失率等参数。

4）气象数据。

可以选择气象数据，默认数据来源由 CALMET 计算得到。可以配置土地利用范围值以及单气象站点数值。

5）烟羽抬升。

可以设置烟羽抬升采用的模型算法和下沉方法等。

6）大气扩散。

可以设置扩散参数的烟羽模型、扩散系数计算方法等。

7）地形参数。

地形参数包括地形影响、孤立山体影响、CTSG 接受点等。地形影响可以选择不调节方案，采用 CALPUFF 地形调节方案、局部调节方案和 ISC 地形调节方案。孤立山体可以添加山体的名称、坐标、高度等，用来调节地形。

8）污染源。

污染源包括点源、线源、面源、体源、建筑物和边界的配置。

9）接受点。

接受点包括网络点配置和离散点配置。

10）输出。

确定是否输出浓度文件、干沉积文件、湿沉积文件、相对湿度文件和烟雾文件等信息。

（4）CALPUFF 后处理模块。

后处理模块是对 CALPUFF 的模拟结果进行统计分析的模块，并将结果以可视化方式显示到界面上。它在功能设计上包括了对 CALPUFF 结果的统计分析和对可视化图形界面的设置与操作两大部分。

1）项目管理

用于管理不同污染物浓度分析统计情况。

2）结果控制

用于查看不同时间点污染物浓度，已经查找各高值点。

3）设置

设置绘图属性、公共属性和背景及超标率标志值。

4）图层管理

控制图层管理器是否显示。

5）样式编辑器

编辑地图样式。

6）等值线编辑器

用于设置等值线的颜色、数值等。

7）地图浏览工具

包含用于操作地图的放大、缩小、平移、全图功能。

8）图像输出

将系统模拟结果输出为图片。

9）地图浏览

包括全图、放大、缩小、平移等工具。

9.2 用户手册

9.2.1 欢迎界面

双击运行系统出现主界面（图 9-2），说明系统正在加载配置信息。

9.2.2 主界面

欢迎界面出现后，系统自动加载主界面，如图 9-3 所示。此时，说明系统已经完成环境初始化，准备就绪。系统主界面分为四大部分，分别为菜单栏、解决方案（数据与参数栏）、地理信息绘图区和显示报错信息的信息栏。

图9-2　系统欢迎界面

图9-3　系统界面图

主功能菜单包括新建项目、打开项目、保存当前项目、关闭当前项目的项目管理功能和导出图片、退出的辅助功能（图9-4）。

图9-4 系统主功能菜单

预处理菜单包括预处理模块和结果模块。地形土地利用预处理可将土地利用数据和地形数据转化为 CALPUFF 模型所需的 GEO.DAT 标准格式。结果模块可查看成功导入的土地利用、地形、地理数据等数据（图9-5）。

图9-5 预处理菜单栏

运行菜单包括运行、运行结果查看和控制文件模块。数据导入和预处理完毕后，可通过点击"运行 CalMet""运行 Calpuff"和"Calpuff 后处理"完成建立三维风场、污染物模拟和后处理的过程。运行过程中产生的日志文件可打开"Calmet Lst 文件"和"Calpuff Lst 文件"按钮查看。模型运行过程控制文件的基本信息可通过点击"预处理控制文件""Calmet 控制文件"和"Calpuff 控制文件"按钮查看。

图9-6 运行菜单栏

9.2.3 系统流程建模树

系统主要分为菜单栏和"流程建模树"。菜单栏负责实现数据预处理、模型分析，"流程建模树"负责数据传入。用户通过鼠标左键，调用相关窗体为 CALMET、CALPUFF 模型传入参数。本节所有参数窗体均通过"流程建模树"打开（图 9-7）。

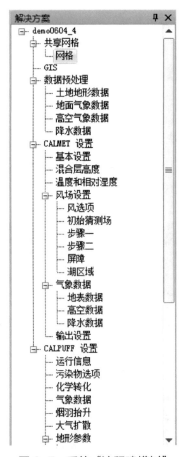

图 9-7　系统"流程建模树"

9.2.4 共享网格设置

双击"项目流程建模树"—网格节点，弹出共享网格信息对话框，并设置如图 9-8 所示参数。此步主要设置数据处理范围、坐标、处理单元（分辨率）等变量。坐标为网格左下角起始坐标。坐标、网格数要调整到能够完全容纳输入的污染源，如果污染源数据暴露在网格之外，则无法完成 CALMET 步骤，但也不宜过大，否则浪费计算资源。

图 9-8　设置共享网格参数

9.2.5　数据预处理

由于 CALPUFF 为美国西格玛研究公司开发，其核心功能算法中输入的参数采用美国标准，跟国内标准之间存在差异。系统设计数据预处理模块可以实现国内数据格式转换为 CALPUFF 参数的功能。

（1）土地数据预处理。

将不同格式土地利用数据转换成模式所需要的土地利用文件（图 9-9）。

（2）地形数据预处理。

设置模拟项目的地形环境，地形数据为 hgt 格式（图 9-10）。

（3）地面气象数据预处理。

将不同格式地面气象观测数据转换成 CALMET 程序可识别格式。可以转换格式包括 CD144、NCDC SAMSON、NCDC HUSWO、TD3505、CSV 以及我国的气象 A 文件（图 9-11、图 9-12）。

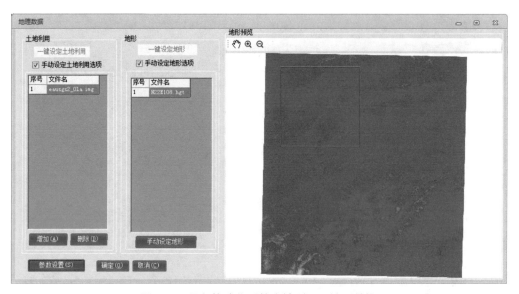

图 9-9　导入格式化后的土地利用、地形数据

图 9-10　执行地形、土地利用数据转换按钮

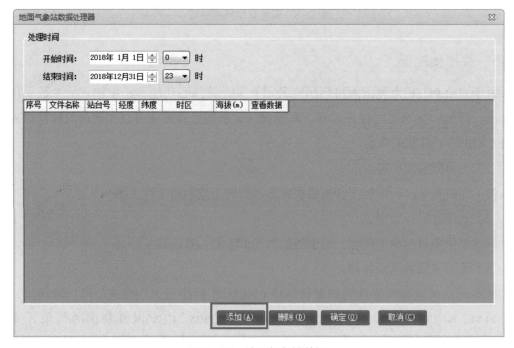

图 9-11　地面气象站数据

图 9-12　执行地面气象数据转换按钮

（4）高空气象数据预处理。

将国内常见高空气象数据转化为 CALMET 标准输入格式（图 9-13、图 9-14）。

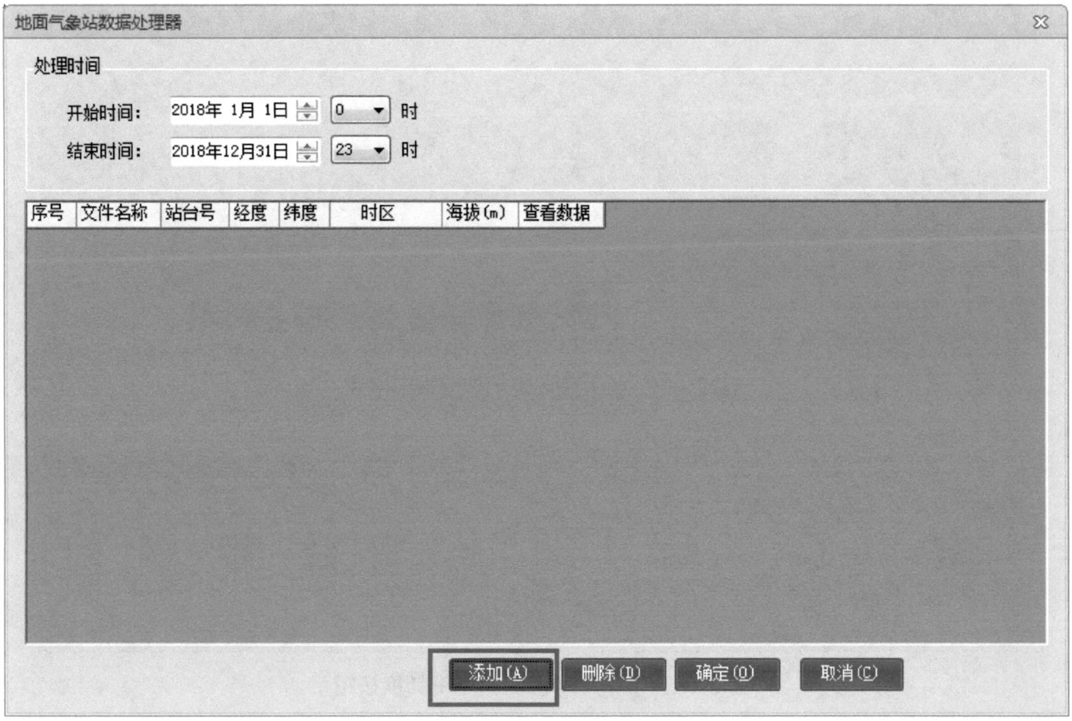

图 9-13　高空气象数据

图 9-14　执行探空气象数据转换按钮

（5）降水数据预处理。

将国内常见降水数据格式转换为 CALMET 标准输入格式（图 9-15、图 9-16）。

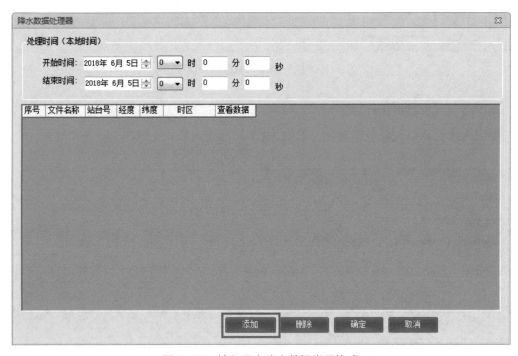

图 9-15　输入国内降水数据常用格式

图 9-16　执行降水预处理数据转换按钮

9.2.6　CALMET 模块参数

CALMET 为 CALPUFF 烟团扩散模型提供必要的三维气象场。系统设计该模块实现对 CALMET 运行参数的配置。

（1）基本设置。

基本设置用于配置 CALMET 运行的起始时间和终止时间，以及气象场选择、气象数据选择、是否采用降水数据等。系统默认将数据预处理模块的结果录入 CALMET 运行参数中（图 9-17）。

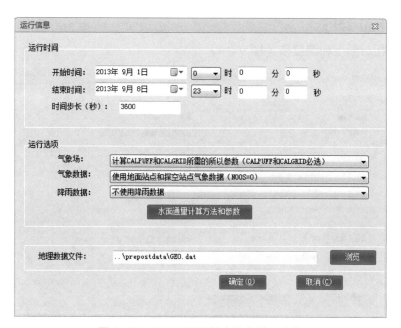

图 9-17 CALMET 基本信息输入窗体

（2）混合层高度。

用于配置混合层参数，大部分参数采用默认参数或者参考美国 EPA 推荐值（图 9-18）。

图 9-18 CALMET 混合层参数

（3）温度和相对湿度。

用于配置相对温度和湿度项（图9-19）。

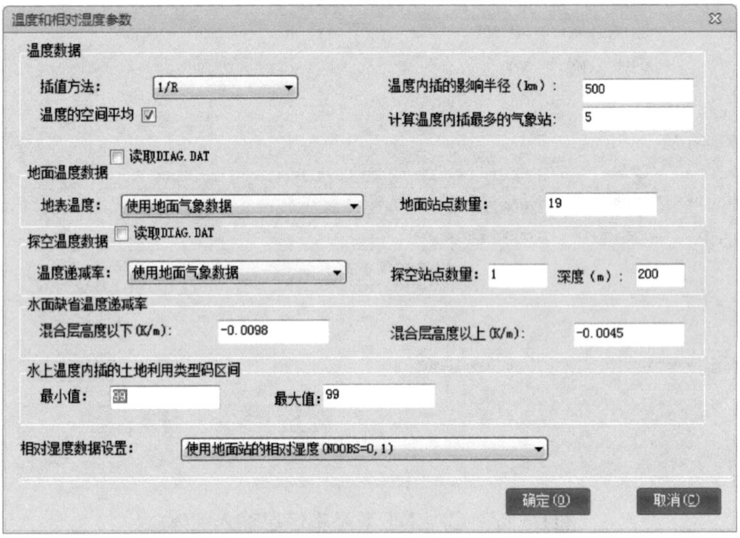

图9-19　CALMET温度和相对湿度

（4）风场设置。

包括风场选项、初始猜测场、步骤一、步骤二、屏障和湖区域等子项配置功能（图9-20～图9-23）。

图9-20　CALMET风场选项

图 9-21　初始猜测场

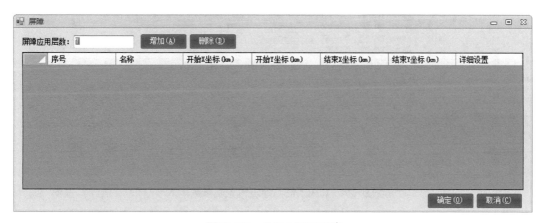

图 9-22　CALMET 屏障

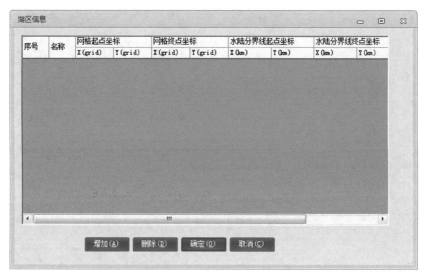

图 9-23　CALMET 湖区信息

（5）气象数据。

包括地表气象站数据设置、探空气象站参数和降雨站点参数设置。此 3 项用于配置格子站点序号、站点名称、站点坐标和站点相对应的各项数据。

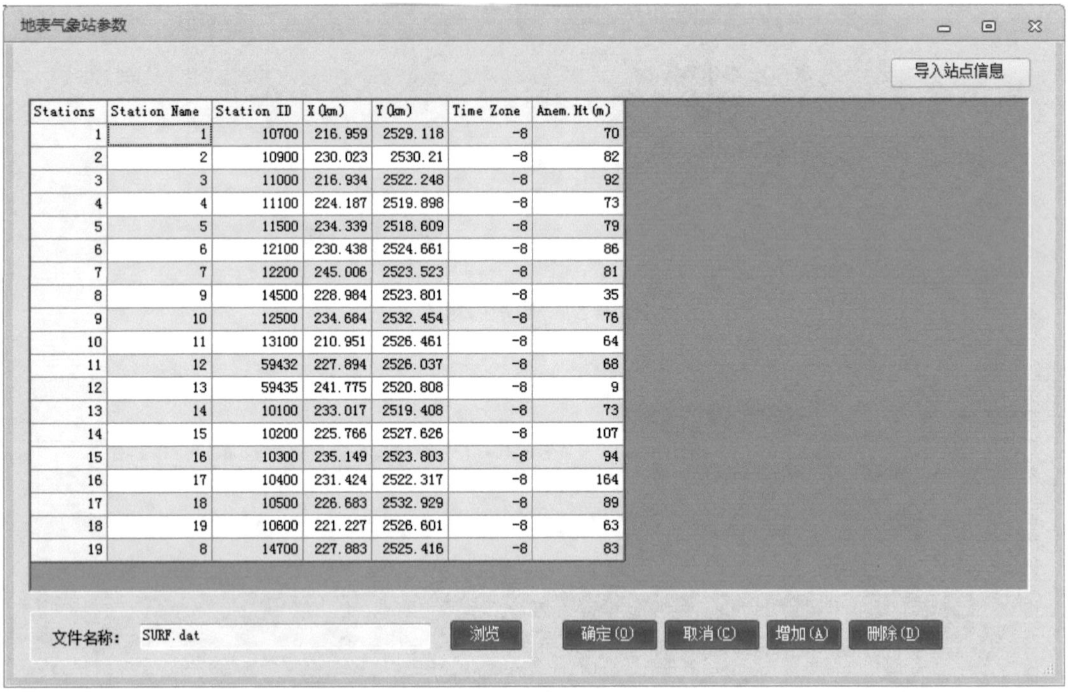

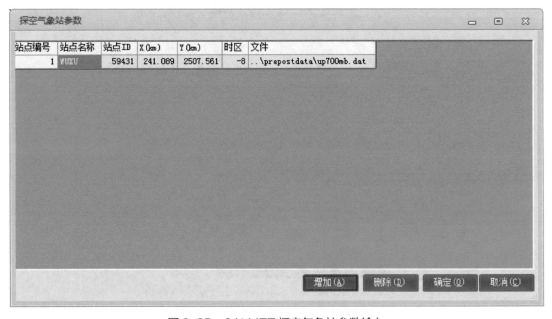

图 9-24　CALMET 地表气象站参数输入

图 9-25　CALMET 探空气象站参数输入

图 9-26　CALMET 降雨站点参数输入

（6）输出设置。

用于配置 CALMET 处理程序最终生成结果的格式（图 9-27）。

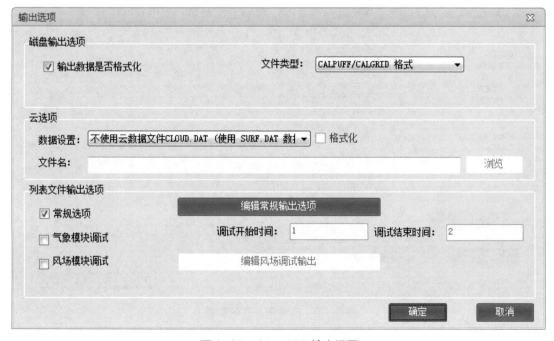

图 9-27　CALMET 输出设置

9.2.7 CALPUFF 模块参数

该模块用于设置 CALPUFF 运行的各类参数项。

（1）运行信息。

用于配置 CALPUFF 运行的时间段，该参数默认继承至 CALMET 的运行参数（图 9-28）。

图 9-28　CALPUFF 基本信息

（2）污染物选项。

可以管理各种类型的污染物，并设置污染物的干沉积和湿沉积参数（图 9-29）。

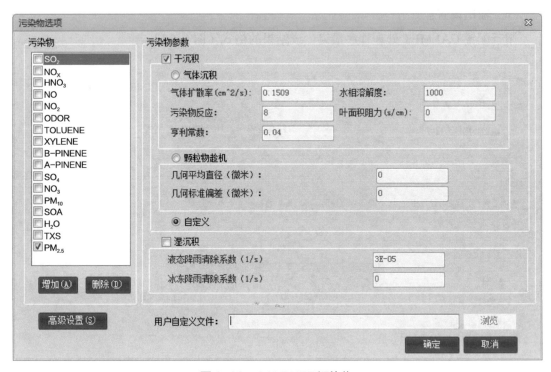

图 9-29　CALPUFF 污染物

（3）化学转化。

可以设置化学转换方法、小时背景浓度、背景浓度、夜晚损失率等参数（图 9-30）。

图 9-30　CALPUFF 化学转化

（4）气象数据。

可以选择气象场数据，默认数据来源由 CALMET 计算得到。可以配置土地利用范围值，以及单站点气象数值（图 9-31）。

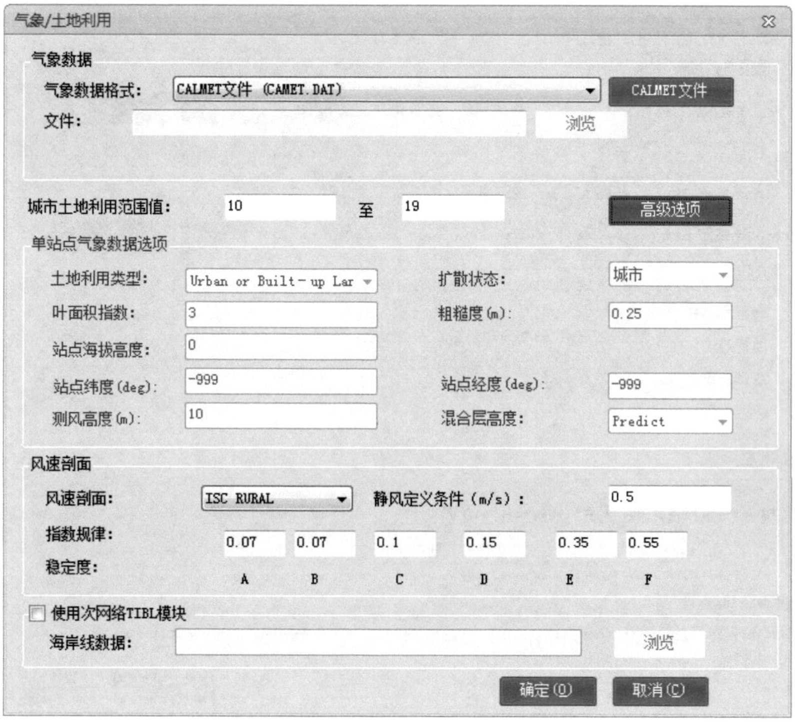

图 9-31　CALPUFF 气象数据

（5）烟羽抬升。

设置烟羽抬升采用模型算法和下洗方法等（图9-32）。

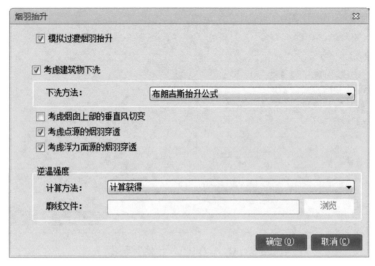

图9-32　CALPUFF 烟羽抬升

（6）大气扩散。

可以设置扩散参数的烟羽模型、扩散系数计算方法等（图9-33）。

图9-33　CALPUFF 大气扩散

（7）地形参数。

地形参数包括地形影响、孤立山体影响、CTSG 接受点等。地形影响可以选择不调节、采用 CALPUFF 地形调节方案、局部地形调节方案和 ISC 地形调节方案。孤立山体可以添加山体的名称、坐标、高度等，用来调节地形（图 9-34）。

图 9-34　CALPUFF 地形参数

（8）污染源。

污染源包括点源、线源、面源、体源、建筑物下洗和边界的配置（图 9-35～图 9-40）。

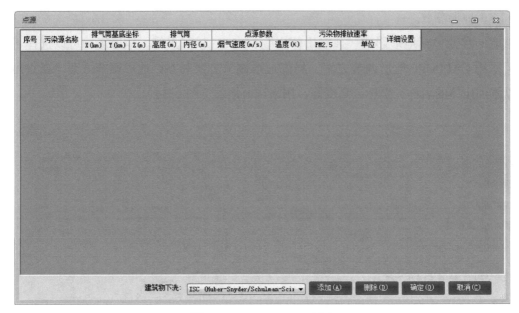

图 9-35　CALPUFF 点源

序号	污染源名称	左下坐标		左上坐标		右上坐标		右下坐标		线参数			污染物排放速率		详细设置
		X(m)	Y(m)	X(m)	Y(m)	X(m)	Y(m)	X(m)	Y(m)	基础高度(m)	中心温度(m)	初始Sigma-z(m)	PM2.5	单位	
1	面源1	206.21	2513.62	214.08	2518.99	218.67	2513.1	212.32	2508.68	1.5	1.5	0	1000	g/s	设置
2	面源2	216.27	2520.05	217.24	2525.79	225.07	2520.37	220.74	2514.01	1.5	1.5	0	1000	g/s	设置
3	面源3	218.44	2532.41	225.58	2537.87	226.49	2534.37	226.98	2524.58	1.5	1.5	0	1000	g/s	设置
4	面源4	226.95	2534.96	241.62	2533.37	240.83	2527.16	230.4	2528.92	1.5	1.5	0	1000	g/s	设置
5	面源5	231.25	2527.22	247.08	2520.83	244.72	2514.54	236.76	2518.05	1.5	1.5	0	1000	g/s	设置
6	面源6	223.34	2527.89	226.84	2532.04	230.33	2524.92	225.97	2521.51	1.5	1.5	0	1000	g/s	设置
7	面源7	227.19	2518.75	231.84	2521.62	239.24	2514.53	233.89	2510.61	1.5	1.5	0	1000	g/s	设置
8	面源8	209.69	2503.99	213.39	2507.93	219.14	2501.6	211.69	2501.32	1.5	1.5	0	1000	g/s	设置
9	面源9	228.62	2505.10	237.27	2512.62	239.66	2504.25	231.58	2501.01	1.5	1.5	0	1000	g/s	设置
10	面源10	238.82	2512.43	251.19	2514.96	252.73	2507.56	240.19	2507.03	1.5	1.5	0	1000	g/s	设置
11	面源11	217.69	2491.81	228.57	2503.01	234.38	2493.63	223.03	2488.78	1.5	1.5	0	1000	g/s	设置
12	面源12	233.04	2501.03	247.04	2503.23	240.98	2495.62	235.58	2494.2	1.5	1.5	0	1000	g/s	设置
13	面源13	241.31	2503.84	247.04	2507.02	253.77	2499.1	243.56	2497.37	1.5	1.5	0	1000	g/s	设置
14	面源14	252.2	2516.84	259.76	2516.83	260.27	2501.32	254.3	2501.84	1.5	1.5	0	1000	g/s	设置
15	面源15	217.15	2510.07	225.58	2516.25	230.63	2508.77	222.28	2501.54	1.5	1.5	0	1000	g/s	设置
16	面源16	225.33	2495.77	236.63	2493.38	242.05	2489.17	231.3	2479.76	1.5	1.5	0	1000	g/s	设置
17	面源17	242.13	2494.23	259.34	2498.17	259.13	2491.21	244.3	2489.24	1.5	1.5	0	1000	g/s	设置

图 9-36　CALPUFF 面源

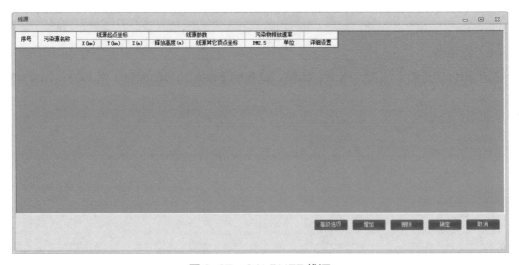

图 9-37　CALPUFF 线源

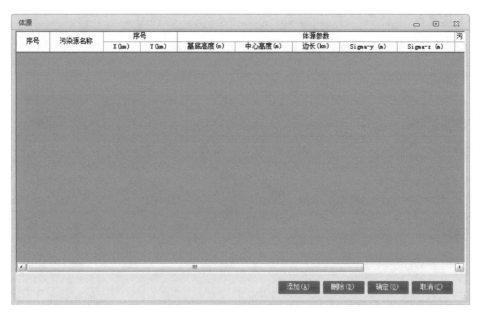

图 9-38　CALPUFF 体源

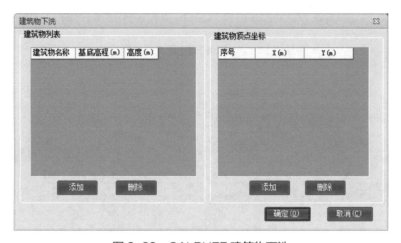

图 9-39　CALPUFF 建筑物下洗

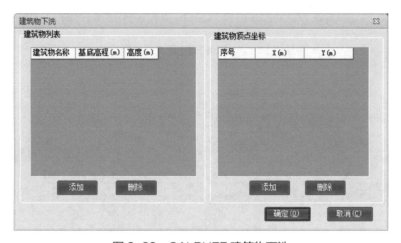

图 9-40　CALPUFF 污染边界配置

（9）接受点。

接受点包括网格和离散点配置（图9-41、图9-42）。

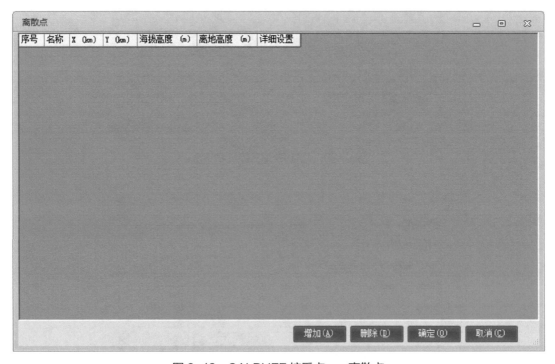

图9-41　CALPUFF 接受点——网格点

图9-42　CALPUFF 接受点——离散点

（10）输出参数。

确定是否输出浓度文件、干沉积文件、湿沉积文件、相对湿度文件和烟雾文件等信息（图 9-43）。

图 9-43　CALPUFF 输出参数

9.2.8　运行 CALMET 处理模块

确定好输入参数后，使用 CALMET 功能，模拟目标区域风场（图 9-44）。

图 9-44　运行 CALMET 模块

9.2.9 运行 CALPUFF 处理模块

生成目标区域风场后，使用 CALPUFF 模块模拟污染物在风场中的扩散情况（图 9-45）。

图 9-45 运行 CALPUFF 模块

9.2.10 运行 CALPUFF 后处理模块

执行 CALPUFF 后，点击 CALPUFF 后处理按钮，打开"结果表现子系统"，展示污染物扩散结果。子系统界面如图 9-46 所示，分为菜单栏、项目管理、结果控制、图表区域、图层属性管理和状态栏。

图 9-46 运行 CALPUFF 后处理子系统

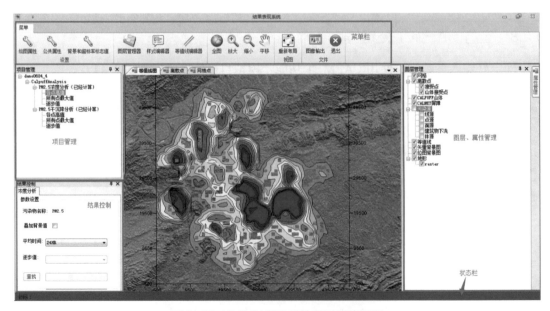

图 9-47 CALPUFF 后处理子系统界面

（1）菜单栏。

主菜单包括属性设置、图层管理及样式和地图导航模块（图 9-48～图 9-51）。

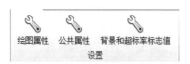

图 9-48　属性设置

图 9-49　公共属性设置

图 9-50　背景值和污染物标准值

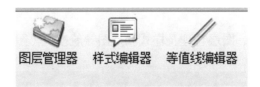

图 9-51　图层样式

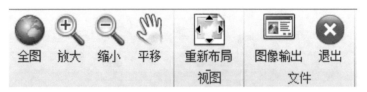

图 9-52　地图导航

（2）项目管理。

双击各节点可得到对应专题的视图、表格（图 9-53～图 9-56）。

图 9-53　项目管理

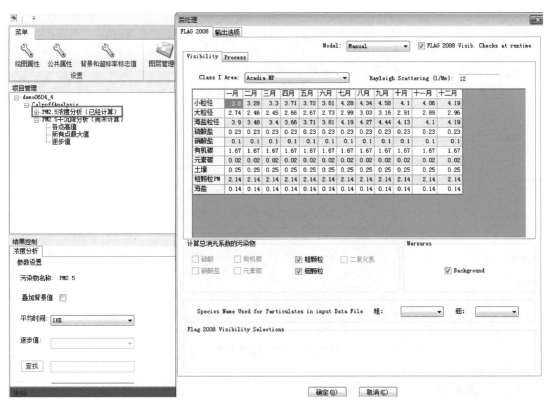

图 9-54　后处理参数表

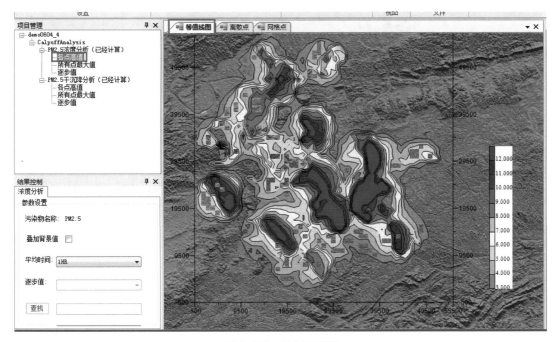

图 9-55　各点高值图

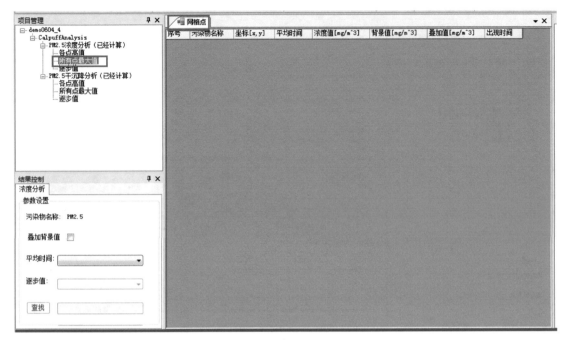

图 9-56　最大值点表格

（3）结果控制。

选择对应参数，得到不同的污染物空间分布和扩散图形（图 9-57~图 9-61）。

图 9-57　结果控制

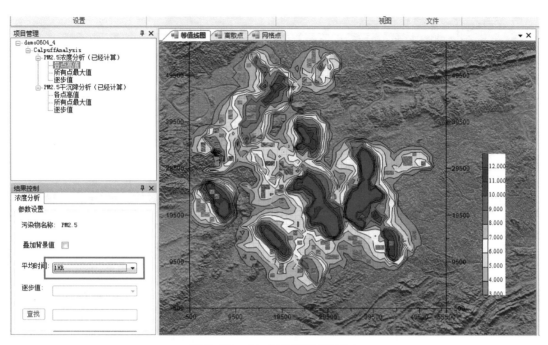

图 9-58　1 h 各点高值空间分布

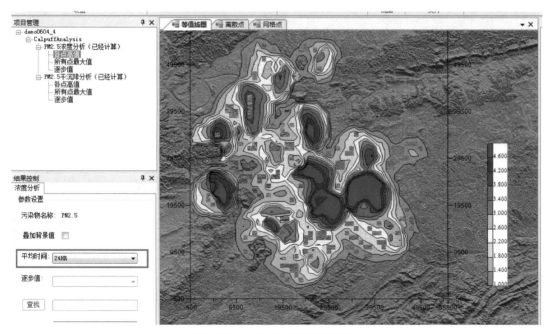

图 9-59　24 h 各点高值空间分布

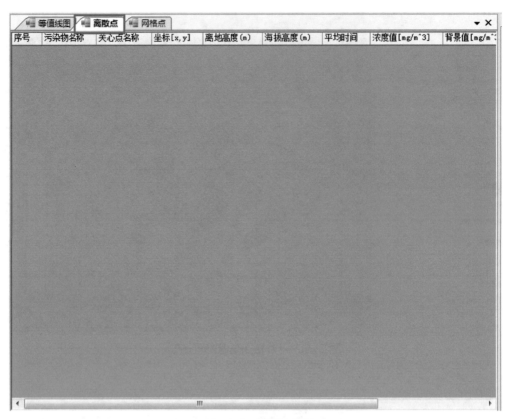

图 9-60　离散点表格

序号	污染物名称	坐标[x, y]	平均时间	浓度值[mg/m^3]	背景值[mg/m^3]	叠加值[mg/m^3]	占标率[%]
1	PM2.5	208.629, 2480.232	1HR	0.31871	-99.00000	0.31871	
2	PM2.5	209.629, 2480.232	1HR	0.34878	-99.00000	0.34878	
3	PM2.5	210.629, 2480.232	1HR	0.38318	-99.00000	0.38318	
4	PM2.5	211.629, 2480.232	1HR	0.41591	-99.00000	0.41591	
5	PM2.5	212.629, 2480.232	1HR	0.44797	-99.00000	0.44797	
6	PM2.5	213.629, 2480.232	1HR	0.48323	-99.00000	0.48323	
7	PM2.5	214.629, 2480.232	1HR	0.51383	-99.00000	0.51383	
8	PM2.5	215.629, 2480.232	1HR	0.54493	-99.00000	0.54493	
9	PM2.5	216.629, 2480.232	1HR	0.57204	-99.00000	0.57204	
10	PM2.5	217.629, 2480.232	1HR	0.59728	-99.00000	0.59728	
11	PM2.5	218.629, 2480.232	1HR	0.62051	-99.00000	0.62051	
12	PM2.5	219.629, 2480.232	1HR	0.64869	-99.00000	0.64869	
13	PM2.5	220.629, 2480.232	1HR	0.67403	-99.00000	0.67403	
14	PM2.5	221.629, 2480.232	1HR	0.70720	-99.00000	0.70720	
15	PM2.5	222.629, 2480.232	1HR	0.74825	-99.00000	0.74825	
16	PM2.5	223.629, 2480.232	1HR	0.79846	-99.00000	0.79846	
17	PM2.5	224.629, 2480.232	1HR	0.85960	-99.00000	0.85960	
18	PM2.5	225.629, 2480.232	1HR	0.92097	-99.00000	0.92097	
19	PM2.5	226.629, 2480.232	1HR	0.98552	-99.00000	0.98552	
20	PM2.5	227.629, 2480.232	1HR	1.21800	-99.00000	1.21800	
21	PM2.5	228.629, 2480.232	1HR	1.68180	-99.00000	1.68180	
22	PM2.5	229.629, 2480.232	1HR	1.80920	-99.00000	1.80920	
23	PM2.5	230.629, 2480.232	1HR	1.82400	-99.00000	1.82400	
24	PM2.5	231.629, 2480.232	1HR	1.79620	-99.00000	1.79620	
25	PM2.5	232.629, 2480.232	1HR	2.66900	-99.00000	2.66900	
26	PM2.5	233.629, 2480.232	1HR	0.91826	-99.00000	0.91826	
27	PM2.5	234.629, 2480.232	1HR	0.36950	-99.00000	0.36950	
28	PM2.5	235.629, 2480.232	1HR	0.45646	-99.00000	0.45646	
29	PM2.5	236.629, 2480.232	1HR	0.49654	-99.00000		

图 9-61　网格点表格

（4）图层属性管理。

图层属性管理见图 9-62。

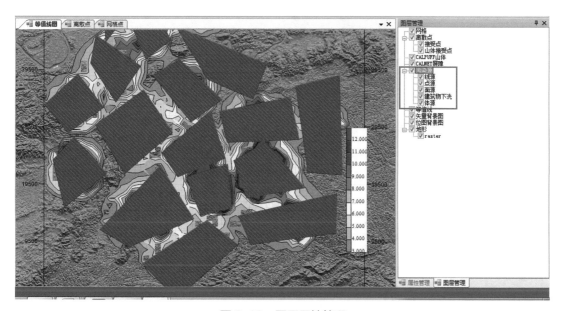

图 9-62　图层属性管理

第 10 章
大气颗粒物污染成因及防治对策

DI-SHI ZHANG

DAQI KELIWU WURAN CHENGYIN JI

FANGZHI DUICE

根据南宁市大气颗粒物来源解析结果分析造成污染的原因。对于 PM_{10} 污染而言，土壤源对大气颗粒物浓度的贡献率（18.4%）最高，其次是硫酸盐源（17.5%）、燃煤源（12.0%）、机动车排放（11.1%）和建筑扬尘（11.6%），生物质锅炉排放、SOC、硝酸盐源和水泥行业排放对污染物 PM_{10} 的贡献率分别为 7.6%、5.9%、5.8% 和 3.0%，其他污染源贡献率为 7.1%。对于污染物 $PM_{2.5}$ 而言，硫酸盐源的贡献率（24.7%）最高，其次是燃煤源（13.9%）、机动车排放（13.5%）和生物质锅炉排放（11.2%），土壤源、建筑扬尘、硝酸盐源、SOC 和水泥行业排放对污染物 $PM_{2.5}$ 的贡献率分别为 7.8%、7.7%、5.6%、6.6% 和 1.2%，其他污染物贡献率为 7.8%。从以上结果可以看出，扬尘（土壤源和建筑扬尘）、工业（工业过程排放、生物质锅炉排放和水泥行业排放）和燃煤源（工业锅炉燃烧、电厂燃煤和民用散烧等）是大气中 PM_{10} 的重要来源，工业、机动车和燃煤则是大气中 $PM_{2.5}$ 的主要来源。

10.1　扬尘污染

综合源解析结果表明，扬尘对南宁市 PM_{10} 贡献率达 30.0%，属于南宁市对 PM_{10} 贡献率最大的源类；对 $PM_{2.5}$ 的贡献率达 15.4%。此外，$PM_{2.5}/PM_{10}$ 值可以用来反映粗、细颗粒物污染程度，比值越小，说明粗颗粒物占比越大，北京市 $PM_{2.5}/PM_{10}$ 值高达 0.83，上海和广州 $PM_{2.5}/PM_{10}$ 为 0.75 左右，成都、杭州 $PM_{2.5}/PM_{10}$ 为 0.65 左右，而采样期间南宁市 $PM_{2.5}/PM_{10}$ 为 0.49，说明以大气颗粒物为特征的一次颗粒物污染源占比较大，而这些大气颗粒物主要来源于扬尘污染。所以，扬尘的存在给城市空气质量带来了重大影响，必须加大对扬尘的防治力度。

10.1.1　成因分析

因经济的高速发展，南宁市城市化进程不断推进，城市规模扩大，城市人口增加，机动车保有量升高，建筑施工、道路施工增加以及控尘抑尘措施不到位等多方面都增加了扬尘的污染（图 10-1）。污染源调查表明，近几年，南宁市区及周边区域的开放源污染主要表现在以下几个方面：

（1）南宁市城市化进程不断加快，据统计，南宁市区及周边区域存在许多大规模建设工程，建设工程数量为 2 867 个。建设工地、市政工地、渣土清运、物料运输、混凝土搅拌，以及多数企业物料堆场控尘抑尘措施不到位，渣土车运输过程造成道路积尘扬起。

（2）从 2011 年 12 月起，轨道交通陆续开工建设，2015 年，4 条地铁同时处于修建期，这也是造成扬尘的重要原因之一。

（3）随着经济的高速发展，南宁市机动车保有量显著增长，市区及周边地区的交通流量随之明显增加，对扬尘的形成也有很大的促进作用。

图 10-1　南宁市扬尘情况

10.1.2　政策建议

（1）扬尘整治措施落实。市区全部建设工地要进行高标准扬尘污染综合治理，未达标的建设工地一律关停整改直至达标验收后才允许开工。建设工地要严格做到施工现场必须有围挡，工地裸露砂土必须有覆盖，工地出入口必须有硬化，土石方施工必须有湿法作业，工地路必须有硬化，出工地运输车辆必须要冲净。所有工地必须合理设置排水系统和沉淀池，不得污染市政道路、管网。在建筑物、构筑物上运送散装物料、建筑垃圾和渣土的，应当采用密闭方式清运，禁止高空抛掷、扬撒。对拆迁工地实行喷水施工。强化工业企业燃料、原料、产品堆场扬尘控制，大型堆场应建立密闭料仓与传送装置，露天堆放的应加以覆盖或建设自动喷淋装置。

（2）整治城市道路扬尘污染。落实建成区范围内渣土车运输引起的扬尘污染问题治理，继续保持在全市重要路段、重要区域设置检查卡点，结合流动巡查方式，严厉查处土方施工运输车辆撒漏、车轮带泥造成道路污染、随意倾倒抛撒建筑垃圾、不按规定时间路线行驶、超高超载超速、无运输许可证运输等违章行为。对市区道路实行吸尘、洒水、清扫机械一体化作业；提高城乡接合部、堆场周边、渣土运输沿线道路保洁标准；落实市政道路"白改黑"；落实《南宁市城市道路"以克论净·深度清洁"作业规范》和《南宁市城市道路"以克论净·深度清洁"作业考核办法》相关要求，采取属地自纠自改、现场联合检查等方式，对城市道路保洁工作进行全面检查。

（3）对建成区内所有道路、广场绿化带（园）、山头绿地的绿化标准进行检查，检查土壤高度和路缘石高度是否符合标准，是否有黄土裸露、缺株断带、破损塌陷等现象，启动相关问责机制。

（4）完善监督保障机制。建立健全开放源治理的考评机制和公众参与机制，推进工地扬尘在线监测设备安装工作，继续按照《关于印发〈南宁市区建设工地扬尘和噪声污染在线监控管理工作方案〉的通知》（南府办函〔2015〕287号）要求推进工地扬尘在线监测安装工作，创新扬尘污染控制手段；将冲洗平台及周边全范围纳入远程视频监控系统的监控范围中，并将信息上传至监控系统网络服务器，以便做到随时检查和事后抽查。

（5）加强科学研究，建立动态的扬尘清单和管理数据库，源解析常态化。污染源清单是开展污染控制工作的基础，应尽快针对南宁市研究制定扬尘污染调查规范，包括调查范围、内容、指标及手段等技术要求，在此基础上开展扬尘源清单调查，建立动态的扬尘污染源清单和管理信息系统。

10.2 燃煤排放污染

源解析结果表明，燃煤源一次排放对南宁市颗粒物 PM_{10}、$PM_{2.5}$ 的贡献率分别达到 12.0% 和 13.9%；生物质锅炉对南宁市颗粒物 PM_{10}、$PM_{2.5}$ 的贡献率分别达到 7.6% 和 11.2%，燃煤源和生物质锅炉排放是南宁市大气颗粒物污染重要来源。

10.2.1 成因分析

2014 年，南宁市煤炭消耗量占总能耗量的 51.3%，低于全国平均水平，能源消费结构较为合理，然而煤炭消费结构有待完善。近几年，南宁市第二产业比重增长，第二产业能源消耗量占全市总能源消耗量的一半以上，同时，第二产业能源消费结构主要以煤炭为主。从煤炭消费结构来看，规模以上工业煤炭消费量为 432 万 t，占全市总煤炭消费量的 68%，小型工业企业及居民生活煤炭消费量约占 32%。从工业煤炭消耗的行业分布情况分析中可知，清洁利用程度最高的电煤（电力、热力的生产和供应业）消费量为 142.9 万 t 标准煤，仅占全社会煤炭消费总量的 22%，这与发达国家的燃煤结构（电煤消费比重：美国 94%、欧盟 81%）存在很大差距。中小燃煤锅炉以及居民生活煤炭燃烧过程中处理设施投运率不高，污染物处理效率较低，甚至有的没有经过任何处理便直接排放，对区域大气环境造成十分严重的影响。因此，对于燃煤尘污染的控制，制定相关措施十分必要，且调整南宁市煤炭消费结构。

南宁市能源消费结构中，生物质燃料的占比达到 7.7%，并且几乎全部用于工业生产。生物质燃料消耗行业分布较为集中，其中农副食品加工业占比高达 77%，其次为造纸及纸制品业、木材加工及木、竹、藤等制品业。据不完全统计，南宁市生物质燃料主要用于小型企业生产，全市燃烧生物质燃料的小企业分布广泛、数量较多、设施简陋、管理粗放，资源浪费和污染物排放情况较为突出。小企业生产锅炉大多配备简单的湿式除尘设施，除尘效率低，难以达标排放，粉尘污染严重。此外，秋、冬季风速较低，降水量较其他季节减少，不利于污染物扩散和沉降，而南宁市制糖、淀粉等行业的生产活动主要集中在 11 月至次年 4 月，制糖行业以蔗渣作为锅炉燃料，约一半的制糖企业锅炉仍采用水膜式湿法除尘，易加重季节性污染。

10.2.2　政策建议

（1）在煤炭总量控制基础上，改善煤炭消费结构。严格控制小而散的燃煤锅炉，提高电力行业的煤炭消耗占比，鼓励中小型企业和居民使用电等清洁能源。加强能源消费结构优势，进一步推广清洁能源的使用。南宁市 2014 年天然气消耗占比达 1.3%，与全国平均水平仍有较大差距，建议推广天然气等清洁能源使用，加快配套设施建设，落实《南宁市天然气分布式能源发展专项规划》，加快推进天然气分布式能源发展。鼓励具备条件的企业开展热电联产，提高工业园区能源使用效率，鼓励用热企业到热点联产工业园区落户。

（2）规范使用煤炭的煤质，调整和制定含硫物质排放标准和监测规范，将其他形式的硫纳入考核指标；按照国务院常务会议要求，实施燃煤电厂超低排放和节能改造，建议启动"湿法脱硫除尘超低排放"示范项目。

（3）调整产业结构，淘汰资源利用率低、排污量大、破坏生态环境的小企业，加大支持技术先进、资源利用率高、环境损害小、对社会经济持续发展有利的大型企业的力度。

（4）对燃煤锅炉、工业窑炉、水泥粉磨的除尘设施进行升级改造，确保达标排放。大型煤堆、料堆要实现封闭储存或采取措施防风抑尘。原材料、产品须密闭贮存和输送，装卸须采取有效措施抑尘。对火电、水泥等行业国控、省控重点工业企业和 20 蒸吨及以上燃烧锅炉（包括供暖锅炉与工业锅炉）安装废气排放自动监控设施，增设烟粉尘监控因子，并与生态环境部门联网。2016 年南宁市计划重点推动相关企业进行烟粉尘治理。

（5）规范生物质燃料供给和使用。培育生产生物质成型颗粒燃料的企业，进一步开拓生物质燃料利用渠道，引领综合利用之路，积极尝试引进国外各种先进的生物质燃料利用技术，并形成规模化产业链条。制定地方生物质成型颗粒燃料质量标准、生物质燃料锅炉技术规范和排放标准。完善科学能力建设，研发并推广高效、规范的生物质燃料使用和生物质锅炉技术。

（6）提倡生物质锅炉和生物质燃料高效、清洁的利用方式，重视排污管理。加强生物质锅炉的监管，保证除污设施正常运行。针对不利气象条件下的季节性生产，应该执行更加严格的管理。

10.3 机动车排放污染

源解析结果表明，机动车直接排放的尾气尘对南宁市颗粒物 PM_{10}、$PM_{2.5}$ 的贡献率分别达到 11.1% 和 13.5%。除对颗粒物的直接贡献外，机动车尾气中含有丰富的 NO_x 和碳氢化合物，而 NO_x 能够引发多种大气氧化反应，增强城市大气的氧化性，促进多种大气污染物的生成，包括二次有机气溶胶（SOA）和硝酸盐等二次颗粒物，而碳氢化合物又是形成二次颗粒物的重要前体物质。此外，大量的机动车还是形成道路扬尘污染的关键条件之一。

10.3.1 成因分析

大量机动车的存在给城市空气质量造成了重要影响，是造成部分时段城市空气呈现复合型污染的重要原因。近几年来，南宁市机动车保有量每年持续快速增长。2015 年南宁市机动车保有量为 175.6 万辆，与 2009 年相比，机动车保有量增加了 57.9 万辆。车辆运输过程中排放的污染物对环境空气的污染逐年加重，目前车辆运输已成为南宁市环境空气的主要污染源之一。车辆运输过程中排放的污染物主要是氮氧化物、颗粒物、一氧化碳和碳氢化合物，其排放量分别是 3.78 万 t、0.3 万 t、19.4 万 t 和 2.2 万 t。由表 10-1 可以看出，南宁市大型载客汽车以国 2 和国 3 标准柴油为主要能源，2014 年排放颗粒物 0.132 9 万 t、氮氧化物 1.094 7 万 t、一氧化碳 2.685 8 万 t；大部分重型载货汽车使用的柴油执行国 3 标准，排放颗粒物为 0.093 6 万 t、氮氧化物为 1.266 7 万 t、一氧化碳为 0.969 8 万 t，这两类车排放强度明显高于其他类型车辆。

除机动车外，截至 2015 年，南宁市城区登记在册的电动自行车达 157.8 万辆，现有公交运营线路 158 条，2013—2015 年，共建成 500 个公共自行车服务点，运营自行车 2 万辆，公共交通出行比例分担率为 25%，与国家 40% 的分担率要求差距较大，城市交通管理形势依然严峻。

南宁拥堵程度在全国 45 个主要城市位居第 14 位，拥堵延时指数为 1.785。修地铁、道路改造、道路扩建等道路施工对道路交通通行状况造成严重影响，2014 年以来南宁市轨道交通陆续开工建设，给道路交通正常秩序带来较大的压力，占道施工极大阻碍了车辆通行，导致车流密度大，降低了车辆行驶速度，而机动车低速、怠速行驶导致污染物排放总量加大。

表 10-1　南宁市各排放标准机动车保有量

车辆类型	使用性质	燃料种类	排放标准						合计
			国 0	国 1	国 2	国 3	国 4	国 5	
载客汽车	微型	出租车 汽油	0	0	0	0	0	0	0
		出租车 其他	0	0	0	0	0	0	0
		其他 汽油	5 562	6 710	5 311	2 544	1 866	0	21 993
		其他 其他	5	3	22	0	1	0	31
	小型	出租车 汽油	0	0	233	1 896	6 183	0	8 312
		出租车 柴油	0	0	0	101	0	0	101
		出租车 其他	0	0	0	0	405	0	405
		其他 汽油	12 411	20 982	76 953	190 829	413 163	16 352	730 690
		其他 柴油	94	253	1 083	4 486	3 110	0	9 026
		其他 其他	1	16	12	198	403	3	633
	中型	公交车 汽油	0	0	6	25	0	0	31
		公交车 柴油	0	0	3	17	0	0	20
		公交车 其他	0	0	0	0	0	23	23
		其他 汽油	909	8	661	382	333	0	2 293
		其他 柴油	213	128	260	454	144	0	1 199
		其他 其他	0	0	0	1	0	0	1
	大型	公交车 汽油	0	0	0	0	0	0	0
		公交车 柴油	10	10	1 048	1 217	77	0	2 362
		公交车 其他	0	0	0	1	16	868	885
		其他 汽油	88	0	220	139	63	0	510
		其他 柴油	20	107	1 445	2 282	148	0	4 002
		其他 其他	0	0	0	1	11	1	13
载货汽车	微型	汽油	0	1	380	172	4	0	557
		柴油	0	6	60	16	1	0	83
	轻型	汽油	773	1 284	4 889	7 406	6 725	2	21 079
		柴油	1147	8 094	14 501	32 288	7 880	0	63 910
	中型	汽油	32	0	5	1	0	0	38
		柴油	10	285	804	8 057	514	0	9 670
	重型	汽油	6	1	23	0	0	0	30
		柴油	11	337	4 698	19 529	2 103	0	26 678

续表

车辆类型	使用性质	燃料种类	排放标准						合计
			国0	国1	国2	国3	国4	国5	
低速载货汽车	三轮汽车		23	22	69	0	0	0	114
	低速货车		1 186	8	339	0	0	0	1 533
摩托车	普通摩托车		188 642	97 367	270 561	197 497	0	0	754 067
	轻便摩托车		244	837	2 076	144	0	0	3 301
汽油车合计			208 667	127 190	361 326	401 035	428 337	16 354	1 542 909
柴油车合计			2 714	9 250	24 302	68 447	13 977	0	118 690
其他燃料合计			6	19	34	201	836	895	1 991
总计			211 387	136 459	385 662	469 683	443 150	17 249	1 646 920

10.3.2　政策建议

（1）优化交通出行结构，合理规划城市布局，减少交通拥堵。针对南宁市较大的电动自行车保有量，建议加快自行车绿道和停车设施等建设，加快发展城市公共自行车租赁网络系统，进一步推动城市步行和自行车交通系统建设。进一步优化交通出行结构，加快公共交通建设，优化公交线网，推进轨道交通建设。

（2）严格新车环保准入门槛，加速黄标车淘汰。新注册登记的车辆与全国同步执行国家阶段性机动车污染物排放标准。建议加快淘汰非营运黄标车，落实黄标车淘汰工作，南宁市计划2006年1月1日至2007年6月30日期间淘汰注册登记营运的黄标车，确保2016年年底完成累计淘汰70%的黄标车目标任务。大力推进城市公交车、出租车、客运车、运输车（含低速车）集中治理或更新淘汰，不达标不上路。逐步扩大黄标车禁行区域，加大对无绿标机动车闯禁执法。

（3）提升车用燃油品质。按照国4汽油、柴油质量标准，提高对车用燃油质量的抽查检验频次，加强对车用燃油生产、销售的监督管理，定期开展车用燃油经营市场多部门联合执法检查，及时查处生产、销售不合格车用燃油等违法行为。积极推广使用国5标准车用燃油并提前实施机动车国5标准。

（4）加强车辆环保管理，大力发展新能源汽车。全面推进机动车环保标志管理；完善机动车环保检验与维修制度；强化检测技术监管与数据审核，提高环保检测机构监测数据的质量控制水平，推进环保检验机构规范化运营。规划建设全市电动汽车充电设施网络；鼓励率先在公交车、出租车、公务车、专用车等公共服务领域使用新能源汽车；提高电动汽车等新能源公交车的使用比例；鼓励企业购买清洁能源与新能源客（货）车等，并支持企业自身建设 LNG 撬装式自用加气站。2016 年南宁市计划采购 550 辆以上清洁能源与新能源公交车，更新油气双燃料出租汽车 500 辆以上。

10.4　二次颗粒物污染

二次颗粒物（包括硫酸盐、硝酸盐和二次有机碳）是南宁市大气细颗粒物的重要来源，对 $PM_{2.5}$ 的贡献达 30% 以上。因此，治理二次颗粒物污染对防治南宁市环境空气颗粒物污染有重要意义。

10.4.1　成因分析

二次粒子是由排放源排放出的一次污染物（SO_2、NO_2、VOCs 等）经过复杂的大气化学反应生成，主要包括二次无机盐类和二次有机物。因此二次颗粒物前体物是造成二次颗粒物污染的根本原因，其前体物的排放主要来源于企业的排放、机动车的排放等。基于南京市环境统计数据，通过对南宁市二氧化硫、二氧化氮和烟粉尘排放总量的统计发现，机动车对氮氧化物排放总量的贡献达一半以上，而工业源对二氧化硫和烟粉尘有最大贡献。此外，南宁市颗粒物中 NH_4^+ 百分含量较高。南宁市建成区绿化覆盖率近几年来稳定在 40% 以上，第一产业占比为 10% 以上，不合理施肥可能是导致 NH_4^+ 较高的重要原因之一。此外，南宁市大气中 SO_2 浓度较低，低于 NO_2 浓度，但是在颗粒物上，SO_4^{2-}/NO_3^- 比值却达到 3.6，高 SO_4^{2-} 污染有可能与区域传输有关。

10.4.2　政策建议

（1）加强挥发性有机物 VOCs 的监测和监控，尽快开展挥发性有机物排放源的调查工作。制定化工、包装印刷、涂装、服装干洗、塑料制品等产生挥发性有机物污染的相关企业的环境监管实施方案。

（2）全面实施火电厂脱硝工程，推动干法水泥生产企业实施烟气脱硝治理工程。2016 年南宁市计划重点全面完成制糖行业锅炉除尘、降氮脱硝改造工程，全面实施火电锅炉超低排放和节能改造。

（3）合理施肥，减少氨排放。指导农民科学施肥，避免盲目大量施肥，采取深施肥料法、包衣缓释肥料法、加入脲酶抑制剂等多种方式减少施肥过程中的氨排放，达到既能获得高产，又能减少氨排放的目的。鼓励畜禽养殖业采取堆肥、沼气发电和出售等方式，尽早实现畜禽粪便零排放、无害化和资源化。

总体来说，大气污染问题的根源是城市发展问题，因此，城市发展各相关部门甚至每个公民都对大气污染问题负有责任，参与生态环境保护是各相关部门和每个公民应尽的义务。要从根本上解决城市大气污染问题，必须改变传统的以生态环境保护主管部门为主导的污染治理型的环境管理方式，创新理念，推动城市环境管理模式的战略转变；根据资源环境承载力定位城市发展方向与规模，以环境容量优化产业发展模式，确定产业发展的环境准入门槛和污染物排放绩效标准；大力加强宣传教育，鼓励全民参与环保；重视科技能力建设和基础数据累积。

参考文献

[1] 程念亮，李云婷，孟凡，等 . 我国 $PM_{2.5}$ 污染现状及来源解析研究 [J]. 安徽农业科学，2014，42(15): 4721-4724.

[2] 董雪玲，刘大锰，袁杨森，等 . 北京大气 PM_{10} 和 $PM_{2.5}$ 中有机物的时空变化 [J]. 环境科学，2009，30(2): 328-334.

[3] 胡敏，何凌燕，黄晓锋 . 北京大气细粒子和超细粒子理化特征、来源及形成机制 [M]. 北京：科学出版社，2009.

[4] 李沛，辛金元，王跃思，等 . 北京市大气颗粒物污染对人群死亡率的影响研究 [C]. 沈阳：第 29 届中国气象学年会：S7 气候环境变化与人体健康，2012.

[5] 李静，李文喜，吕婧 . 以北京市为例分析 $PM_{2.5}$ 危害性 [J]. 化学工程与装备，2014，7: 236-237.

[6] 孙兆彬，安兴琴，陶燕，等 . 基于 GIS 和大气数值模拟技术评估兰州市 PM_{10} 的人群暴露水平 [J]. 中国环境科学，2012，32(10): 1753-1757.

[7] 王繁强，徐大海，蒋宁洁，等 . 区域大气质量数值预测评价业务平台的建立及应用 [M]. 西安：西安交通大学出版社，2009.

[8] 王繁强，徐大海，朱荣 . 基于 CALPUFF 数值模式的城市大气污染源允许排放量动态调控模型 [J]. 灾害学，2008，23(9): 50-55.

[9] 王雪松，李金龙 . 北京地区夏季 PM_{10} 污染的数值模拟研究 [J]. 北京大学学报（自然科学版），39(3): 419-426.

[10] 王茜，吴剑斌，林燕芬 .CMAQ 模式及其修正技术在上海市 $PM_{2.5}$ 预报中的应用检验 [J]. 环境科学学报，2015，35(6): 1651-1656.

[11] 张丹，周志恩，翟崇治 . 利用 CALPUFF 模型模拟重庆主城区能见度水平 [J]. 三峡环境与生态，2013，1: 8-11.

[12] 朱易，胡衡生，张新英，等 . 南宁市大气颗粒物 TSP、PM_{10}、$PM_{2.5}$ 污染水平研究 [J]. 环境污染与防治，2004，6: 176-179.

[13] 宁迪 . 空气大面积严重污染挑战传统治理思维 [N]. 中国青年报，2013.

[14] 李静，李文喜，吕婧 . 以北京市为例分析 $PM_{2.5}$ 危害性 [J]. 化学工程与装备，2014，7: 236-237.

[15] 程念亮，李云婷，孟凡，等 . 我国 $PM_{2.5}$ 污染现状及来源解析研究 [J]. 安徽农业科学，

2014，42(15): 4721-4724.

[16] KANG DW，MOTHUR R, RAO T.Real-time bias-adjusted O_3 and $PM_{2.5}$ air quality index forecasts and their performance evaluations over the continental Untited States[J]. Atmospheric Environment, 2010，44(18): 2203-2212.

[17] 孙峰 . 北京市空气质量动态统计预报系统 [J]. 环境科学研究，2004，17(1): 70-73.

[18] 刘漩 . 广东省空气污染统计预报系统研究 [D]. 广州：广东工业大学，2007.

[19] 孙兆彬，安兴琴，陶燕，等 . 基于 GIS 和大气数值模拟技术评估兰州市 PM_{10} 的人群暴露水平 [J]. 中国环境科学，2012，32(10): 1753-1757.

[20] 王繁强，徐大海，蒋宁洁，等 . 区域大气质量数值预测评价业务平台的建立及应用 [M]. 西安：西安交通大学出版社，2009.

[21] 王繁强，徐大海，朱荣 . 基于 CALPUFF 数值模式的城市大气污染源允许排放量动态调控模型 [J]. 灾害学，2008，23(9): 50-55.

[22] 王雪松，李金龙 . 北京地区夏季 PM_{10} 污染的数值模拟研究 [J]. 北京大学学报（自然科学版），39(3): 419-426.

[23] 张丹，周志恩，翟崇治 . 利用 CALPUFF 模型模拟重庆主城区能见度水平 [J]. 三峡环境与生态，2013，1: 8-11.

[24] 张吉洋，耿世彬 . 我国大气环境 $PM_{2.5}$ 来源、分布、危害现状分析 [J]. 洁净与空调技术，2014，1: 45-50.

[25] 邵龙义，王文华，幸娇萍，等 . 大气颗粒物理化特征和影响效应的研究进展及展望 [J]. 地球科学，2018，43(5): 1691-1708.

[26] 高健，李慧，史国良，等 . 颗粒物动态源解析方法综述与应用展望 [J]. 科学通报，2016，61(27): 3002-3021.

[27] 张延君，郑玫，蔡靖，等 .$PM_{2.5}$ 源解析方法的比较与评述 [J]. 科学通报，2015，60(2): 109-121.

[28] 冯银厂 . 我国大气颗粒物来源解析研究工作的进展 [J]. 环境保护，2017，45(21): 17-20.

[29] 刘岩磊，孙岚，张英鸽 . 粒径小于 2.5 微米可吸入颗粒物的危害 [J]. 国际药学研究杂志，2011，38(6): 428-431.

[30] 黄辉军，刘红年，蒋维楣，等 . 南京市 $PM_{2.5}$ 物理化学特性及来源解析 [J]. 气候与环境研究，2006(6): 713-722.

[31] 金嘉恒，张根茂，李倩 .$PM_{2.5}$ 的综述与进展 [J]. 科技创新导报，2017，14(3): 74-75.

[32] ANA M, CARLOS S, JOANA F, et al. Current air quality plans in Europe designed to

support air quality management policies[J]. 2015, 6(3): 434-443.

[33] SUNIL G, SM SHIVA N, MUKESH K, et al. Urban air quality management-A review[R]. 2015, 6(2): 286-304.

[34] 柴发合，王晓，罗宏，等 . 美国与欧盟关于 $PM_{2.5}$ 和臭氧的监管政策述评 [J]. 环境工程技术学报，2013，3(1): 46-52.

[35] 朱坦，冯银厂 . 大气颗粒物来源解析原理、技术及应用 [M]. 北京：科学出版社，2012.

[36] 中华人民共和国环境保护部 . 大气颗粒物来源解析技术指南 [S]. 北京：2013.

[37] SHI G L, Tian Y Z, ZHANG Y F, et al. Estimation of the concentrations of primary and secondary organic carbon in ambient particulate matter: Application of the CMB-Iteration method[J]. Atmospheric Environment, 2011, 45(32): 5692-5698.

[38] 李勇，廖琴，赵秀阁，等 . $PM_{2.5}$ 污染对我国健康负担和经济损失的影响 [J]. 环境科学，2021，42(4): 1688-1695.

[39] APTE J S, BRAUER M, COHEN A J, et al. Ambient $PM_{2.5}$ reduces global and regional life expectancy[J]. Environmental Science & Technology Letters, 2018, 5: 546-551.

[40] CAO J, SHEN Z, CHOW J C, et al. Winter and summer $PM_{2.5}$ chemical compositions in fourteen Chinese cities[J]. Journal of the Air & Waste Management Association, 2012, 62: 1214-1226.

[41] FENG J, HU M, CHAN C K, et al. A comparative study of the organic matter in $PM_{2.5}$ from three Chinese megacities in three different climatic zones[J]. Atmospheric Environment, 2006, 40: 3983-3994.

[42] HE K, YANG F, MA Y, et al. The characteristics of $PM_{2.5}$ in Beijing, China[J].Atmospheric Environment, 2001, 35: 4959-4970.

[43] HU J, WANG Y, YING Q, et al. Spatial and temporal variability of $PM_{2.5}$ and PM_{10} over the North China Plain and the Yangtze River Delta, China[J]. Atmospheric Environment, 2014, 95: 598-609.

[44] MA Z, HU X, SAYER A M, et al. Satellite-based spatiotemporal trends in $PM_{2.5}$ concentrations: China, 2004—2013[J]. Environmental Health Perspectives, 2016, 124: 184-192.

[45] MAJI K J, YE WF, ARORA M, et al. $PM_{2.5}$-related health and economic loss assessment for 338 Chinese cities[J]. Environment International, 2018,121: 392-403.

[46] PUI D Y H, CHEN S, ZUO Z. $PM_{2.5}$ in China: Measurements, sources, visibility and health effects, and mitigation[J]. Particuology, 2014, 13: 1-26.

[47] SONG C, HE J, WU L, et al. Health burden attributable to ambient $PM_{2.5}$ in China[J]. Environmental Pollution, 2017, 223: 575-586.

[48] TAI A P K, MICKLEY L J, JACOB D J. Impact of 2000—2050 climate change on fine particulate matter ($PM_{2.5}$) air quality inferred from a Multi-Model analysis of meteorological modes[J]. Atmospheric Chemistry and Physics, 2012, 12: 11329-11337.

[49] TAI A P K, MICKLEY L J, JACOB D J. Correlations between fine particulate matter ($PM_{2.5}$) and meteorological variables in the United States: Implications for the sensitivity of $PM_{2.5}$ to climate change[J]. Atmospheric Environment, 2010, 44: 3976-3984.

[50] WANG S, ZHOU C, WANG Z, et al. The characteristics and drivers of fine particulate matter ($PM_{2.5}$) distribution in China[J]. Journal of Cleaner Production, 2017, 142: 1800-1809.

[51] WANG X, BI X, SHENG G, et al. Chemical composition and sources of PM_{10} and $PM_{2.5}$ aerosols in Guangzhou, China[J]. Environmental Monitoring and Assessment, 2006, 119: 425-439.

[52] WANG Y, ZHUANG G, ZHANG X, et al. The ion chemistry, seasonal cycle, and sources of $PM_{2.5}$ and TSP aerosol in Shanghai[J]. Atmospheric Environment, 2006, 40: 2935-2952.

[53] XING Y, XU Y, SHI M, et al. The impact of $PM_{2.5}$ on the human respiratory system[J]. Journal of Thoracic Disease, 2016, 8: E69-E74.

[54] XU J, CHANG L, QU Y, et al. The meteorological modulation on $PM_{2.5}$ interannual oscillation during 2013 to 2015 in Shanghai, China[J]. Science of The Total Environment, 2016, 572: 1138-1149.

[55] AHMED F, ISHIGA H. Tracemetal concentrations in street dusts of Dhaka city, Bangladesh [J]. Atmospheric Environment, 2006, 40: 3835-3844.

[56] AL-KHASHMAN OA. Heavy metal distribution in dust, street dust and soils from the workplace in Karak Industrial Eastate, Jordan [J]. Atmospheric Environment, 2004, 38: 6803-6812.

[57] FOLK P L, WARD W D. Brazos River bar: A study in the significance of grain size parameters[J]. Journal of Sedimentary Petrology, 1975 (27): 3-26.

[58] GUO L L, ZHENG H, LYU Y L, et al. Trends in atmospheric particles and their light extinction performance between 1980 and 2015 in Beijing, China [J]. Chemosphere, 2018, 205: 52-61.

[59] HIDY GM, BROCK JR. An assessment of the global source of tropospheric aerosol[M]. 2th ed.Washington DC: Clean Air Congr, 1971: 1088-1097.

[60] KRUMBEIN W C. Size frequency distribution of sediments[J].Journal of Sedimentary Petrology, 1934, 4: 65-77.

[61] NEMERROW N L, HISASHIS. Benefit of Waters Quality Enhancement, Syracuse University, Syracuse, N. Y, Report No, 16110 DAJ prepared for the U.S Environmental, Protection Agency[R]. 1970.

[62] NEMERROW W L. Scientific Stream Pollution Analysis[R]. 1974.

[63] PSENNER R. Living in a dusty world: Airborne dust as a key factor for Alpine lakes[J]. Water Air and Soil Pollution, 1999, 112(3-4): 217-227.

[64] SAMARA C, VOUTSA D. Size distribution of airborne particulate matter and associated heavy metals in the roadside environment [J]. Chemosphere, 2004, 59: 1197-1206.

[65] SUN Y J, XU S W, ZHENG D Y, et al. Effects of haze pollution on microbial community changes and correlation with chemical components in atmospheric particulate matter[J]. Science of the Total Environment, 2018, 637/638: 507-516.

[66] VERON A, CHURCH TM, PATTERSON C C, et al. Continental origin and industrial sources of trace metals in the Northwest. Atlantic troposphere[J]. Journal of Atmospheric Chemistry, 1992, 14: 339- 351.

[67] WEISS A L, JACK C, MARC J B, et al. Distribution of lead in urban roadway grit and its association with elevated steel structures[J] .Chemosphere, 2006, 65: 1762-1771.

[68] WALTER R, CLIFF I, DAVIDSON K, et al. Dry deposition of particles [J]. Tellus, 1995, 47B: 587 -601.

[69] WANG X M, DONG Z B, YAN P, et al. Surface sample collection and dust source analysis in northwestern China[J]. Catena, 2005, 59: 35-53.

[70] WANG J H, ZHANG X, YANG Q, et al. Pollution characteristics of atmospheric dustfall and heavy metals in a typical inland heavy industry city in China [J]. Journal of Environment Science, 2018, 71: 283-291.

[71] YAALON D H, GANOR E. The influence of dust on soils during the Quaternary[J]. Soil Science, 1973, 116(3): 146-155.

[72] 曹聪秒，闫丽娜，张聚全，等．石家庄市东南部近地表降尘的矿物学特征与环境意义[J]．矿物学报，2019，39(3): 320-326.

[73] 陈昌国，詹忻，李纳，等．重庆市区大气颗粒物的物相组成分析 [J] ．环境化学，2002，21(2): 207-208.

[74] 端木合顺．西安市大气降尘中石膏的成因与环境意义 [J] ．矿物学报，2005，25(2):

135-140.

[75] 董小林，曹广华．大气降尘污染引起城市供水增加的污染率计算模型 [J]. 环境污染与防治，2006，28(10): 761 -763.

[76] 顾世成，彭淑贞，杨得福，等．风扬粉尘和粉尘沉积物的一些环境效应研究述评 [J]. 泰山学院学报，2006，28(6): 64 -68.

[77] 黄文珊，胡衡生，刘航，等．南宁城市大气污染与肺癌关系的研究 [J]. 中国公共卫生，2004(5): 74-75.

[78] 胡衡生，黄文珊，张新英，等．南宁城市大气污染对人体健康的危害及治理对策 [J]. 中国人口·资源与环境，2003(6): 89-93.

[79] 胡恭任，戚红璐，于瑞莲，等．大气降尘中重金属形态分析及生态风险评价［J］.有色金属，2011，63(2): 286-291.

[80] 肯尼斯·派伊．风扬粉尘及粉尘沉积物 [M]．台益和，张选阳译．北京：海洋出版社，1991.

[81] 李生宇，徐新文，李莹．大气降尘沉积对塔克拉玛干沙漠腹地土壤水盐运移的影响 [J]. 应用生态学报，2009，20(8): 1905-1911.

[82] 李秀娟，仇硕，赵健，等．广西园林植物应用现状调查及分析 [J]. 广西植物，2009(5): 635-639.

[83] 刘东生．黄土与环境 [M]．北京：科学出版社，1985.

[84] 刘东生，韩家懋，张德二，等．降尘与人类世沉积——Ⅰ：北京 2006 年 4 月 16 日—17 日降尘初步分析 [J]．第四纪研究，2006，26(4): 628 -633.

[85] 栾文楼，陈智贤，谷海峰，等．唐山大气降尘的矿物组成与微观形貌特征分析 [J]. 矿物学报，2011，31(2): 237-242.

[86] 罗莹华，戴塔根，梁凯，等．韶关市大气降尘矿物成分和形貌特征研究 [J]. 岩石矿物学杂志，2006，25(2): 162-164.

[87] 马红，张晓红．龙门石窟环境保护与降尘量变化 [J]. 环境科学与技术，2007，30（增刊）: 108.

[88] 莫治新．大气降尘对塔里木盆地植被影响的研究 [M]. 成都：西南财经大学出版社，2012.

[89] 邱媛，管东生．经济快速发展区域的城市植被叶面降尘粒径和重金属特征 [J]. 环境科学学报，2007(12): 2080-2087.

[90] 乔庆庆，张春霞，李静，等．北京市朝阳区大气降尘磁学特征及对空气污染物浓度的指示 [J]. 地球物理学报，2011，54(1): 151-162.

[91] 钱广强，董治宝.大气降尘收集方法及相关问题研究 [J]. 中国沙漠，2004，24(6): 779-782.

[92] 施泽明，倪师军，张成江.城市环境近地表大气尘研究的意义及进展 [J]. 广东微量元素科学，2007，14(2): 1-5.

[93] 孙东怀，苏瑞侠，陈发虎，等.黄土高原现代天然降尘的组成、通量和磁化率 [J]. 地理学报，2001，56(2): 171-180.

[94] 唐永銮.广西南宁市大气扩散基本特点及其模式的研究 [J]. 环境污染与防治，1986(1): 1-4.

[95] 谭良，陈志明，莫招育，等.南宁市灰霾天气污染与防治研究 [J]. 大众科技，2013(8): 36-37.

[96] 谭奕.南宁市大气污染治理中的公众参与研究 [D].南宁：广西大学，2013.

[97] 陶斯靖.南宁市大气污染防治法律问题研究 [D].南宁：广西大学，2013.

[98] 汪安璞.我国大气污染化学研究进展 [J].环境科学进展，1994，2(3): 1-18.

[99] 王赞红.大气降尘监测研究 [J].干旱区资源与环境，2003，17(1): 54-59.

[100] 王赞红.现代尘暴降尘与非尘暴降尘的粒度特征 [J].地理学报，2003，58(4): 606-610.

[101] 吴小寅，陈莉.南宁市道路交通污染现状分析及对策 [J].广西民族学院学报（自然科学版），1999(1): 70-72.

[102] 肖洪浪，张继贤，李金贵.腾格里沙漠东南缘降尘粒度特征和沉积速率 [J].中国沙漠，1997，17(2): 127-132.

[103] 杨建军，武忠诚，马亚萍.大气中不同粒径颗粒物的重金属元素分析及其免疫毒性研究 [J].海南医学院学报，2003，9(4): 198-201.

[104] 杨柱龙，梁隽玫.从太阳辐射及大气浑浊因子看南宁的空气污染 [J].广西气象，1984(4): 47-51.

[105] 张谦.南宁市十年来大气降尘变化趋势 [J].中国环境监测，1996(5): 23.

[106] 张伟，姬亚芹，李树立，等.天津市春季道路降尘 $PM_{2.5}$ 和 PM_{10} 中碳组分特征 [J].环境科学研究，2018，31(2): 239-244.

[107] 张学磊，邬光剑，岳雅慧，等.拉萨市夏季大气降尘单颗粒矿物组成及其形貌特征 [J].岩石矿物学杂志，2011，30(1): 127-134.

[108] 张金良，于志刚，张经.大气的干湿沉降及其对海洋的影响 [J].海洋环境科学，1999，18(1): 70-76.

[109] 赵树利，徐毅青.我国沙尘暴现状与生态防治对策 [J].浙江树人大学学报，2004，

4(1): 71-75.

[110] 赵德山，王明星. 烟煤型城市污染大气气溶胶 [M]. 北京：中国环境科学出版社，1991.

[111] 张宁，黄维，陆荫，等. 沙尘暴降尘在甘肃的沉降状况研究 [J]. 中国沙漠，1998，18(1): 32-37.

[112] 于雪，赵文吉，孙春媛，等. 大气 $PM_{2.5}$ 遥感反演研究进展 [J]. 环境污染与防治，2017，39(10): 1153-1158.

[113] KORRAS-CARRACA M B, HATZIANASTASSIOU N, MATSOUKAS C, et al. The regime of aerosol asymmetry parameter over Europe, the Mediterranean and the Middle East based on MODIS satellite data: Evaluation against surface AERONET measurements[J]. Atmospheric Chemistry and Physics, 2015, 15(22): 13113.

[114] 李成才，毛节泰，刘启汉，等. MODIS 卫星遥感气溶胶产品在北京市大气污染研究中的应用 [J]. 中国科学（D 辑：地球科学），2005（S1）：177-186.

[115] SHEN H, LI T, Yuan Q, et al. Estimating regional ground-level $PM_{2.5}$ directly from satellite top-of-atmosphere reflectance using deep belief networks[J]. Journal of Geophysical Research: Atmospheres, 2018, 123(24): 13-875.

[116] 陈良富，李莘莘，陶金花，等. 气溶胶遥感定量反演研究与应用 [M]. 北京：科学出版社，2011.